ullstein

Das Buch

Anni kommt 1938 auf einem abgelegenen Bauernhof im Schwarzwald zur Welt. Ihre Familie übersteht Hungerzeiten und Kriegsnot, schon früh meistert Anni die harte Arbeit auf dem Feld und im Stall. Als die Eltern sterben, hinterlassen sie neun Kinder und ein Vermächtnis: »Haltet zusammen«. Anni kümmert sich um ihre kleinen Geschwister, führt den Hof, verwaltet sorgsam das wenige Geld. Sie verzichtet auf vieles – und ist irgendwann am Ende ihrer Kräfte. Der Zusammenhalt der Geschwister und ihr tiefer Glaube lassen sie dennoch nicht verzweifeln. Und schließlich begegnet sie ihrer großen Liebe: dem Mann, mit dem sie alt werden möchte. Anna ahnt nicht, dass ihnen nur wenige kostbare Jahre bleiben …

Die Autorinnen

Anni Hettich lebt heute in der Nähe von Donaueschingen.

Sabine Eichhorst arbeitet für die ARD und schreibt Bücher, zuletzt über das Leben einer Magd, *Ein Tagwerk Leben*. Sie wurde mit dem Civis Medienpreis der ARD ausgezeichnet.

Anni Hettich mit Sabine Eichhorst

Die Schwarzwaldbäuerin

Erinnerungen an ein Landleben

Ullstein

Besuchen Sie uns im Internet:
www.ullstein-taschenbuch.de

Zum Schutz der genannten Personen wurden alle Namen,
außer denen der Familienmitglieder, anonymisiert.

Für weitere Informationen über den Sigmundenhof:
www.sigmundenhof.de

FSC
www.fsc.org
MIX
Papier aus verantwortungsvollen Quellen
FSC® C006701

Ungekürzte Ausgabe im Ullstein Taschenbuch
1. Auflage September 2012

Abbildungen im Innenteil: © privat,
Foto Nr. 8 und 9: © Heinrich Schmieder, Foto Schmieder, Schonach
Umschlaggestaltung: ZERO Werbeagentur, München,
unter Verwendung einer Vorlage von www.buero-jorge-schmidt.de
Titelabbildung: Gerald von Foris
Satz: LVD GmbH, Berlin
Gesetzt aus der Sabon
Papier: Pamo Super von Arctic Paper Mochenwangen GmbH
Druck und Bindearbeiten: CPI – Ebner & Spiegel, Ulm
Printed in Germany
ISBN 978-3-548-37452-9

Den Tag zu meistern

Januar 1945

Graues Licht kroch über die Kuppe der Berge, als der Rochus die sperrige Tür aufschob. Es war noch nicht spät, doch die aufziehende Dämmerung breitete sich wie ein Mantel über Haus und Bäume und Wiesen, bald würde sie das Tal in Schwärze und Stille hüllen. Es roch nach nassem Holz und die obere Angel vom Türflügel quietschte.

»Schnell.« Rochus' Stimme kratzte. Die Rosmarie zögerte. Sie zitterte in ihrer verschlissenen Jacke, ihre Zähne schlugen aufeinander. Dann lief sie los. Lief durchs Wasserhaus und vorbei an Trögen, in denen Eis blitzte, auf ihren dünnen Beinen sprang sie durch den Schnee. Ringsum an den Hängen ragten Bäume in die Höhe und drunten, wo sich die Elz ins Tal hinabschlängelte, herrschte Schweigen, ein Bachbett aus Frost, erstarrt im Fluss des Winters. Der Himmel war schwer; es würde Schnee geben, auch heute Nacht.

Der Rochus stemmte sich gegen den Wind und stapfte hinter der Rosmarie her, überholte sie, lief voraus und zog mit seinen schweren Stiefeln eine Spur. Die Liesel folgte ihm, die Rosmarie wandte sich um und reichte dem Hans, der bei jedem Schritt bis zu den Knien im Schnee versank, die Hand. Ich hob den Erich, unseren Jüngsten, hoch, er schlang seine Arme um meinen Hals, halb schleppte, halb schleifte ich ihn, sein Atem dicht an meinem Ohr.

Im Stall käuten die Kühe, ihre Ketten klirrten, sobald sich

eine von ihnen bewegte. Feuchter Dunst umhüllte uns und es roch scharf nach Mist. Das einzige Kalb blinzelte, dann hob es den Schwanz, ein Strahl ergoss sich in die Streu, es dampfte und Schwaden stiegen auf, schimmerten im matten Gegenlicht. In der Ecke unter einer Luke drängten sich ein paar Schafe und die Geißen, sie tippelten auf spitzen Klauen, nur der Bock stand abseits, den Kopf gesenkt, seine Hörner lang und gebogen; Geißenbauer nannten die Leut den Vater, weil sie bei uns so zahlreich waren, stets kamen neue Zicklein zur Welt.

»Gib acht«, zischte die Liesel und zog den Erich am Arm, beinahe wäre er in einen Kuhfladen getappt. Der Bub sah auf, blonde Locken quollen unter seiner Mütze hervor. Einen Moment schien er zu überlegen, ob er weinen sollte, dann griff er nach meiner Hand, seine Finger steif wie kleine Stöcke. Ich kniete nieder und rieb sie.

»Wo sind deine Handschuhe, mein Kleiner?«

Der Erich schüttelte den Kopf. Ein Senkel an seinem Stiefel hatte sich gelöst und ich schnürte ihn fest. Am anderen Schuh klaffte an der Seite ein Loch, eine Kruste aus schmutzigem Schnee klebte darin, festgebacken wie uraltes Brot; diese Schuhe hatten schon der Hans und ich getragen, die Rosmarie und der Rochus, vielleicht sogar die Liesel und der Toni. Ich richtete mich auf, gab dem Erich einen leisen Klaps und zog meine Jacke fester um die Schultern. Auch im Stall war die Luft rau, doch sie stach nicht in den Lungen, sie biss nicht auf der Haut.

»Los!« Wie ein berstender Eiszapfen klirrte das Wort in der Luft. Rochus' Lippen waren blass, seine Wangen gerötet, seine hellen Haare leuchteten im Halbdunkel. »Mir nach, Brüder und Schwestern …« Er grinste und strich der Kuh, die zuvorderst in der Reihe stand, der alten Berta, einem braunen Vorderwälder-Vieh, über die Flanke, als er sich an ihr vorbeischob. Sie ließ es geschehen, ohne sich zu rühren; ein paar Fliegen, die dem Frost trotzten, krochen an den Rändern ihrer Augen entlang. Die Liesel vergrub beide Hände in Bertas Fell, rieb über ihren Bauch, an dem die Adern hervortraten, Adern dick wie die Wurzeln eines Buschs, sie schob ihre kalten Finger in die Fellfalten am Hals, hielt die Handflächen über die Nüstern, aus denen Atemwolken stoben. Die Berta käute, hob nicht einmal ihren gescheckten Schädel. Nacheinander folgten wir unserem Bruder an den Kühen vorbei, während ich als Letzte die Tür schloss, und wieder quietschte die Angel wie ein verschrecktes Huhn.

»Wer zuletzt die Hosen aushat, muss raus aufs Plumpsklo.« Die Liesel richtete sich auf, lachte, ihr breites Gesicht glänzte. Der Hans nestelte an seiner Hose.

»Mach dem Kleinen keine Angst«, sagte ich.

»War doch nur Spaß.«

Der Hans schaute aus schmalen Augen, ein prüfender Blick.

»War nur ein Spaß, Hänschen«, sagte die Liesel und schob mit dem Fuß einen Klumpen Streu beiseite. Hans' Nase lief, eine träge Spur rann ihm zur Lippe hinab und meine Schwester wischte sie mit dem Handrücken fort. »War nur ein Spaß«, sagte sie, dann stellte sie sich breitbeinig über die Rinne, die hinter den Kühen am Rand vom Stall entlanglief, und begann die Knöpfe ihres Mantels zu öffnen. Die Rosmarie kicherte, blies in ihre Fäuste und trat von einem Bein aufs andere. Von der anderen Seite der Stallwand drang das Klappern von Töpfen herüber; bald gab es Nachtessen, bald kam der Vater heim aus dem Wald. Es waren nicht mehr viele Männer im Tal, die meisten waren in den Krieg gezogen, manche schon tot, nur unser Vater hatte bleiben dürfen, er hatte bereits im ersten Krieg gekämpft und war zurückgekehrt mit zwei steifen Fingern.

»Jetzt zier dich nicht«, sagte die Liesel.

Die Rosmarie biss sich auf die Lippe.

»Pressiert's oder nicht?« Die Liesel warf ihr einen strengen Blick zu. »Du bist so eigen.«

Die Rosmarie öffnete den Mund – und schloss ihn wieder. Sie war fast so groß wie die Liesel, doch die war fünf Jahre älter und von kräftiger Statur, während die Rosmarie mager war wie eine von den Strohpuppen, die der Vater im Sommer aufs Feld stellte, damit die Krähen die Saat nicht fraßen. Der Stallgeruch kratzte in meiner Nase, ich schüttelte mich und nieste.

»Erkältet?«, fragte der Rochus. Im Winter, wenn die Kälte klirrte und einem der Atem gefror, wollte niemand auf das Plumpsklo, das an die hintere Seite vom Haus angrenzte und um das die Männer von der Forstverwaltung eine Wand aus Brettern gezogen hatten, damit wir nicht ganz im Freien hockten.

»Hilf ...« Der Erich zupfte an meinem Ärmel. Er war kleiner als eine Geiß, noch keine drei Jahre alt, und ich bückte mich. Der Hans wehrte die Rosmarie ab und zerrte selbst an seinen Knöpfen, während er zum Rochus aufsah, der Rochus, bald schon ein Mann, der die meiste Zeit des Jahres fort war und als Hirte ging, zwei Tage vor Dreikönig hatte er seinen dreizehnten Geburtstag gefeiert, wir alle hatten ihm Glück gewünscht und die Mutter hatte ihn umarmt und ihm einen Kuss gegeben, mehr Geschenke konnten die Eltern sich nicht leisten.

Nebenan in der Küche rasselte ein Kessel und das neue Geschwisterchen schrie. Die Rosmarie kicherte wieder, lupfte nun aber ihren Rock, zog ihren Schlüpfer herunter und hockte sich ebenfalls über die Rinne. Die Luft war satt von Dampf und feuchter Wärme und ich tat es meiner Schwester gleich und rieb dabei meine Schienbeine, die juckten von der rauen Wolle der Strümpfe, unterdessen der Rochus sich mit steifen Schritten ans Ende der Reihe stellte, sein Haar fiel ihm in Strähnen in die Stirn, im fahlen Stalllicht sah es aus, als wären sie gefroren. Hastig zog er seine viel zu große Hose herab, im nächsten Moment schlüpfte ein *Ahhh* … über seine Lippen, fiel in die weiche Streu, und die Kühe käuten und schmatzten, ein Geräusch, so vertraut und wohlig, während wir Geschwister uns in Reih und Glied hinterm Vieh erleichterten.

1944

Vier Monate zuvor, als der Wind durchs Gras blies und die langen Halme bog und das Heu zum zweiten Mal geschnitten wurde, im September 1944, war ich eingeschult worden.

In der Früh kämmte die Mutter mein Haar. Ungeduldig hockte ich auf einem Schemel in der Küche, kaute an einem Stück Brot, das beim Frühstück in der Stube unter den Tisch gefallen war, kaute, bis es ein weicher Brei war und malmte ihn zwischen den Zähnen hin und her, wie die Kühe es mit dem Klee taten, und jedes Mal wenn sich der Kamm in einer verfilzten Strähne verfing, zuckte ich zusammen.

»Schhhht, still …«

Neben dem Kachelofen schlief der Hund. Ein paar Brummer kreisten um seine Schnauze, ließen sich nieder, krochen in seine Nasenlöcher. Der Hund nieste. Der Erich rutschte über den Boden und versuchte ihn beim Schwanz zu packen. Das Baby in seinem Korb begann zu greinen, die Wangen vom Fieber gefleckt, rot wie Herbstäpfel. Die ganze Nacht hatte es geweint und die Mutter hatte Wadenwickel machen wollen, doch die Resi war so klein, dass der Wickel ihr bis zum Bauch reichte, schließlich hatte die Mutter ihr ein mit lauem Wasser getränktes Hemdchen übergezogen.

»Au!«

»Schhht … Gleich ist's fertig, Mädle.« Der Kamm kratzte

über meinen Schädel, als die Mutter einen Scheitel zog. Zu beiden Seiten floss mein Haar herab, ein blonder Vorhang, und ich sah nur noch die Flecken auf dem Klinkerboden und die breiten Fugen, die hier und da an den Rändern ganz ausgefranst waren.

»Au!!«

»Willst vielleicht aussehen wie ein Lausmädle an deinem ersten Schultag?«

Mir wäre es gleich gewesen, doch ich schluckte und hielt still. Die Mutter begann einen Zopf zu flechten, so fest, dass es ziepte und die Kopfhaut spannte. Schließlich knotete sie ein Band um die Haarspitzen und wischte ein paar Krümel von meiner Schulter. Ich rutschte vom Schemel, griff nach meinem Tornister, den ich am Tag zuvor mit der Rosmarie gepackt hatte, warf einen letzten Blick hinein – die Schiefertafel, die Fibel, der Kasten mit dem Griffel – und schulterte ihn so stürmisch, dass das Schwämmchen und das Läppchen, die außen baumelten, gegen meinen Arm schlugen. »Ich bin grad fertig!«

Die Mutter strich über mein Schulkleid und glättete die Falten in der weißen Schürze, dann schob sie eine Strähne zurück, die sich aus ihrem Dutt gelöst hatte, wickelte die greinende Resi in eine Decke und nahm den Erich bei der Hand, während ich den Gang hinunterlief und die Haustür öffnete.

Im Tal hing noch der Dunst des Morgens, die Weiden leuchteten feucht und satt. Die Liesel trieb grad die Kühe aus dem Stall; später würde sie mit der Rosmarie auf den Wiesen Steine lesen, denn der Vater mähte das Heu, und Steine machten die Klinge der Sense stumpf. Unser Vater war Holzhauer und das Metzig-Gut, eine kleine Domäne, die ihm das Forstamt verpachtet hatte, lag abseits auf halber Höhe in einem Talkessel, ein altes Schwarzwälder Haus mit Walmdach und Holzschindeln, umgeben von Grasland und Fichtenwäldern. Die wenigen Hektar, die zum Hof gehörten, bewirtschaftete er neben seiner täglichen Arbeit. Sieben Jahre zuvor, 1937, waren die Eltern mit vier Kindern und auf der Suche nach Arbeit, wie so viele in jener Zeit, in den Schwarzwald gekommen; bis dahin hatte der Vater im Unterland bei Karlsruhe als Chauffeur geschafft, in einer Mühle hatte er die Kutsche der Herrschaften gefahren, mit Rössern konnte er gut. Als er eines Tages ein Inserat vom Forstamt in Rohrhardsberg las, bewarb er sich, wurde genommen und zog mit seiner Familie Richtung Süden. Anfangs litt die Mutter, entwurzelt wie ein gefällter Baum, alle Tage war sie allein und der Hof so abseits, dass nie ein Mensch vorbeikam. Ihre Traurigkeit legte sich, sobald der Vater heimkam; doch erst im Jahr darauf, als ich geboren wurde, verschwand sie vollends.

Sie gab mir einen Kuss auf die Stirn. »Bist mein Schaffmädle ...« Am Vortag hatte ich alte Handschuhe angezogen und zwei Körbe voll Brennnesseln gesammelt, außerdem Löwenzahn, sodass die Liesel Spinat mit Mehlschwitze und einen Löwenzahnsalat zubereiten konnte. Ich war nicht groß, aber kräftig und fleißig.

»Nächstes Mal such ich auch Schnittlauch, dann schmeckt's noch besser, gell?«

Gemeinsam liefen wir den Pfad hinab, über Geröll und Schotter und feuchten Sand. Die Luft roch nach Gras und beginnendem Herbst, Amseln sangen und Spatzen tschilpten, zwischen den Ästen der Bäume glitzerten Spinnweben. Die Bergkuppen waren klar und ganz nah. Irgendwo bellte ein Hund und ein Huhn flatterte hoch und verschwand unter einen Busch. Ich lief immer schneller, fast stolperte ich.

»Langsam, Anna.«

Meine älteren Geschwister konnten alle lesen und schreiben. Der Toni war fast fünfzehn und weit fort, bei einem Bauern nahe Freiburg ging er in die Lehre, Gutsverwalter wollte er werden, und auch die Liesel war schon entlassen, doch der Rochus, der Hütebub war, besuchte in Schonach die Hirtenschule; dort begann der Unterricht, nachdem die Kinder das Vieh am Vormittag wegen der Hitze zurück in den Stall getrieben hatten, und er endete am Nachmittag, wenn die Sonne sank und sie ihre Herden wieder auf die Weiden brachten. Die Rosmarie ging in Rohrhardsberg in die dritte Klasse; sogar sie wusste Dinge, die ich endlich auch lernen wollte.

Nach einer Viertelstunde tauchte der Dilger-Hof hinter einer Senke auf. Die alte Frau Dilger kehrte das erste Laub zusammen, das der Wind von den Bäumen geblasen hatte, und als sie uns sah, richtete sie sich auf, eine Hand auf den Besen gestützt, die andere stützte ihren Rücken. »Komm später vorbei, Anna, dann kriegst ein Stückle Marmeladenbrot zu deinem großen Tag.«

Die Mutter dankte und wir winkten und liefen weiter. Das Baby schlief jetzt und der Erich stolperte auf nackten Füßen nebenher, immer wieder blieb er stehen, um einen Stein aufzuheben oder eine Blume zu pflücken. Zwischen den Weiden rauschte die Elz, das Wasser strömte über die Steine im Flussbett, Stromschnellen brachen sich, tanzten ins Tal hinab. Auf der Brücke begegneten wir einer Ordensschwester, einer stämmigen, kurzbeinigen Frau mit einem Glasauge, das starr geradeaus blickte, als sie uns zunickte, und die Mutter reichte ihr die Hand und sagte *Gelobt sei Jesus Christus,* danach gab ich ihr die Hand und sagte *Gelobt sei Jesus Christus,* so wie wir es immer taten, wenn wir dem Pfarrer oder einer Nonne vom Kloster in Hegne begegneten. »Wirst eingeschult?«

Ich nickte.

»Dann geh mit Gott, mein Kind.« Sie schlug ein Kreuz und ihr gläsernes Auge sah über meinen Kopf hinweg.

Der Weiler bestand aus vier Höfen und einem Haus, das auf einer Anhöhe lag und über die anderen zu wachen schien. Links führten Treppen, glänzend und schief getreten, zum Rathaus, in dem jede Woche für ein paar Stunden der Bürgermeister saß; neben dem Rathaus lag die Schule – ein einziges, nicht sehr großes Klassenzimmer, in dem an Wintertagen vormittags die oberen Klassen und nachmittags die unteren Klassen unterrichtet wurden, im Sommer war es grad andersherum, da kamen die Kleinen in der Früh, denn die Großen mussten auf den Höfen helfen.

Viele Kinder, die bereits auf dem Vorplatz in der Sonne warteten, kannte ich, sie wohnten auf den umliegenden Höfen, und wenn wir nicht daheim helfen oder auf den Feldern schaffen mussten, spielten wir miteinander. Die Klara und die Erika hatten mit einem Stock Linien in den festgetretenen Sand gezogen und spielten mit der Frieda und der Hilda Himmel und Hölle, grad griff die Klara mit beiden Händen ihren groben Leinenrock, hielt ihn fest und hüpfte los. Die Mutter beugte sich zum Erich hinab – er deutete auf eine Amsel, die vor einem Mauervorsprung im Staub saß, still und mit geblähtem Gefieder, ihr Schnabel ein kurzer gelber Strich. Mit plumpen Schritten, die Arme ausgestreckt, lief er auf sie zu – der Vogel erhob sich und breitete seine Flügel aus. Fassungslos starrte mein Bruder ihm nach.

»Dummer Bub«, neckte ich ihn.

»F-f-fogel …«, stotterte der Erich, seine Wangen rot vor Empörung. »F-fort!«

»Nicht ärgern, Kleiner.« Ich nahm seine Hand. »Vögel bekommen Angst, wenn du auf sie zuläufst. Dann fliegen sie davon.«

»B-böse …«

Die Mutter ging hinüber zur Frau vom Lehrer, die im Schatten einer Linde stand, das Haar sorgsam frisiert, die Bluse frisch gestärkt. Ein Stück abseits standen drei Buben, einer scharrte mit der Fußspitze im Sand, ein anderer zog die Schultern hoch. Ihre Mütter waren auf den Feldern. Ihre Väter an der Front.

Oder tot.

Der Karl und der Andreas rannten die Anhöhe hinauf. Der Karl rutschte, stolperte, stürzte. Wie ein Blitz zuckte der Schmerz durch sein Gesicht. Mit beiden Händen hielt er sein Knie, unter den Fingern rann Blut hervor, seine Augen füllten sich mit Tränen. »Ein deutscher Junge weint nicht«, sagte scharf ein größerer Bub; es war der Sohn vom Förster.

Der Karl schluckte sein Weinen.

Rasselnd, wie das Muhen einer heiseren Kuh, ertönte im selben Moment die Klingel. Der Andreas half dem Karl auf, ich brachte den Erich zur Mutter, und die Klara und die Frieda strichen ihre Röcke zurecht. Wir liefen ins Klassenzimmer, während die Mütter sich wieder auf den Weg machten, daheim gab es viel zu tun.

Das Klassenzimmer war ein Raum mit drei großen Fenstern, die so hoch lagen, dass ich nur den Himmel sah, wenn ich hinausschaute. Es roch nach Kreide und Holz. Die Mädel drängten sich rechts vom Mittelgang, die Buben links, sie ließen sich in die Bänke fallen, stießen ihre Tornister in die Fächer unter den Pulten, ihre rauen Hände strichen über Holzplatten, betasteten Tintenfässer, sie bohrten Finger in kleine Astlöcher. Ich entdeckte die Rosmarie, die leicht vorgebeugt mit eingezogenen Schultern zwischen den Drittklässlern saß; sie war mindestens einen Kopf größer als ihre Kameradinnen. Ich winkte. Die Rosmarie kicherte. Jemand hatte die Tafel geputzt, sie glänzte schwarz, und in einem schmalen Fach lagen ein einzelnes Stück Kreide und ein ausgefranster Schwamm. Neben der Tafel hing ein Bild vom Führer. Sein Gesicht war ohne Regung, doch sein Blick fiel streng auf uns herab, nichts schien ihm zu entgehen, es war, als würde er über jeden Schüler selbst in diesem entlegenen Tal wachen, und wehe, einer von uns gehorchte nicht.

»Heil Hitler!« Ein Donnerschlag fuhr durch den Raum, ließ alle erzittern. Der Lehrer Böhler war ein Mann wie ein Berg, mit kahlem Schädel und einem Herz, das für den Führer brannte. Unvermittelt stand er hinter seinem Pult.

Alle sprangen auf, standen stramm, reckten den rechten Arm und antworteten wie aus einem Mund: »Heil Hitler!«

»Setzen!« Wieder ging ein Rascheln durch die Reihen, Schuhe und nackte Füße scharrten über den Holzboden, verhaltener diesmal.

Schwerfällig ließ der Lehrer Böhler sich auf seinen Stuhl fallen, und nun schien der Führer auch über ihn zu wachen. Er nahm ein Papier aus seiner Tasche, faltete es auseinander, breitete es vor sich aus, strich mit seinen mächtigen Händen darüber. Alle sahen mucksmäuschenstill zu. Nacheinander rief er die Namen der Erstklässler auf. Jedes Kind, dessen Namen er rief, musste aufspringen und »Hier!« rufen.

»Eberl, Anna?«

»Hier!« Ich schoss hoch.

In der Reihe hinter mir kicherte ein Bub, der schon in die zweite Klasse ging. »Ist die klein«, hörte ich ihn raunen. Ich schaute mich nicht um, sah starr geradeaus und spürte, wie mir warm wurde.

»Warum wirst rot, wenn ich dich nach deinem Namen frag?« Der Lehrer musterte mich wie eine kranke Kuh.

Ich zuckte mit den Schultern. Am liebsten hätte ich mich umgedreht, dem Buben eine Ohrfeige gegeben und ihm gesagt, dass ich klein war, aber daheim auf die höchsten Kirschbäume kletterte, sodass die Mutter aus dem Haus stürzte und den Vater anflehte, mich wieder herunterzuholen. Stattdessen hielt ich dem Blick vom Lehrer stand. Und dem vom Führer.

»Eberl. Die kleine Schwester vom Toni, von der Liesel und dem Rochus und der Rosmarie.«

Ich nickte.

»Eberl ... Eber!«, zischte der Bub hinter mir.

Scham ballte sich in meinem Bauch, sie brannte, als hätte mich jemand in den Magen geboxt. Ich wünschte, der Lehrer Böhler hätte das Geflüster bemerkt und dem Bub ein paar Tatzen mit dem Rohrstock in die Hände gegeben oder gleich ein paar Hosenspannis auf den Hintern, das tat er gern, er war nicht zimperlich.

»Setzen!«

Ich setzte mich und sah stumm zu, wie er Buchstabe für Buchstabe mit seinem Finger, breit wie ein Spatel, übers Papier fuhr, bis die Namensliste bei *Wöhrle, Willibald* endete. Dann erhob er sich – und der Führer verschwand hinter seinen breiten Schultern. Er räusperte sich, fuhr sich über den kahlen Schädel, tat ein paar Schritte nach vorn und baute sich vor zwei Buben in der ersten Reihe auf, er stützte sich mit beiden Händen auf den Rand vom Pult und schwieg, bis die Buben, die vor ihm saßen, Angst bekamen, ich sah es in ihren bleichen Gesichtern. Dann holte er Luft und ließ seine Stimme durch den Raum dröhnen. Er hielt eine kurze Ansprache, sagte, dass wir von nun an jeden Morgen unsere Zähne putzen, ihm unsere Ohren und Fingernägel vorzeigen müssten, und dass wir uns im Unterricht Mühe zu geben hätten, und wenn wir schmutzig wären oder faul oder frech, gäbe es Hosenspannis.

»Oder Tatzen mit dem Rohrstock!« Er sah zu den Zweit-, Dritt- und Viertklässlern in den hinteren Reihen, die schon wussten, wie die Schläge in die Handflächen schmerzten.

»Und ihr Kleinen …« Als hätte der Ausbruch ihn erschöpft, ließ er sich zurück auf seinen Stuhl sinken. »Ihr Kleinen geht außerdem an zwei Tagen in der Woche zu den Bauern im Tal und sammelt Kartoffelkäfer von den Äckern. Das Reich braucht eine gute Kartoffelernte.« Er wischte sich über die Stirn, als schwitzte er. Dann gab er den älteren Schülern Rechenaufgaben und sie kramten ihre Rechenschieber aus den Tornistern.

»Ihr Neuen …«, er faltete sein Taschentuch und schob es in seine Hosentasche, »ihr lernt jetzt schreiben.«

Artig nahmen wir unsere Tafeln, öffneten unsere Griffelkästen, und den Rest der Stunde schrieb ich mit ungelenken Fingern meine ersten Buchstaben: *A wie Anna – B wie Baum – C …*

Um vier in der Früh war der Vater fortgegangen. Hatte im Schuppen die Sense gedengelt, das ausgehöhlte Kuhhorn mit dem Wetzstein darin an seinen Ledergürtel geschnallt und war hinab in Richtung Tal gestiegen, um die letzte von unseren Wiesen zu mähen.

»Du gehst heut wieder mit der Rosmarie, mein Schatz«, sagte die Mutter beim Frühstück in der Stube, die schlummernde Resi im Arm.

Ich nickte und gähnte. Mein Magen knurrte und ich brach ein Stück Brot vom Laib, teilte es und steckte die eine Hälfte dem Hans in den Mund, die andere mir. Auf dem Tisch stand eine Schale mit warmer Milch, schimmerte bläulich im frühen Licht, und mein Bruder tauchte einen Finger hinein, tippte gegen die Haut, die obenauf schwamm, und verzog das Gesicht. Irgendwo krähte ein Hahn und vorm Fenster ließ sich eine Spinne an einem glitzernden Faden hinab. Die Mutter hatte bereits gemolken und Milch in die Zentrifuge gegeben; aus dem Rahm machte sie Butter und Quark, die

Butter trug sie zum Kolonialgeschäft, wo sie eine Bescheinigung bekam, so war es Vorschrift, seit alle Bauern Lebensmittel abgeben mussten.

»Trink«, sagte ich.

Mein Bruder schüttelte den Kopf.

»Trink, mein Bub«, sagte die Mutter.

Kopfschütteln.

Ich griff nach der Schale, nahm selbst einen Schluck. Und verzog das Gesicht.

»Geißenmilch ist auch Milch.« Die Mutter runzelte die Stirn; um die entrahmte Kuhmilch nahrhafter zu machen, versetzte sie sie mit Geißenmilch.

»Aber sie schmeckt so streng.«

»Trinkt, Kinder«, sagte die Mutter und ihr Blick maß erst den Hans, dann mich. Sie hatte ein gutes Herz, war nicht so streng wie der Vater, doch als ich nun in ihr Gesicht schaute, ihre Augen betrachtete, war mir, als wäre sie traurig.

Der Hans sperrte stumm den Mund auf. Ich gab ihm noch ein Stück Brot. Draußen im Gang ertönten Schritte, ein rhythmisches Gepolter, unterbrochen von Juchzern und vom Quietschen der Stiegenstufen, und im nächsten Moment flog die Tür auf und die Rosmarie stapfte herein. Ein Luftzug blies durch die Stube und etwas fiel zu Boden, klatschte auf die Dielen. Rasch bückte sich die Mutter. Sie hob einen Umschlag auf und schob ihn in die Tasche ihrer Kittelschürze, ein grauer Umschlag, auf dem Stempel prangten, aber keine Briefmarke klebte. Ich kannte diese Briefe. Sie kamen von Mutters Bruder, der in Russland an der Front war, und sie brauchten stets lang, Wochen und Monate wussten wir nicht, wie es ihm ging, ob er noch am Leben war.

Kam dann Feldpost, weinte die Mutter heimlich.

Ächzend ließ die Rosmarie den Erich von ihrem Rücken rutschen wie ein schweres Paket. Auf allen vieren krabbelte er über den blanken Boden unter den Tisch und schmiegte sich an meine Beine. »A-Anna … p-pielen!«

»Nein, Erich, jetzt nicht.« Ich schob die Schale mit der Milch beiseite, rückte und bedeutete meinem Bruder, sich neben mich auf die Eckbank zu setzen.

Die Mutter räusperte sich und wischte dem Baby, das aufgewacht war und gähnte, mit dem Schürzenzipfel über den Mund. »Die Rosmarie und die Anna helfen dem Vater heut wieder beim Heuen«, sagte sie und langte mit der freien Hand unterm Tisch nach meinem Bruder; der rutschte flink beiseite.

Die Rosmarie griff nach der Milchschale, trank einen Schluck. Und verzog das Gesicht. »Bahhh …«

»Sei nicht so eigen, Mädle.«

Das Baby blinzelte, brummte, gähnte wieder, die Mutter hob es hoch. »Erich, setz dich an den Tisch und trink deine Milch.«

Der Erich lachte und klatschte in die Hände.

»Erich …« Mutters Mund ein schmaler Strich. Etwas in ihrer Stimme ließ mich an eine lahmende Kuh denken, die ihren Stall suchte. »Setz dich und trink deine Milch.«

Der Erich quietschte und krächzte wie ein Brummkreisel.

»Bub …«, die Mutter strich mit ihrer rauen harten Hand über den Tisch, »wenn der Vater heimkommt, sag ich's ihm.«

Mein Bruder hielt inne, legte den Kopf schief, als dächte er nach. Die Rosmarie nahm eine Schürze, die über der Ofenstange hing, und schlüpfte hinein. Ich bückte mich und zog den Erich am Arm. »N-n-nein … s-s-selbst!«

»Dann mach einmal.«

Er kroch unterm Tisch hervor, die Unterlippe vorgeschoben. Kletterte umständlich auf die Bank, rutschte umher, lehnte sich schließlich zurück und starrte auf seine schmutzigen Füße, die über den Rand der Bank ragten. Ich schob ihm die Schale mit der Milch hin. Die Rosmarie band ihr

Haar zusammen, kniete im Herrgottswinkel vor der Muttergottes nieder und sprach ein Gebet, stand wieder auf und stupste mich. »Los, auf.«

Ich brach ein letztes Stück Brot ab und teilte es mit dem Hans, dann stand ich auf. Nur wenige Tage nach der Einschulung hatte der Lehrer Böhler uns eine Woche Ferien gegeben; es war Heuernte und auf den Wiesen wurden alle Hände gebraucht. Kauend lief ich in die Küche und holte die Strohtasche mit dem Vesperpaket – Ersatzkaffee, ein Kanten Brot –, das die Mutter vorbereitet hatte.

Vorm Haus warf die Morgensonne Schatten. Zwischen fichtendunklen Hängen glänzte das Tal vom Tau der Nacht, die Kuppen der Berge ragten schroff in den Himmel. Die Luft war kühl und eine Gänsehaut kroch über meine vom langen Sommer gebräunten Arme. An der Schindelwand lehnten zwei Heugabeln.

»Hier!« Die Rosmarie reichte mir eine und nahm die andere.

Schweigend liefen wir den Pfad hinab. Das Metzig-Gut lag allein, ohne Nachbarn, die wenigen anderen Höfe im Tal verbargen sich hinter Wäldern und Kurven, lagen tiefer oder ganz unten in der Senke, dort, wo die Landschaft für kurze Zeit beinahe eben wurde und eine Straße entlangführte, dort, wo auch die Schule war und wo die Klara, die Erika, die Frieda und die Hilda wohnten. Auf vielen der Wiesen am Wegrand stand das Gras kniehoch, und es war durchsetzt von Scharfem Hahnenfuß, Klee und Storchschnabel. Dort, wo es bereits gemäht war, schmeckte die Luft würzig. Der Wind rauschte in den Bäumen und irgendwo zeterte schrill und scharf eine Schwarzdrossel.

Schon von Weitem sah ich den Vater, seine kleine, kräftige Gestalt. Er trug Waldarbeiterhosen und ein enzianblaues Hemd, die Ärmel hatte er hochgekrempelt. Mit rhythmischen Bewegungen, den Oberkörper vorgebeugt, zog er die Sense durchs Gras, ganz mühelos sah es aus. Er war der geschickteste Mähder im Tal, bei allen Witfrauen und auch bei denen, deren Männer an der Front waren, mähte er, es gab keinen Hof am Rohrhardsberg, auf dem er nicht mit seiner Sense erschien, um zu helfen.

»Ah, da kommen meine Mädle ...« Er hielt inne, richtete sich auf und schob seine Mütze zurück. Buschige Brauen über blaugrauen Augen, die Haut von Sonne und Wind gegerbt. Über seinem Schnauzer glänzten Schweißperlen.

»Die Mutter hat uns ein Frühstück mitgegeben.« Ich reichte ihm die Strohtasche.

Der Vater strich mir übers Haar. »Ihr habt gut geschafft gestern, auf den oberen Wiesen.«

Die Rosmarie sah mich an. Ich wand mich ab, zog ein Tuch aus der Tasche und schnäuzte mich. Der Vater verscheuchte eine Fliege und biss in den Kanten Brot, auf den die Mutter dünn Butter gestrichen hatte. An ihrem Westrand grenzte die Wiese an einen Buchenwald, dort war das Gras geschnitten und lag in langen ebenmäßigen Bahnen in der Sonne, das grad gemähte noch grün, das übrige schon angetrocknet. Der Rest der Wiese, die sich bis zu einer Reihe Krüppelkiefern den Berg hinabzog, war noch nicht gemäht. Ein Waldlaufkäfer krabbelte über meine nackten Füße, seine Beine kitzelten auf der Haut. Auf dem Nagel vom großen Zeh blieb er sitzen. Sein länglicher Panzer schillerte blau. Ich schüttelte ihn ab.

Es würde Stunden dauern, all das Gras zu wenden.

Mein Magen knurrte. Der Vater, der grad einen Schluck Ersatzkaffee trank, sah auf. Stumm reichte er mir seinen Rest Butterbrot. Ich zögerte. Er nickte. Die Rosmarie schulterte ihre Heugabel und stapfte davon; sie war fleißig, erledigte jede Aufgabe, die die Eltern ihr gaben, zügig und trieb uns Kleinere stets an. Schlürfend trank der Vater den Kaffee aus, wischte sich mit dem Handrücken über den Schnurrbart, dann schloss er den Henkelmann und reichte ihn mir. Er bückte sich und seine Knie knackten, als er nach seiner Sense griff. Er zog den Wetzstein aus dem Kuhhorn an seinem Gürtel und fuhr mit schnellen Strichen über das Sensenblatt, ein lautes Kreischen, Krähen flogen auf.

Ich folgte meiner Schwester den Hang hinauf, umfasste die Heugabel, ihren glatt geriebenen Holzstiel, und fuhr in die frisch geschnittene Mahd. Ich lockerte und schüttelte das Gras, ließ die Halme über die Zinken rieseln, leicht, wie Federn fast, fielen sie zu Boden, ein weicher Teppich, der in der Sonne trocknete, denn um Heu einzufahren, musste es dürr sein, sonst konnte es sich auf dem Heuboden entzünden. Doch es war eintönige Arbeit, bei der alle Kinder, die groß genug waren, eine Heugabel zu halten, helfen mussten, nur die ganz Kleinen durften spielen.

Bahn um Bahn arbeitete ich mich vor. Sah nur ab und zu auf und warf meiner Schwester einen Blick zu. Auf langen Beinen stakte sie durch die Wiese, schüttelte und rüttelte die Mahd, Meter um Meter, stur, beinahe unerbittlich.

Noch immer hatte sie kein Wort gesagt.

Meine Nase kitzelte und ich nieste. Das Gras war durchsetzt mit verblühtem Löwenzahn, jedes Mal wenn ich mit der Gabel in ein Bündel stach, stoben Samen auf und wirbelten durch die Luft. Die Sonne stand jetzt über den Kuppen der Berge, die sich scharf vor einem blauen Himmel abhoben, und nur am äußersten Rand fiel ein Rest Schatten auf einen Streifen Wiese. Droben lag der Hof im gleißenden Licht, ich sah den Hans, der eine leere Milchkanne hinter sich herzog. Ein Schweißtropfen rann über meine Stirn, rann die Nasenwurzel hinab, rollte vor bis zur Nasenspitze und blieb dort hängen. Ich blinzelte, schielte und versuchte, ihn anzugucken. Ich stellte mir vor, wie sich immer mehr Schweißtropfen an meinem Haaransatz sammelten, wie sie die Stirn hinabrannen, manche versickerten in den Augenhöhlen, andere liefen über meine Wangen, meine Nase, meine Lippen, sie veranstalteten ein Wettrennen, so wie wir Kinder manchmal um die Wette rannten, und nur die schnellsten und mutigsten von ihnen kämen ans Ziel und erreichten die Kinnspitze, von wo sie zu Boden stürzten.

»Nicht einschlafen.«

Ich wandte den Kopf. Die Rosmarie war stehen geblieben, maß mich mit grauen Augen. Hastig stieß ich meine Heugabel ins Gras, wirbelte ein Büschel auf.

»Mach's ordentlich, dass es recht trocknet.«

»Jetzt schimpf nicht so.«

Die Rosmarie blinzelte und strich sich eine Strähne aus dem Gesicht, beugte sich vor und schaffte weiter. Ab und zu warf sie einen Blick über die Schulter – wag es nicht, sagte er, wag es nicht, dich wieder davonzumachen, um mit den anderen Kindern zu spielen.

Mein Magen knurrte. Meine Arme schmerzten, meine Beine waren von Mücken zerstochen und die Muskeln zwischen meinen Schultern waren ganz hart. Drunten zog der Vater die Sense durchs Gras, gleichmäßig wie ein Uhrwerk, die Büschel sanken neben seinen Stiefeln zu Boden wie die Entendaunen, die die Mutter vor wenigen Jahren noch rupfte, als der Krieg nicht so wütend und die Not nicht so groß gewesen waren.

In der Ferne ertönte leises Grollen.

Der Vater richtete sich auf. Wandte sich um, legte den Kopf in den Nacken, er schien den Himmel abzusuchen. Plötzlich warf er die Sense fort, rannte los, den Hang hinauf und auf uns zu, er winkte und wedelte mit den Armen. Wie angewurzelt stand ich da.

»Runter!«, schrie der Vater. »Runter!«

Das Grollen wurde lauter. Es füllte das Tal, wuchs zu einem Dröhnen, ein Dröhnen gefangen zwischen hohen Bergen, ein Dröhnen, das die Luft erzittern ließ, meinen Körper, meine Beine, meinen Bauch, sogar die Erde ließ es erbeben, sie bebte, als würde sie im nächsten Moment aufreißen und alles in sich verschlingen.

»Runter!« Vaters Stimme dicht an meinem Ohr. Etwas riss mich zu Boden, Rosmaries Bein schlug gegen meinen Arm, ihr hartes Knie, mein Mund war voller Gras, ich spuckte, rollte mich auf die Seite, roch Vaters Atem, sog für einen kurzen Moment den Duft von Kaffee ein und dann den Geruch von Schweiß.

Und den von Angst.

Ich hörte Zähne aufeinanderschlagen, wusste nicht, ob es Rosmaries waren oder meine. Etwas presste mich zu Boden, drückte meinen Kopf ins Gras, meine Brust, ich bekam kaum Luft. Etwas brannte auf meiner Haut, ich hörte Vaters Keuchen und mein Herz schlug, als würde es gleich platzen, ich wollte beten, doch die Worte fanden nicht aus meinem Mund, blieben mir im Hals stecken wie Widerhaken. Ein scharfer Sog erfasste mich und das Dröhnen wurde übermächtig, es brach alle Grenzen, drang in meinen Körper, füllte ihn aus, und das Zittern meines Leibes verschmolz mit dem Zittern der Erde.

Ich wollte nicht sterben!

Vater! Rosmarie!

Mutter, das Baby, meine Geschwister!

Unser Haus!

Warum hatte ich die Mutter in der Früh nicht getröstet?

Warum war ich am Vortag fortgelaufen, um zu spielen und hatte die Rosmarie allein schaffen lassen?

»Hab keine Angst«, flüsterte Vaters Stimme dicht an meinem Ohr.

Das Beben ließ nach.

»Habt keine Angst, meine Mädle.«

Das Dröhnen wurde leiser.

Der Boden gab meinen Körper wieder her und die Hand, die meinen Kopf zu Boden gepresst hatte, lockerte ihren Griff. Ich schnappte nach Luft.

Der Vater rollte zur Seite. »Es ... ist nichts passiert.« Eine Stimme wie Sandpapier.

Reglos lag ich im Gras. Sah die Rosmarie dicht neben mir, ihre Augen weit, ihr Mund ein dunkles Loch, ein erstickter Schrei.

Der Vater hustete und spuckte Gras aus. Sein Gesicht war grau wie Fels, rote Flecken an seinem Hals. »Es ist nichts passiert.« Er wischte Halme von meinen Lippen, Erde von meinen Wangen, raue Fingerkuppen auf meiner Haut, der salzige Geschmack von Tränen. Und ein Geräusch wie das Wimmern eines Katzenjungen – der Vater beugte sich vor und umfasste Rosmaries Schultern, zog sie an sich und streichelte ihr Haar. Sie zitterte; ein dürrer Zweig, dem der Wind das letzte Laub entrissen hatte.

Ich richtete mich auf. Langsam wandte ich den Kopf und sah den Hang hinauf zu unserem Haus – weiße Laken flatterten auf der Leine, die die Mutter zwischen den Kirschbäumen gespannt hatte. Ich schlug ein Kreuz und dankte Gott.

Am anderen Ende vom Tal verschwanden, wie übergroße Hornissen, drei Tiefflieger im Mittagsblau.

Die Mutter stellte eine irdene Schüssel mit Kartoffeln auf den Tisch, sie dampften, doch der Rochus griff mit bloßen Händen zu.

»Langsam, Bub.«

Er schüttelte den Kopf, brach einen Erdapfel in zwei Hälften, stopfte die eine in den Mund, tunkte die andere in den

Bibeleskäs, unter den die Liesel einen Zwiebelrest gerührt hatte. Er kaute hastig, mit offenem Mund, und es war, als quelle Dampf aus seinem Hals, und der Hans schaute zu, die Augen weit vor Staunen. Mein großer Bruder schlang und schluckte, er verschluckte sich und nahm einen großen Schluck Geißenmilch, er griff nach einer weiteren Kartoffel, auf die er mit bloßen Fingern Quark lud, und schob sie in den Mund, als könne sie ihm jemand fortnehmen, ich sah zu und dachte an ein gehetztes Tier. Sein Haar stand in dicken Strähnen vom Kopf, seine Jacke hatte einen L-förmigen Riss an der Schulter, seine Hose war zerschlissen, an seinem Hemd fehlten Knöpfe. Die Sohlen seiner Füße waren durchfurcht von Rissen wie eine ausgedörrte Landschaft, um seine Nägel zogen sich dunkle Ränder.

»Wann stehst auf in der Früh?« Die Mutter riss ein Streichholz an und entzündete ein Hindenburglicht; seit es kaum noch Glühbirnen zu kaufen gab, aßen wir abends im Schein der Notbeleuchtung.

Der Rochus leckte Bibeleskäs von seinem Zeigefinger, schluckte und nahm noch eine Kartoffel, eine kleinere diesmal, die er nicht teilte, sondern sich ganz in den Mund schob, ein Speichelfaden rann aus seinem Mundwinkel, dabei stieß er einen Laut hervor, ein halb zerkautes *Ümpf.*

»Ümpf …«, echote der Hans.

»So früh?«

Der Rochus nickte. Der Hans streckte seine Hand aus, doch er reichte nicht an die irdene Schüssel, und der Rochus nahm eine Knolle, biss ein Stück ab und steckte es ihm in den Mund. Ich war auch hungrig; doch es beschämte mich zu sehen, wie ausgehungert mein Bruder war. Mit dem Fingernagel fuhr ich die Kerben im Holz der Tischplatte nach. Der Talg der Hindenburgkerze knisterte.

Draußen im Gang hallten Schritte. Das stumpfe Geräusch

von zwei Gehstöcken. In der Früh hatte der Vater sich kaum rühren können, das Rheuma wütete in seinen Gelenken, und die Mutter redete auf ihn ein, bat ihn zu bleiben, doch er machte sich auf den Weg in den Wald zu seiner Rotte. »Wir brauchen das Geld«, sagte er, biss die Zähne zusammen und humpelte, auf die Stöcke gestützt, den Pfad hinunter.

Ich stand auf und öffnete die Stubentür.

Im Halbdunkel sah ich den Schmerz in seinen Zügen, die zusammengepressten Lippen. Schnell schob ich einen Schemel beiseite, eine Jacke, die der Hans achtlos hingeworfen hatte, und rückte den Stuhl am Kopfende vom Tisch zurecht. Der Vater setzte sich und ein wunder Laut entfuhr ihm; ein Laut, der auch mich schmerzte. Am Nachmittag zuvor, die Dämmerung kroch bereits ins Tal, war die Rosmarie zur Apotheke nach Triberg hinaufgelaufen, um Medizin zu holen, weil die Arnikatinktur, die die Mutter angesetzt hatte, nicht mehr half, zwei Stunden hin, zwei Stunden zurück, und die ganze Zeit hatten wir gebangt und die Mutter hatte gebetet, der Herr möge ihre Tochter vor Tieffliegern und Soldaten in den Wäldern am Wegrand beschützen, und als die Rosmarie wohlbehalten wieder daheim war, hatte sie ein Kreuz geschlagen und *Gott sei's gedankt!* gerufen.

Die Liesel brachte ein Glas Wasser aus der Küche und reichte es dem Vater. Die Mutter schob die Schüssel mit den Kartoffeln über den Tisch, doch der Vater schüttelte den Kopf.

»Wie geht's auf dem Tal-Hof?«, fragte er seinen zweitältesten Sohn. Das Baby im Weidenkorb neben der Ofenbank begann zu weinen; ein einsames Weinen, als sei es aus einem schlechten Traum erwacht.

Der Rochus, kauend, nickte nur.

»Er besitzt nicht einmal ein Paar Schuhe, seit ihm die, die

er mitgenommen hat, zu klein geworden sind.« Mutters Stimme war hart vor Empörung. Sie erhob sich und nahm die weinende Resi auf. Die Rosemarie hockte auf der Ofenbank und rieb ihre kalten Hände. Sobald im April der erste Kuckuck rief, liefen wir Kinder barfuß, wir schonten unsere Schuhe, trugen sie nur zur Heiligen Messe; doch spätestens Ende Oktober bestand die Mutter darauf, dass wir Schuhe und Strümpfe anzogen. Inzwischen war es November.

»Der Bub steht um fünf Uhr auf und mistet. Es ist noch finster, wenn er allein eine Herde Rinder losbindet und austreibt, die Hänge hinauf. Er hütet das Jungvieh, läuft frierend auf der Weide umher, bei Schnee und Sturm und Hagel und Gewitter. Und ...« Die Mutter blickte in die irdene Schale, die fast leer war. »Er bekommt kaum etwas zu essen.«

Der Vater musterte den Rochus. Trank einen Schluck Wasser und schwieg. Die Luft in der Stube war stickig; vor den Fenstern hingen alte Teppiche wegen der Verdunklungsvorschriften.

»Ist's so?«, fragte er nach einer Weile.

Der Rochus nickte. Er war keiner, der klagte. Die Eltern hatten ihn früh zu fremden Leuten geschickt, zuerst zum Schwarz-Bauern in der Nachbarschaft, und nachdem dort die Magd den Hof angesteckt hatte, aus schierer Wut über die schlechte Behandlung, wie man sich erzählte, gaben sie ihn nach Prechtal, ein Dorf knapp zwanzig Kilometer entfernt, hinterm Passeck, hinter Hohestein und Geißübel, am Steinberg entlang, seither kam er selten heim. Als Hütebub bekam er keinen Lohn, doch saß daheim ein Esser weniger am Tisch; deshalb war auch der Toni eine Weile als Hirte gegangen, und die Liesel half hier und da auf größeren Höfen im Haushalt.

»Was geben sie dir zu essen?«, fragte der Vater.

Der Rochus zerbrach die letzte Kartoffel, steckte eine

Hälfte in den Mund, er kaute jetzt langsam, bedächtig, als zögerte er den letzten Bissen so lange wie möglich hinaus. Mich fröstelte. Ich nahm ein Holzscheit, warf es ins Feuer. Die Liesel saß am Spinnrad, im Schoß ein flaumiges Bündel geschorener Schafswolle, mit der Linken zupfte sie ein Stück aus der Mitte, mit der Rechten führte sie den Hilfsfaden zu, während ihr Fuß gleichmäßig das Schwungrad antrieb. Sie summte eine Melodie, *Froh zu sein bedarf es wenig;* sie sang gern, ihre Stimme war warm und weich wie Honig. Der Rochus lehnte sich zurück, fuhr sich mit den Fingern durchs Haar, stieß auf. »Brotsuppe und Milch.«

»Jeden Tag?«

»Manchmal bereitet die Bäuerin eine Suppe aus übriggebliebenen Kartoffeln.«

Der Vater stieß ein wenig Luft zwischen den Lippen hervor, aus Wut oder weil das Rheuma in seinen Gelenken biss, ich hätte es nicht sagen können. Der Hans starrte auf den Kartoffelrest in Rochus' Fingern.

»Hast Zeit für deine Schulaufgaben?« Vaters Stimme wie Eisen.

Der Rochus schüttelte den Kopf. »Wenn ich am Abend vom Hüten komme und die Herde im Stall ist, trägt der Bauer mir noch Arbeiten auf. Danach bin ich zu müde.« Im trüben Licht wirkte er klein, fast schmal, und ich stellte mir vor, wie er allein in einer zugigen Kammer überm Stall schlief oder in einer Hütte auf einer fernen Weide, auf Strohsäcken, unter rauen Decken. Daheim hatte er sich mit einem von uns ein Bett geteilt. Pfiff der Wind durch die Ritzen, schmiegten wir uns aneinander, kratzte der Frost an den Fenstern, gab uns die Mutter einen warmen Backstein, den sie zuvor ins Ofenrohr geschoben hatte.

Der Rochus scharrte mit den Füßen über die Dielen, ein Schaben und Schrammen wie davonlaufende Ratten. Plötzlich zog ein Grinsen über sein schmutziges Gesicht. »Wenn's zu arg ist, wart ich, bis eine Kuh den Schwanz hebt. Grad heute in der Früh bin ich in einen Kuhfladen reingestanden – das war mollig warm.«

Hans' Augen leuchteten. Die Rosmarie kicherte.

»Warum kicherst du?« Ich drückte meinen Daumen in eine Mulde in der Tischkante und sah auf. »Hast du doch auch schon gemacht.«

Die Rosmarie wurde rot und kicherte heftiger, der Hans lachte. Der Rochus leckte den Quarkrand aus der Schale und kaute auf einem Stück Zwiebelschale. Die Mutter schaukelte das Baby, das zu ihr aufsah. Die Liesel stand vom Spinnrad auf und trug das Geschirr in die Küche; wieder summte sie *Froh zu sein bedarf es wenig* und die Melodie hing seltsam fremd in der Luft und ich dachte an einen Wanderer, der am Ende vom Tag an eine Tür klopft und abgewiesen wird.

Der Rochus streckte sich. »Ich muss los.« Er schob die Hemdzipfel in die Hose.

»Wart, ich näh dir schnell die Knöpfe an.« Die Mutter reichte mir das Baby und holte den Nähkasten von der Ofenbank. »Und du Rosmarie, schau, ob noch die alten Stiefel vom Toni im Schuppen sind.«

Die Rosmarie rutschte von ihrem Sitz, schlüpfte in Vaters Mantel, der an einem Haken an der Stubentür hing, und lief hinaus. Der Vater räusperte sich. Langsam, wie ein sehr alter Mann, griff er nach seinen Stöcken und erhob sich, sein Gesicht wurde blass, und wieder fragte ich mich, wie er den Tag über im Wald hatte Holz hacken können. Mit runden Schultern und krummem Rücken stand er am Kopfende vom Tisch, blickte seine Kinder an, eines nach dem anderen. Beim Rochus blieb sein Blick hängen. Es war ein sanfter Blick, und etwas unendlich Trauriges lag darin. »Gib auf dich acht, mein Bub.« Dann wandte er sich um. Die Liesel stützte ihn, als er mit schleifendem Schritt die Stube durchquerte, hinüber zur Tür, die zur Schlafkammer der Eltern führte.

»Morgen«, sagte er im Gehen, »ist wieder ein Tag, den gilt es zu meistern. Alles andere liegt nicht in unserer Hand.«

1945

Im März wurde der Winter langsam milder, die Kälte fraß nicht mehr an Fingern und Füßen und auf der Elz bildeten sich Pfützen, wenn über Mittag einzelne Sonnenstrahlen durch die Wolkenschicht stießen, unter der das Tal in weißer Stille gelegen hatte. Bald würde der Schnee schmelzen, würde der Boden geeggt, die erste Saat ausgebracht. Bald würden Blätter sprießen, Vogeljunge schlüpfen, Lämmer und Zicklein geboren. Bald würde, hoffentlich, die Not ein Ende finden; bald würde, hoffentlich, der Krieg zu Ende sein.

»Heil Hitler!«

Die Mutter fuhr herum, die Arme bis zu den Ellenbogen in Seifenlauge, sie hatte keine Schritte gehört, kein Geräusch hatte sie gewarnt. Nun stand er im Eingang zum Wasserhaus, in schweren Stiefeln und grobem Mantel, im Gegenlicht sah sie nicht einmal sein Gesicht, nur die schwarzen Umrisse seiner massigen Statur, das Gewehr über seiner Schulter.

Doch sie erkannte ihn.

»Heil Hitler.« Sie wandte sich wieder um und fischte ein Laken aus der Lauge, klatschte es gegen den Trog, aus dem sonst die Kühe tranken, schüttete die Blechwanne aus, die sie aus der Küche herausgeschleppt hatte, stellte sie auf den noch immer gefrorenen Boden, nahm einen Eimer und goss frisches Wasser nach.

»Ich komme, euren Toni zu holen.«

Die Mutter fuhr herum. Das Laken rutschte ihr aus den klammen Händen. »Wozu?«

»Befehl.« Eine Stimme wie ein herabsausendes Beil.

Die Mutter bückte sich und hob das Laken vom Boden, sie öffnete den Hahn und ließ kaltes Wasser über den Schmutz auf dem Stoff prasseln.

Der Förster griff in die Innentasche seines Mantels, sein Hut mit dem Gamsbart rutschte ihm in die Stirn. »Neuer Führererlass.« Er faltete ein Papier auseinander und schob seinen Hut zurück. Sein Dackel saß artig bei Fuß. »Der Jahrgang 1929 wird eingezogen. Alle Männer ...«

»Männer?« Mutters Kopf schoss hoch, ihr Dutt hatte sich gelöst, Haarsträhnen klebten an ihren Wangen, ihrem Hals. »Mein Toni ist fünfzehn! Er ist ein Bub!« Sie tat einen Schritt vor, stieß gegen den leeren Eimer.

Der Förster heftete seinen Blick auf sie, als ziele er auf ein Wild, das er erlegen wollte. Dann senkte er den Blick und fuhr mit fester Stimme fort: »Alle Männer Jahrgang '29 sind zum Volkssturm einzuziehen. Und ich ...« Er hob seine buschigen Brauen und machte eine Pause, um seinen Worten das nötige Gewicht zu geben. Der Dackel sah stumm zu ihm auf. »Ich bin vom Gauleiter beauftragt, den Toni zu holen.«

Die Mutter schnappte nach Luft. »Nein.«

»Wo ist er?« Er trat ins Wasserhaus. Der Dackel folgte ihm.

Die Mutter warf das Laken in die Wanne, Wasser spritzte. »Der Toni ist fort!« Sie wischte ihre nassen Hände an ihrer Kittelschürze ab. Die Arbeit und die vielen Schwangerschaften hatten ihren Körper geformt, ihn kräftig gemacht, doch als sie dem Förster entgegentrat, der, die Sonne noch immer im Rücken, einen Schatten warf, der bis an die hintere Wand reichte, wirkte sie schmächtig. Ihr Gesicht war bleich, ihr Mund schmal, die Wangen glühten. In ihrem Blick lagen Trotz und eine leise Spur von Verachtung. Auch der Vater, der zusah, dass er bei der Arbeit mit dem Förster auskam, hielt nichts von ihm. Ein Nazi, sagte er, einer, vor dem man sich in acht nehmen musste.

»Dies ist ein Stellungsbefehl für den Eberl Toni.« Der Förster wedelte mit dem Papier. »Er wird kriegsdienstverpflichtet!«

Die Mutter spürte den Luftzug, so dicht standen sie und der Forstmann sich nun gegenüber. Langsam, als würde der Sinn ihrer Sätze so klarer, formte sie ihre Worte. »Nicht-mein-Toni.« Der Dackel neigte den Kopf, schnupperte am Stiefelschaft seines Herrchens. Draußen schlug der Wind die Stalltür gegen den Rahmen, die Angel quietschte. Eine Wolke schob sich vor die Sonne und der Schatten auf dem Boden verblasste.

»Alle waffenfähigen Männer haben den Heimatboden des Deutschen Reiches zu verteidigen, bis die Zukunft Deutschlands und seiner Verbündeten und damit Europas sichernder Frieden gewährleistet sind.« Eine Stimme, als schlügen Hacken aneinander.

Die Mutter stemmte beide Arme in die Hüften, ihre Hände rau und rot. »Mein Toni ist kein Mann. Er ist ein Bub und ich lass ihn nicht in diesen Krieg ziehen.«

Der Dackel senkte den Kopf.

»Das deutsche Volk wird mit allen ihm zur Verfügung stehenden Mitteln Widerstand leisten!«, rief der Förster. »Auch Ihr Toni ...«

Der Dackel fiepte.

»Auch Ihr Toni!« Er tat einen Schritt Richtung Ausgang, Sand und Eis knirschten unter seinen Sohlen. Dann wandte er sich wieder um, harte, kantige Bewegungen. Er musterte die Tröge, die Wanne, das Laken, die Mutter. Und plötzlich verzog sich sein Gesicht. Er lachte. Er lachte und sein Lachen dröhnte durchs Wasserhaus, schallte von den Wänden zurück, der Dackel duckte sich und im Stall meckerten die Geißen, Kühe muhten. Er trat noch einen Schritt zurück, seine Hand griff nach dem Gewehr.

»Der Bub kommt mir nicht weg«, sagte die Mutter leise. »Nur über meine Leiche.«

Der Förster sah, wie ihre Brust bebte, sah ihre glühenden Wangen, die in die Hüften gestemmten Arme. Er sah, dass ihre Unterlippe zitterte. Doch sie wich keinen Deut zurück. Sein Lachen verstummte. Der Dackel fiepte wieder und der Förster schaute hinab, er schaute, als blicke er auf ein Stück Aas. Er trat zu. Jaulend rutschte der Hund über den frostharten Boden.

Der Förster schulterte sein Gewehr und warf der Mutter einen letzten Blick zu. Dann drehte er sich auf dem Absatz um, stieß einen durchdringenden Pfiff aus und stürmte aus dem Wasserhaus. Der Dackel rappelte sich auf, die Krallen seiner Pfoten rutschten auf einem Eisflecken, er strauchelte. Draußen blieb der Förster stehen, blickte zurück, und im selben Moment trat die Sonne hinter der Wolke hervor und zeichnete wieder eine große schwarze Silhouette. »Ich bring Sie noch hin, wo der Pfeffer wächst!«

Die Mutter stieß leise Luft aus, es schien, als würde sie in sich zusammensinken. »Ich Sie auch«, sagte sie, doch das hörte der Förster nicht mehr, er stapfte bereits den Pfad hinunter ins Tal.

Am Abend, als der Vater aus dem Wald zurück war und die Rosmarie nach dem Nachtessen das Geschirr abtrug, schaltete die Mutter den Volksempfänger an und stellte eine Kanne mit Tee auf den Tisch. »Heut wollt der Förster den Toni holen.«

Der Vater fuhr herum. Mein ältester Bruder, der Holz von draußen geholt hatte und es grad neben dem Kachelofen stapelte, sah auf.

Die Mutter nahm einen Lappen, wischte den Tisch ab und

erzählte vom Förster. »Dich holen sie noch ...«, flüsterte der Vater. Seine Unterlippe zitterte. Das Radio spielte Marschmusik. Der Erich und der Hans ließen Murmeln über die Dielen rollen und ich saß auf der Eckbank und sah zu. Der Toni richtete sich auf, öffnete mit einer Hand die Ofenklappe und warf mit der anderen Holzreste ins Feuer. Im November, als alliierte Flugzeuge schwere Angriffe auf Freiburg geflogen waren, hatten sie auch das Dorf und den Hof seines Lehrherrn bombardiert. Wohnhaus, Scheune, Ställe – alles hatte gebrannt, alle stürzten davon, liefen um ihr Leben, hinter ihnen schrie das Vieh, und als der Toni später davon erzählte, wurde mir ganz flau. Er war der Bäuerin und ihren Kindern hinterhergerannt, doch irgendwann hatte er sie aus den Augen verloren, auch der Bauer war nirgends zu sehen, und so schaute er noch einmal zurück, sah einen Himmel, der in Flammen stand, und lief davon, lief tagelang, weil wegen der vielen Bombenangriffe keine Züge mehr fuhren, und als er endlich erschöpft, ausgehungert und mit nichts als dem, was er am Leib trug, aus dem Morgennebel heraus in unsere Stube stolperte, sank er zusammen und schlief bis zum folgenden Nachmittag.

»Ich tät schon gehen«, sagte er und richtete sich auf. Der Riegel quietschte, als er die Ofenklappe schloss.

»Auf keinen Fall.« Mutters Augen funkelten. Der Stoff ihrer Schürze glänzte, die Träger waren an mehreren Stellen geflickt. »Dieser Krieg ist längst verloren.«

»Schttt ...«, zischte der Vater und sah unwillkürlich zum Fenster, das mit einem Teppich abgedunkelt war. »Wenn dich einer hört ...«

Die Mutter schnaubte. »Der Förster ist längst daheim und poliert seine Parteiabzeichen.« Im Radio räusperte sich der Führer und holte Luft.

»Schttt ...« Der Vater nahm einen Schemel und schob ihn

dicht vor den Apparat. Er strich mit der Hand über das Bakelitgehäuse, drehte die Lautstärke herunter und begann, das Ohr am Lautsprecher, am Knopf unterhalb der Senderskala zu drehen. Kein Führer mehr. Leises Rauschen stattdessen. In der Küche klapperte die Rosmarie mit den Töpfen.

»Ist doch so. Du hörst es doch selbst ständig im Radio.«

»Nicht so laut.« Der Vater wischte sich durchs Gesicht, blickte zur Muttergottes, schloss für einen Moment die Augen. Einmal hatte ein Mann von den Elektrizitätswerken unvermittelt die Stubentür aufgerissen, als wir grad *Radio Beromünster* hörten, der Vater schaltete geschwind das Radio aus, doch als der Stromer den Zählerstand abgelesen hatte und wieder fort war, lebten wir tagelang in Angst, dass er uns verriet und sie kämen und den Vater holten; auf das Hören feindlicher Sender stand die Todesstrafe.

»Ich tät schon gehen.« Mit einem Tritt schob der Toni den leeren Korb unter die Ofenbank. Er setzte sich, beugte sich vor, das flächige Gesicht in beide Hände gestützt. Ich dachte an den Eduard, der seit ein paar Tagen nicht mehr zur Schule kam. »Er kämpft für unser Vaterland«, hatte der Lehrer Böhler gesagt, und es hatte geklungen, als hätte der Eduard allein dafür, dass er an die Front gefahren war, einen Orden verdient.

... erreichten die alliierten Truppen am 7. März 1945 die unzerstörte Rheinbrücke von Remagen und kreisten das Ruhrgebiet ein ...

Die Stimme im Radio sprach Schweizerdeutsch und rollte jedes R, als kugle sie es durch die Kehle.

»All die Buben, die sie jetzt holen.« Die Mutter beugte sich wieder über die Tischplatte und schrubbte an einem

Fleck. »Sie schicken sie an die Front, ohne dass sie auch nur schießen können.«

»Ich kann schießen.« Der Toni lehnte sich zurück, streckte die Beine aus. Sein Hemd spannte über seiner Brust. »Ich war bei der Wehrertüchtigung.«

»Ach«, fauchte die Mutter. »Zwei Tage im Krieg und du bist tot.«

... die Proklamation von General Eisenhower an das deutsche Volk: »Die alliierten Streitkräfte, die unter meinem Oberbefehl stehen, haben jetzt deutschen Boden betreten ...«

»Ihr habt doch keine Ahnung. Ihr lasst euch anstecken, und einer reißt den anderen mit. Aber ihr wisst gar nicht, was das heißt, Krieg.« Die Mutter scheuerte, als hätte der Führer selbst den Fleck auf unserem Tisch hinterlassen. Ich zog die Knie vor die Brust, umschlang sie mit beiden Armen und dachte an die Feldpostbriefe, die ihr Bruder aus Russland schickte. Sie las uns nie daraus vor. Einmal hatte ich gesehen, wie sie auf dem Bettrand in ihrer Schlafkammer saß, in einer Hand einen Umschlag, in der anderen eine Blechdose. Sie legte den Brief hinein und hielt dann minutenlang den Deckel der Dose in der Hand, unfähig, sie zu schließen, und weinte. Schweigend sah ich von der Mutter zum Vater zum Toni; sie alle wussten Dinge über den Krieg, die sie für sich behielten, das spürte ich.

»Euch Buben ...« Die Mutter knüllte den Putzlumpen zusammen, goss einen Becher Tee ein und nahm einen Schluck. »Euch haben sie in der Schule nichts beigebracht außer Lesen und Schreiben und Nazikram.«

Der Vater fuhr zusammen. »Schhhht!« Er drehte an dem schwarzen Kunststoffknopf und die Stimme von *Radio*

Beromünster verstummte. Er gab der Mutter recht, doch sie so ungehalten, ihr sonst stilles Temperament so aufbrausen zu sehen, war ihm ungeheuer. Die Entschlossenheit, die die Vorstellung, ihren ältesten Sohn in den Krieg ziehen zu lassen, in ihr hervorrief, machte ihm Angst.

»Es ist nicht recht, wenn der Förster kommt und unseren Toni holen will.« Mit einem Knall stellte die Mutter den leeren Becher auf den Tisch. »Es sind doch Kinder«, sagte sie.

Und plötzlich war es still in der Stube.

Nur das Lodern der Flammen war zu hören und das Kullern der Murmeln. Ich dachte daran, wie der Toni im Jahr zuvor ein Bild vom Führer aus der Zeitung ausgeschnitten und in der Stube aufgehängt hatte. Ein Bild, wie es in der Schule hing, mit einem Gesicht ohne Regung und strengem Blick. Am Abend war der Vater heimgekommen und in der Stubentür erstarrt. »Was soll das?«, hatte er gefragt und plötzlich war es kalt im Raum geworden.

»In jedem Haushalt soll ein Bild vom Führer hängen«, antwortete der Toni, ruhig, wie es seine Art war.

In seinen Waldarbeiterstiefeln, aus deren Sohlen bei jedem Schritt Erde auf die Holzdielen fiel, durchquerte der Vater die Stube, riss das Bild von der Wand, knüllte es zusammen und hielt es fest, als könne es sich entfalten und Unheil verbreiten, wenn er es losließe. Er öffnete die Ofenklappe und warf den Führer ins Feuer. »Nicht in diesem Haus.« Dann setzte er sich an den Tisch und trank ein Glas Milch, als wäre nichts geschehen.

Es wurde nie wieder darüber gesprochen.

Und es tauchte nie wieder ein Führer-Bild bei uns auf.

Der Vater stand auf und schaltete den Volksempfänger aus. Aus seiner Hosentasche zog er eine Pfeife, nahm ein Streichholz und entzündete den Rest Tabak, der noch darin steckte. Die Rosmarie stand im Türrahmen, wischte sich die

Hände an der Schürze ab. Der Hans und der Erich hockten stumm unterm Tisch, Murmeln in den Händen. Es herrschte die gleiche knisternde Stille wie am Nachmittag, als der Förster sich umgedreht hatte und ins Tal zurückgestapft war.

Zwei oder drei Wochen später kam erneut ein Stellungsbefehl. Der Vater schaffte im Wald, die Mutter walkte Butter im Wasserhaus, und der Toni lief geschwind hoch in die Schlafkammer, packte Hosen, Socken und Unterwäsche zusammen, schlüpfte in seine Jacke, deren Ärmel noch voller Brandlöcher waren, obwohl die Liesel sich alle Mühe gegeben hatte, sie zu flicken, er zog seine Stiefel an und eilte den Gang hinab zur Haustür. Draußen gab er der überrumpelten Mutter einen Kuss zum Abschied, richtete dem Vater einen Gruß aus und verschwand. Lief den Pfad hinauf nach Schonach und von dort nach Triberg zum Bahnhof. Kein Bitten, kein Einwand, kein Zweifel konnte ihn aufhalten.

Am Abend kehrte er zurück. Der Zug, der ihn an die Front bringen sollte, war auf der Fahrt nach Triberg bombardiert worden.

Zwei Monate später endete der Krieg.

Der Nachmittagshimmel war dunkel und wolkenschwer, und aus dem Buchenwald nahe dem Haus trat eine Gestalt. Es war ein Mann, ein Soldat, er trug Stiefel und ein Gewehr und keinen Helm. In seinem langen Mantel wirkte er hager. Er sah sich nach allen Seiten um, hielt kurz inne, lauschte wie ein Tier, das Witterung aufnimmt, dann wanderte sein Blick über die Hügel und Hänge, und als er unseren Hof streifte, zuckte ich zurück. Eine Elster schrie. Der Fremde duckte sich. Er zog den Kopf tiefer in den Kragen, hielt noch einen Moment inne, dann schob er zwei Finger in den Mund und stieß einen heiseren Pfiff aus. Kurz darauf traten zwei weitere Männer aus dem Unterholz, dann noch zwei, eine Frau.

»Vater …« Die Rosmarie und ich hatten das Vieh geputzt und hockten vorm Haus und strichen die Striegel sauber. Ich rannte zur Stalltür, riss sie auf: »Vater, da kommen Soldaten!«

Die Mutter schoss unter der Leni hervor, die sie grad molk, beinahe hätte sie den Eimer mit der Milch umgestoßen, und die Berta und die Stolzi schüttelten ihre schweren Köpfe, das Klirren ihrer Ketten lärmte in meinen Ohren. Der Vater stach seine Mistgabel in die Streu im Schubkarren und schob sich zwischen den Schafen und Geißen hindurch. Die Rosmarie drängte sich an mich, durch ihren Pullover hindurch spürte ich, dass sie zitterte. Der Vater löschte das Licht und zog uns von der Stalltür fort. »Versteckt euch.« Wie Pfeile zischten die Worte durch die Luft. »Und keinen Laut!«

Die Rosmarie lief zur Mutter, die schob sie hinter die Berta, versteckte ihre Tochter hinter ihrer größten Kuh, an deren Bauch die Adern hervortraten, Adern dick wie Wurzeln, und schlug ein Kreuz. Der Vater streckte die Schultern, setzte seine Mütze auf und trat hinaus. Schloss die Stalltür fest hinter sich. Ängstlich und gebannt stand ich im Dunkel und spähte durch ein Astloch in der Wand.

Die Fremden kamen den Pfad herauf. Einer lief vorweg, und es war nicht der Hagere mit dem Gewehr, es war ein kleiner gedrungener Mann mit schmutzig rotem Haar. Seine rechte Hand steckte in der Tasche seines Mantels, sie war ausgebeult – als hielte er darin eine Pistole, deren Mündung er auf den Vater richtete. Ich traute mich kaum zu atmen. Dem Roten folgte ein ebenfalls klein gewachsener Mann, der ein Bein nachzog. Er hatte einen Schal um seinen Kopf geschlungen, darunter quollen dunkle Locken hervor, ein dichter Bart bedeckte seinen Mund, seine Wangen, sein Kinn, er erinnerte mich an den Vater von der Klara und der Erika. Die Frau trug einen Koffer, blieb ab und zu stehen und stützte den Humpelnden. Die anderen Soldaten konnte ich nicht sehen, das Astloch war zu klein.

Der Vater ging ihnen langsam entgegen, mit erhobenen Händen. In einigem Abstand blieb er stehen. Die Soldaten blieben ebenfalls stehen, sahen sich um, musterten das Haus, den Stall. Nur der Rote lief weiter, lief auf den Vater zu, bis er wenige Schritte vor ihm stand. Ich konnte hören, wie er die Nase hochzog und ausspuckte. Noch immer hielt er seine Pistole auf den Vater gerichtet. Der stand reglos da, die Schultern rund, den Kopf leicht geneigt; er wirkte kleiner, als er war.

Der Rote räusperte sich und sagte: »Tag.«

Der Vater zögerte einen Moment, als überlegte er, ob er mit *Heil Hitler* grüßen sollte, und sagte dann ebenfalls: »Tag.«

Es waren deutsche Soldaten.

Eine Geiß meckerte und gleich darauf muhte die Leni und ich biss mir vor Schreck auf die Zunge. Die Mutter versuchte, das Vieh zu beruhigen, sie streichelte die Geiß und beschwor flüsternd die Leni. Ich tastete nach dem Astloch, im Mund den Geschmack von Blut, und sah grad noch, wie der Vater die Soldaten fortzog und mit ihnen im Haus verschwand.

Keiner von uns rührte sich. Die Zeit schien stillzustehen, nur die Kühe fraßen und käuten und schnaubten, und ab und zu schüttelte eine den Kopf und eine andere hob den Schwanz und ein Strahl ergoss sich in die frische Streu. Kälte kroch meine Beine hinauf. Die Haut unter meinen Strümpfen juckte, mein Magen knurrte, ich musste aufs Klo. Doch verharrte ich vor dem Astloch und starrte hinaus, während draußen die aufziehende Dämmerung alle Konturen verwischte.

Endlich sah ich den Vater aus dem Haus treten, allein. Zügig lief er auf den Stall zu. Ich öffnete das Tor einen Spaltbreit, Wind blies mir in die Augen.

»Ihr könnt rauskommen.« Der Vater zog die Tür auf, trübes Licht sickerte herein, kalter Wind fuhr unter meinen Pullover. Der Mutter entfuhr ein *Gelobt sei Jesus Christus,* die Rosmarie tauchte hinter der Berta hervor, wischte Streu von ihrem Rock, ihren Strümpfen und schlug ein Kreuz.

»Es sind Wehrmachtssoldaten.« Über Vaters Schnauzer glänzten Schweißperlen, in seinen Augen saß noch der Schreck. »Sie sind auf dem Rückzug aus Frankreich.«

Später hockten die Fremden in der verdunkelten Stube, während ich mich in der Küche herumdrückte, wo die Mutter und die Rosmarie das Nachtessen bereiteten. »Hier«, die Mutter reichte mir zwei Kannen, »steh nicht herum, trag Milch und Tee hinüber.«

In der Stube ging der Vater zum Büfett und nahm ein neues Hindenburglicht aus der Schublade. Der Rote ließ ihn selbst dabei nicht aus den Augen; als er seinen Mantel ausgezogen hatte, hatte ich gesehen, dass er keine Pistole versteckt hielt, sondern nur ein Stück Holz die Tasche ausgebeult hatte. Der Schwarzgelockte lehnte sich zurück und zog ein Päckchen aus seiner Hose, strich über das verknitterte Papier, fischte eine Zigarette heraus und entzündete sie an der heruntergebrannten Kerze. Er nahm einen Zug, schloss die Augen. Langsam und genüsslich blies er den Rauch aus. Schimmernde bläuliche Schwaden schichteten sich über seinem Kopf. Er nahm einen zweiten Zug, dann reichte er die Zigarette dem Hageren. Niemand beachtete mich, als ich die Kannen auf den Tisch stellte.

Neben dem Schwarzgelockten saß die Frau, sehr aufrecht und das Gesicht in eine Hand gestützt, mit der anderen strich sie über eine Kerbe in der Tischplatte. Hellbraune Locken fielen in ihr schmales, feingeschnittenes Gesicht, Augen grün wie Glas. Auf dem Koffer, der neben ihr auf dem Boden stand, klebte ein ausgefranstes rotes Kreuz. Sie war Krankenschwester; dabei schien sie kaum älter zu sein als die Liesel. Der Hagere reichte ihr die Zigarette. Sie schüttelte den Kopf.

»Wer wohnt noch im Tal?« Der Rote rieb über seine Wangen, ein kratzendes Geräusch.

Der Vater riss ein Streichholz an, hielt es an den Docht vom Hindenburglicht. »Es gibt noch fünf Höfe.«

»Wie weit?«

»Mindestens eine Viertelstunde zu Fuß.«

»Kommen die Nachbarn öfter vorbei?«

Der Vater schüttelte den Kopf. »Wenn die Arbeit getan ist, will niemand mehr irgendwohin laufen. Man bleibt daheim, bei der Familie, bei den Kindern.«

Der Hagere rauchte und ließ seinen Blick durch die Stube wandern, über die blanken Dielen, das Kanapee mit seinen grünen Kissen, den Herrgottswinkel, die Muttergottes. Sein Zeigefinger war gelb und schuppig, sein Gesicht blass und eingefallen. Auf seinen Wangen sprossen Bartstoppeln, die man allerdings nur aus der Nähe sah, denn sie waren grau. Dabei war er jünger als der Vater, vor drei Monaten war er dreißig geworden, hatte die Frau erzählt, und dieser Geburtstag war ein doppelter gewesen, weil der Hagere die Ardennenoffensive überlebt hatte.

Auf der anderen Seite vom Tisch saß ein Mann, der noch kein Wort gesagt hatte. Sein Gesicht war lang, seine Nase groß, scharfe Falten neben beiden Mundwinkeln. Aus Ohren und Nasenlöchern wucherten Haare und aus seinem rechten Jackenärmel blitzte etwas Weißes, oder besser: etwas, was mal weiß gewesen war. Ich konnte meinen Blick nicht davon lösen.

Es war ein Verband.

Der Hagere reichte ihm die Zigarette und der Mann griff danach, mit der Linken, und nahm einen Zug. Er schloss die

Augen. Als er sie wieder öffnete und den Rauch ausblies, sah er mich an; ein Blick dunkel vor Schmerz. Ich erschrak, als ich begriff, dass er seine rechte Hand verloren hatte.

Auch der fünfte Mann trug einen Verband; als er sich vorbeugte und nach der Kanne mit dem Tee griff, sah ich, dass seine Brust bandagiert war. Er hustete häufig und schlug jedes Mal mit der flachen Hand gegen seine Rippen, als wollte er dem Husten Einhalt gebieten. Jeder Anfall schien ihn ein wenig mehr zu erschöpfen. Alle Fremden waren schmutzig, ihre Haare dick von Dreck und ungekämmt, doch dieser Mann roch strenger, er roch nach Blut und fauligem Fleisch. Ich wandte mich ab und huschte zum anderen Tischende, wo der Vater saß.

»Gibt's hier viele Luftangriffe?« Wieder der Rote.

Der Vater schüttelte den Kopf. »Drüben in Wolterdingen haben sie einiges abgekriegt. Und in Donaueschingen. Und im Höllental, aber das liegt sechzig Kilometer von hier.« Er kratzte sich am Ohr. »Und Freiburg wurde bombardiert.« Er bohrte den Zeigefinger in die Ohrmuschel. »Aber unser Tal hier ist zu abgelegen.« Er betrachtete seinen Fingernagel. »Nur den Sender auf der Wilhelmshöhe haben sie im Visier. Deswegen kommen immer wieder Tiefflieger.«

Der Hagere wischte Tabakkrümel von seinen Lippen und sah zum Toni hinüber, der ruhig auf der Ofenbank hockte und über ein Stück Rinde in seinen Händen rieb; nach seiner Flucht von dem brennenden Hof war er daheimgeblieben und half seither dem Vater im Wald. Die Soldaten trugen Hemden voller Löcher, ihre Hosen waren zerschlissen; die Frau hatte die Mutter um eine Schere gebeten und alle Abzeichen von den Militärmänteln entfernt. Ihre durchnässten Stiefel standen zum Trocknen unter der Ofenbank, nur der Einarmige besaß noch Socken und der Hagere hatte die Sohlen seiner Schuhe mit Stricken festgezurrt. Auch wir besaßen nicht viel, doch was wir trugen, war sauber und geflickt, darauf achtete die Mutter.

Der Hagere nahm einen letzten Zug und drückte den Zigarettenstummel auf dem Tellerrand aus. Ich sah den Rauchschwaden nach, die im fahlen Kerzenlicht überm Tisch Muster zogen, und sog den ungewohnten Zigarettengeruch ein. Der Vater schenkte Tee nach. Die Soldaten redeten vom Krieg, und wenn sie sprachen, klangen ihre Stimmen rau. Ich schmiegte mich an den Vater, und als er vom ersten Krieg erzählte, wusste ich, dass er gleich seine Hand aus der Hosentasche ziehen und seine steifen Finger zeigen würde.

Die Rosmarie trug eine Schüssel mit Kartoffelstock herein und stellte sie auf den Tisch. Der Rote musterte sie, ihr langes Haar, ihr ebenmäßiges Gesicht. Die Mutter, die eben Brennnesselsalat auftrug, bemerkte den Blick und schickte ihre Tochter in die Küche. Der Rote grinste. Der Hagere schloss die Augen und sog den Geruch der Kartoffeln ein. Dann schlug er mit der flachen Hand auf den Tisch. »Heim ins Reich!«

Ein Kratzen kroch aus der Kehle seines Nachbarn.

Ein Husten? Ein Lachen?

Der Schwarzgelockte verzog das Gesicht. »Heim, uns reicht's!«

Der Hagere lachte und schlug sich auf die Schenkel, er riss den Mund auf und ich sah bis ins hinterste Dunkel seines Schlundes. Dann langte er in die Schüssel mit dem Püree.

Sie fraßen wie ausgehungerte Tiere.

In der Nacht führte der Vater sie auf den Heuboden. Die Mutter bot der Frau ein Bett an, doch der Rote erklärte, sie würde bei ihnen im Heu schlafen.

Anderntags verschwanden sie mit der Morgendämmerung.

Wenige Tage später kapitulierten die deutschen Truppen. Der Vater hörte es auf *Radio Beromünster.*

»Keine Tiefflieger mehr«, flüsterte die Mutter, Tränen in den Augen.

»Nie wieder um unser Leben laufen.« Auch Vaters Augen glänzten.

Nie wieder wird die Erde beben, dachte ich.

Wir liefen hinaus und lachten und weinten und schauten in den weißen weiten Himmel überm Tal, über den von Süden her ein Schwarm Wildgänse zog.

Herr, bitte lass auch unseren Rochus heil nach Hause zurückkehren, betete ich stumm.

Die nächsten Wochen vergingen in beinahe unheimlicher Ruhe. Oft schien die Sonne, die Kuppen der Berge glänzten und die Wälder schimmerten in frischem Grün. Überall brachen Knospen auf, auf den Wiesen und Weiden sprossen Löwenzahn und Klee und Scharfer Hahnenfuß und Storchschnabel. Der Vater schaffte im Wald, die Mutter im Haus, und weil die Schule geschlossen blieb, trieben die Rosmarie und ich die Kühe, Schafe und Geißen auf die Weiden.

Keine Soldaten, nirgends.

Keine Tiefflieger mehr.

Keine Bomber, die uns aus dem Schlaf rissen.

Irgendwann rückten französische Truppen ein. Auf Rössern ritten sie in unser Tal hinab, einige Soldaten fuhren in Jeeps, doch die kamen nicht weit, die Pfade abseits der Straße waren zu schmal und zu steil. Sie verhängten eine Ausgangssperre, nach acht Uhr abends durfte niemand mehr das Haus verlassen. Wir sagten nichts und gehorchten, und bald stiegen sie wieder in ihre Jeeps, auf ihre Rösser und verließen das Tal.

Doch sie kamen zurück. Suchten nach Nazis, nach Parteigängern und Mitläufern. Und plötzlich wollte keiner je dabei gewesen sein.

Auch der Förster nicht.

Oder der Lehrer Böhler.

Bald darauf kamen marokkanische Soldaten, Männer mit dunklen Gesichtern, wilden Bärten, Augen wie Teer. Die Frauen versteckten sich und die Mutter ließ meine älteren Schwestern nicht mehr aus dem Haus und schickte mich allein zum Hüten. Hinter vorgehaltener Hand wurde geflüstert – es hieß, diese Soldaten waren brutal. Es hieß, sie plünderten und stahlen. Es hieß, sie hackten lebenden Hühnern die Hälse ab und tranken ihr warmes Blut.

Mich gruselte.

Niemand im Tal hatte je so etwas getan.

An der Front hatten sie Rinden gegessen, erzählte der Dold-Bauer, der mit erfrorenen Zehen und humpelndem Gang im Sommer aus Polen heimkehrte. Mit Bomben- und Granatensplittern hatten sie Borke von den Bäumen geschält und dankbar, etwas zwischen den Zähnen zu haben, so lange darauf herumgekaut, bis sie weich geworden war. Daran dachte ich, als an einem Nachmittag im Oktober, die Sonne versank bereits hinter den Bergkuppen und im Tal zog Nebel auf, ein Bub vor unserer Haustür saß. Er hockte auf einem Stein neben der Haustür, dürr wie eine Weidenrute, seine Kleider, seine Haut, sein Blick grauer als alles, was ich je gesehen hatte.

Er saß da wie ein alter Mann, reglos, mit krummem Rücken. Ich setzte den Rucksack ab und rieb mir die Waden; die Liesel und ich waren bis hinauf nach Reichenbach gelaufen, um bei den Bauern dort um Brot, Getreide oder ein paar Eier zu betteln.

»Wer bist du?«, fragte meine Schwester.

Langsam hob der Bub den Kopf; die Bewegung schien ihn ungeheuer anzustrengen.

»Bist du allein?« Meine Schwester strich eine Locke aus ihrem vom Laufen geröteten Gesicht.

Langsam wandte der Bub den Kopf zur Seite. Neben der

Stallwand duckten sich zwei Mädchen und ein Kleinkind, sie sahen aus wie fast verhungerte Hühner, große Augen in tiefen Höhlen, aus ihren Nasen rann Rotz. Das ältere Mädchen hatte schmutzig blondes Haar und trug Stiefel, denen die Kappen abgeschnitten worden waren, das jüngere hatte sich ein Stück Sackleinen um den Bauch geschlungen, der Kleine konnte kaum allein stehen, sein Haar war schwarz wie Schlick.

Im Stall muhten die Kühe; es war längst Zeit zu melken. »Wo sind eure Eltern?«, fragte die Liesel.

Das ältere Mädchen hob zögernd die Hand, deutete auf die Haustür.

Die Liesel hob den Rucksack hoch; wir hatten ein paar Brotreste bekommen, auf einem Hof sogar einen Streifen Speck. Sie winkte den fremden Kindern und öffnete die Haustür. »Kommt herein.«

Die Mädchen sahen stumm zu ihrem großen Bruder. Mühsam erhob sich der Bub vom Stein, so wie der Vater von einem Stuhl aufstand, wenn er Rheuma hatte. Das ältere Mädchen fasste die kleineren Geschwister bei den Händen.

Drinnen saß eine fremde Frau am Stubentisch. Bleich wie Bibeleskäs, das Haar kurz und von der gleichen schmutzigen Farbe wie das ihrer Tochter, einen Militärmantel um die Schultern gezogen, als wehte ein scharfer Wind durch unser Haus. Die Kinder stellten sich neben sie. Der Kleine griff nach ihrem Bein, sie zuckte zurück; der Bub sah sie verständnislos an.

Die Mutter schlug die Hände zusammen. »Jesus Maria ...« Der Hans und der Erich hockten auf den Dielen, Murmeln in den Händen, ihre Blicke wanderten von der Frau zu den Kindern und wieder zu der Frau. Die Liesel stellte den Rucksack auf den Tisch, löste die Schnalle, die Kordel, die Mutter warf einen kurzen Blick hinein, dann bat sie ihre

Älteste, das Vieh zu melken und schickte mich in die Küche. »Geh und koch Kartoffeln, mein Mädle. Wasser steht schon auf dem Herd.«

Ich öffnete die Kartoffelkiste neben dem Herd, füllte eine Schüssel mit Kartoffeln, eine mit kaltem Wasser und nahm eine Bürste und begann, die Erde von den Schalen zu schrubben. Nebenan zog die Mutter einen Stuhl an den Tisch. »Woher kommen Sie?«

»Aus ...« Die Frau zögerte. »Aus Karlsruhe.« Eine Stimme grau wie Nebel. »Wir wurden bombardiert ... in der Früh, halb sieben, die Kinder haben noch geschlafen ... ich hab sie aus den Betten gerissen, halb nackt sind wir zum Bunker gelaufen ...« Sie sprach schleppend, machte lange Pausen zwischen den Sätzen. »Die Sirenen standen den ganzen Tag nicht mehr still ... Bis zum Abend gab es ungefähr einhundert Luftangriffe ...«

»Jesus Maria.«

»Alles war zerstört ... Überall in den Straßen ...«

Ein waidwundes Wimmern.

»Überall in den Straßen Tote ... Wir ... wir haben unser Haus gesucht ... aber wir haben es nicht mehr gefunden ...«

Der kleine Bub begann zu weinen.

»Der 31. März ... ich werd' diesen Tag nie vergessen ...«

Durch den Türspalt sah ich, wie die Mutter sich vorbeugte und den weinenden Kleinen auf ihren Schoß nahm. Die Frau stützte den Kopf in eine Hand, ein Gesicht wie in Stein gemeißelt.

Die Mutter strich dem Bub übers Haar, drückte sein nasses Gesicht an ihre Brust. »Und Ihr Mann?«, fragte sie leise.

Stille. Nur rotzverklebtes, schnaufendes Kinderatmen. Schließlich hob die Frau ihren Kopf. »Ich weiß es nicht. Er ist in Russland ... Ich hab seit über einem Jahr nichts von ihm gehört.«

»Jesus Maria.«

Ich war sicher, dass die Mutter ein Kreuz schlug.

»Wir haben uns zu meiner Schwester durchgeschlagen. Sie wohnt in der Nähe von Triberg ... ihr Mann ist gefallen ... sie war froh, nicht mehr allein zu sein mit den Kindern. Bis ... bis ...«

Ich hielt inne. Die Frau schloss die Augen und weinte.

»Bis eines Nachts die marokkanischen Soldaten kamen ... sie ... sie haben das Haus gestürmt und alles mitgenommen ... Milch, Brot, Kartoffeln ... Kleider und Decken ... das Familiensilber, das meine Schwester zur Hochzeit von unseren Eltern bekommen hatte ... Was sie nicht genommen haben, haben sie zerschlagen ...«

Starr saß ich auf meinem Schemel, die Hände im Wasser.

»Aber das Schlimmste ...«

Ein Röcheln.

Ich schauderte.

»Schhhht ...« Mutters Stimme.

»Sie ... einer ... ich ...«

»Schhhht ... Hier sind Sie in Sicherheit.«

Ich lugte durch den Türspalt und sah, wie die Mutter der weinenden Frau über den Arm strich.

»Sie können heut Nacht hierbleiben, Sie und die Kinder.« Die Frau hielt die Augen geschlossen, als wollte sie nichts mehr sehen von dieser Welt.

Die Mutter nahm ihre Hand, drückte sie. »Wir haben auch nicht viel. Es gibt kein Mehl, drum haben wir kaum Brot. Aber wir haben immer noch Milch und Kartoffeln.« Sie wandte sich den Kindern zu, die bis auf den Kleinsten reglos neben ihrer Mutter standen. »Wann habt ihr das letzte Mal gegessen?«

Der graue Bub antwortete, so leise, dass ich es kaum verstand. »Vor drei Tagen, Beeren und Pilze im Wald.«

Beeren? Im Oktober?

Die Frau schluchzte.

Eine Gänsehaut kroch über meine Arme.

»Setzt euch.« Mutters Stimme, energisch jetzt. Ein Schemel kratzte über den Dielenboden, ich sah, dass sie den Kleinen hochhob und aufstand. »Nein, wascht euch zuerst die Hände. Hans, zeig den Kindern das Wasserhaus.« Mein Bruder erhob sich, seine Schritte auf dem Dielenboden, das Klacken der Türklinke, die Schritte der Mädchen, das Tapsen des Kleinen.

Ich riss mich aus meiner Starre, nahm die Bürste, schrubbte die restlichen Kartoffeln und warf sie ins kochende Wasser, auch das war jetzt grau. Die Liesel schleppte eine Kanne herein und füllte Milch in einen Krug. Die Rosmarie nahm den Speckstreifen aus dem Rucksack, schnitt ein Stück herunter und legte es in die Pfanne. Die Milch war noch warm, als ich sie kurz darauf in die Stube trug.

Ich sah ihre Blicke.

Sah, wie sie rangen, sich zu beherrschen.

Sie drängten sich um den Tisch, ihre Hände waren jetzt sauber, sah man von den Rändern unter den Nägeln ab. Die Mutter goss ihnen Milch ein. Sie tranken hastig. Lautes Schlucken. Weiße Ränder über ihren Lippen, als sie die leeren Becher abstellten und aufsahen. Die Mutter füllte ihre Becher ein zweites Mal. Die Frau hüllte sich in ihren Mantel, als wäre in unserer Stube kältester Winter.

Die Kartoffeln waren gar und die Rosmarie schwenkte sie grad im ausgelassenen Speck, als der Vater und der Toni aus dem Wald kamen. Der Toni stapfte in die Scheune und holte zwei Holzklötze, dann drängten sich alle um den Tisch, die größeren Geschwister nahmen die kleineren auf den Schoß, und der Vater faltete die Hände und wir taten es ihm nach und sprachen das Tischgebet.

Oh Gott, von dem wir alles haben,
wir preisen dich für deine Gaben.
Du gabst und wirst auch immer geben,
wir preisen dich fürs ganze Leben.
Amen.

Die fremden Kinder aßen gierig, auch der graue Bub, und als er einmal kurz den Kopf hob, entdeckte ich in seinem Blick ein mattes Leuchten. Ich nahm eine Kartoffel und dachte an den Rochus und betete stumm, auch er möge zu essen haben.

Zur Schlafenszeit richteten die Liesel und die Rosmarie ein Lager auf dem Heuboden. Die Frau, noch immer im Mantel, umarmte die Mutter. »Ich hab gar nichts … nichts, was ich Ihnen geben könnt für all Ihre Nächstenliebe …«

»Schhhht …« Die Mutter löschte das Licht. »Ist schon recht.«

Am anderen Tag bereitete sie in der Früh nach dem Melken ein Vesperpaket. Ich hockte auf einem Schemel, den Erich auf dem Schoß, wir tranken warme Milch. Die Mutter legte zwei Brotstücke in die Strohtasche.

»Nur zwei?« Der Toni schnallte seinen Gürtel um, an dem ein Futteral mit einem Messer hing.

Die Mutter nickte. »Die Liesel und die Anna sollen heut ins Elztal laufen und schauen, ob sie dort Brot oder Mehl bekommen und Socken für den Vater und dich.« Anfangs hatte sie die Rosmarie zum Hamstern geschickt, doch die war schüchtern, und wenn ihr auf einem Hof ein Hund entgegenlief, kehrte sie gleich wieder um; nun gingen die Liesel und ich.

»Gibt's im Lebensmittelgeschäft in Schonach kein Brot?« Der Vater fuhr mit bloßen Füßen in seine Arbeitsstiefel und schnallte Gamaschen um die Schäfte.

Die Mutter schüttelte den Kopf. »Ich hab noch ein paar

Brotmarken, aber die Frau Fehrenbach hat kein Brot und auch kein Mehl. Das Einzige, was sie mir mitgegeben hat, ist Zucker, wegen der vielen Kinder haben wir dafür reichlich Lebensmittelmarken.«

»Hüt ihn und heb ihn auf, im Sommer beim Einkochen wirst den brauchen.«

Die Mutter nickte. Ich wandte den Kopf. Ich ging nicht gern in die Beeren. Sobald die ersten Früchte reif waren, trieb der Vater uns sonntags nach der Messe in die Wälder, ließ uns Himbeeren, Brombeeren, Heidelbeeren, Preiselbeeren pflücken, so viel wir tragen konnten, und die Mutter kochte sie später zu Marmelade ein – doch ab und zu wollte ich auch einmal mit anderen Kindern spielen. Der Vater nahm das Vesperpaket, kniff mir im Vorbeigehen in die Wange und lächelte, als ahnte er, woran ich dachte.

Dunst lag überm Tal, als die Liesel und ich uns nach der Stallarbeit auf den Weg machten. Gemeinsam liefen wir den Pfad hinab, liefen über feuchte Wiesen, Wurzeln und zerbrochene Zweige, liefen hinauf zum Rohrhardsberg und an der Elz entlang. Die Wälder leuchteten gelb, und die Bäume, von deren Ästen der Wind schon die meisten Blätter geblasen hatte, bildeten ein lichtes Dach über unseren Köpfen, durch das wir den Himmel sahen, der, je länger wir liefen, immer blauer wurde. Eicheln knackten unter unseren Füßen, Farn raschelte. Eichhörnchen huschten durchs Laub, jagten die Stämme hinauf, sprangen von Ast zu Ast, und die Luft roch feucht und würzig, nach Moos und Pilzen. Meine Schwester sang.

Am Brunnen vor dem Tore,
da steht ein Lindenbaum …

Sie trug einen weiten Mantel und ein Tuch ums Haar, darauf hatte die Mutter bestanden; noch immer konnte es passieren, dass man in den Wäldern auf Soldaten stieß. Als ich fragte, ob ich auch ein Tuch umbinden sollte, schüttelte sie den Kopf. »Du bist noch zu klein.«

»Ich bin sieben!«

»Sag ich ja, du bist noch zu klein.«

Wir waren knapp zwei Stunden marschiert, als wir auf die Straße nach Yach stießen. In einer Kurve, in der der Makadambelag aufgerissen war, begegneten wir einer Gruppe Städtern, mehreren Frauen und einem alten Mann, ein paar Kindern kaum älter als ich; Städter waren leicht zu erkennen, atemlos erklommen sie Steigungen, die wir leicht hinaufliefen. Der Alte zog einen Handkarren und versuchte, ihn um die Schlaglöcher zu manövrieren, das rechte Rad schlingerte, es war aus seiner Halterung gebrochen und mit notdürftig zurechtgeschnitzten Weidenruten repariert worden. Wir grüßten und überholten und liefen zügig weiter Richtung Elzach; dort lagen die großen Höfe, auf denen die Bauern im Sommer Getreide anbauten, wo jetzt gedroschen und gemahlen wurde und die Bäuerinnen Brot backten.

Die kalten Winde bliesen
mir grad ins Angesicht,
der Hut flog mir vom Kopfe,
ich wendete mich nicht …

Die Liesel lachte. Meine älteste Schwester musste der Mutter oft zur Hand gehen, jeden Samstag putzte sie das Haus, wischte alle Böden, sie kochte und flickte und spann und strickte und molk das Vieh, manchmal ging sie auch auf andere Höfe und schaffte dort, sie war sehr fleißig und ordentlich und mit uns Kleineren konnte sie streng sein, doch verlor sie nie ihr freundliches Wesen. Ich griff nach ihrer Hand.

An einer Zweigung kurz vor Yach hielten wir auf einen Fichtenwald zu. Am Redis hatten die marokkanischen Soldaten einen ganzen Hang abgeholzt, Hunderte helle Stümpfe ragten tot aus der Erde, jedes Mal, wenn wir vorbeiliefen, schauderte es mich. Mit Stieren waren sie gekommen, um die gefällten Bäume fortzubringen – riesige Tiere, wie ich sie nie gesehen hatte, mit angsteinflößenden Hörnern, ich wusste nie, was ich mehr fürchtete, die Stiere oder die Soldaten.

Nach einer Weile führte der Pfad in eine Senke zu einem Eindachhof, einem Anwesen mit Wohnhaus, Ställen und Scheunen, umgeben von Wiesen und Feldern, auf manchen standen noch die Stoppeln der letzten Weizenernte; wenn wir Kinder barfuß durch Stoppelfelder liefen, hoben wir kaum die Füße, sodass die Halme nicht unter unseren Fußsohlen stachen, und ich war geschickt darin und konnte schneller über ein gemähtes Getreidefeld laufen als die Rosmarie, obwohl die älter war. Aus dem Kamin stieg Rauch auf. Vor einer Scheune stand ein Gespannmäher. Auf der Weide neben dem Stall grasten Geißen, zwei neckten sich und eine rieb sich an einem Baum, nur wenige sahen auf, als wir uns dem Haus näherten, sie zupften unbeirrt Gras und Schösslinge. Es roch nach Schweinejauche und irgendwo schlug ein Hund an.

Die Liesel zog das Tuch vom Kopf und schüttelte ihre Locken. Ich lief voraus und hielt auf die Haustür zu, sie war aus grobem Holz und die Klinke blank gerieben von vielen Händen in vielen Jahren. Ich klopfte und wartete einen Augenblick, drückte dann den Griff, stemmte mich gegen die schwere Tür und öffnete sie. Es dauerte einen Moment, bis sich unsere Augen an das Halbdunkel im Gang gewöhnten. Die Umrisse einer Truhe schälten sich heraus, ein kleines

Kanapee. Etwas Kaltes berührte meine Hand – ich zuckte zurück und sah einen Hund, der ebenfalls zurückzuckte und heiser bellte, es klang eher wie ein Krächzen. Der Gang war breit, viel breiter als bei uns daheim, und an einer Wand hing eine Fotografie, sie zeigte den Hof, den Bauern mit seinen Kindern und dem Gesinde, und ein Stück abseits auf einem Stuhl saß, ein Baby auf dem Arm, die Bäuerin – dieselbe Bäuerin, die jetzt aus der Stubentür trat, stehen blieb und rief: »Herrgott Mädle, habt ihr mich erschreckt.«

»Guten Tag«, sagte ich.

»Guten Tag«, sagte die Liesel. Und lächelte.

Die Bäuerin holte Luft, ihre Brust wogte. Sie rief den Hund und er klemmte den Schwanz ein und schob sich an ihr vorbei und lief in die Stube.

Ich streckte die Schultern. »Wir kommen vom Metzig-Gut.« Ich schluckte. »Haben ... haben Sie vielleicht ein bissel Brot für uns? Wir sind daheim acht Kinder ...«

Sie sah uns an, prüfend, als betrachte sie zwei Kühe, die bald kalben sollten. Dann wandte sie sich um und raffte ihren bauschigen Rock, unter dem ausgetretene, aber sauber geputzte Stiefel hervorblitzten. »Wenn ihr schon da seid, kommt herein.«

In der Stube roch es nach Graupensuppe. In einem Kachelofen, groß wie zwei Schweinekoben, brannte ein Feuer, auf der Ofenstange trockneten ein Leinentuch und ein weißes Nachthemd, sein Rand mit sauber gearbeitetem Kästchenhohlsaum verziert. Neben dem Ofen der Herrgottswinkel mit einem Kreuz, der Muttergottes und einem Strauß violetter Herbstastern. An der Längswand vor einer Reihe von Fenstern ein ausladender Holztisch.

Auf dem Tisch ein Laib Brot.

Ein leerer Suppenteller.

Ein Stück Schinken.

Mein Magen knurrte. Ein Schweißtropfen rann mir die Schläfe hinab und ich öffnete den obersten Knopf meiner Jacke.

»Wir haben's ja auch nicht im Überfluss.« Die Bäuerin nahm den Laib, klemmte ihn unter ihren linken Arm und schnitt mit der Rechten eine dicke Scheibe herunter. Ihr dunkles Haar war zu einem ordentlichen Dutt gebunden und sie trug einen schwarzen Rock und eine hochgeschlossene schwarze Bluse; war sie eine Witfrau? Draußen waren wir dem Bauern nicht begegnet; aber vielleicht war er auf den Feldern, um diese Zeit wurde gepflügt.

Die Bäuerin nahm ein kariertes Tuch, wickelte das Brot darin ein und reichte es mir. Es war noch warm. »Danke.« Ich machte einen Knicks.

»Danke«, sagte die Liesel, griff nach dem Bündel und steckte es in den Rucksack.

»Lasst's euch schmecken.« Das Gesicht der Frau war gerötet, ihre Augen blau und dunkel wie Wasser in einem Teich.

»Vergelt's Gott«, sagte die Liesel und setzte den Rucksack wieder auf den Rücken.

Die Bäuerin sah mich an. »Wie viel, sagst, seid ihr daheim?«

»Acht.«

Ihr Blick wanderte an mir herab, prüfte meine Jacke, meine Hosen, blieb an den Schuhen hängen, deren Senkel gerissen waren. Ich schwitzte.

»Wartet.« Die Bäuerin ging nach nebenan und kam kurz darauf mit einem Stück Schinken zurück, den sie ebenfalls in ein Tuch wickelte. »Nehmt das auch mit. Acht Kinder satt zu bekommen ist heutzutage nicht leicht.« Sie sah zur Muttergottes und bekreuzigte sich. »Wir haben bloß noch drei.«

Ich wusste nicht, was ich sagen sollte und streichelte den Hund, der an meiner Hand schnupperte.

Die Liesel räusperte sich. »Vielen Dank«, sagte sie noch einmal, und ich reichte der Frau die Hand und machte noch einen Knicks. Sie sah uns nach, als wir aus der Stube traten, mit einem Blick, der mich trotz der Wärme frösteln ließ.

Wir liefen den steilen Weg hinauf, und als der Hof hinter einem Waldstück verschwand, konnten wir uns nicht beherrschen und zogen das Brot aus dem Rucksack, rissen zwei Stücke ab und stopften sie in den Mund. Es schmeckte köstlich, weich und würzig, und wir kauten und lachten und leckten uns Mehlstaub von Lippen und Fingern.

Auf dem nächsten Hof trafen wir auf eine hagere alte Bäuerin, die in Gummistiefeln und Kittelschürze aus dem Stall kam, als wir grad klopfen wollten. Sie nickte nur, als wir grüßten, verschwand im Haus, kam kurz darauf mit einem Ei zurück, nickte wieder und lief wortlos zurück in den Stall.

»Danke«, rief ich ihr hinterher.

Auf dem dritten Hof schenkte uns der Bauer zwei Äpfel. Hinter Yach bekamen wir ein Stück Brot und zwei Eier. Auf einem Hof bei Elzach backte eine Bäuerin grad Pfannküchle und stellte uns zwei Teller hin. Fünf Kilometer weiter, nahe der Gabelung nach Unterprechtal, wo der Frischnaubach von der Elz abzweigt und das Tal sich weitet, standen der Bauer und sein Knecht auf der Tenne und droschen; die Magd füllte uns ein Säckchen frisch gemahlenes Mehl und etwas grob geschrotetes Korn ab. Auf dem Rückweg baten wir eine Frau in Elzach, die eine frisch gewaschene Schürze trug, steif von Stärke, um ein Paar alte Socken. Sie gab uns ein Knäuel rauer grauer Wolle.

Nur selten wurden wir abgewiesen.

Es dämmerte bereits, als wir uns auf den Heimweg machten. Kalter Nieselregen kroch in unsere Kragen, unsere Ärmel und Hosenbeine. Wieder folgten wir dem Flusslauf, das Wasser rauschte über moosbewachsene Steine und Zweige, die ins Flussbett gestürzt waren, weiße Gischt schimmerte im letzten Licht. Zwischen den hohen Stämmen der Fichten, Eichen und Buchen stieg Dunst auf und ein Käuzchen schrie, lang und klagend. Immer wieder kniete die Liesel nieder, löste die Senkel ihrer Halbschuhe und zupfte an den Strümpfen – mehrere Zehen ragten aus Löchern, die Haut an den Rändern war wundgerieben. Auch meine Füße schmerzten, die verhornten Blasen von den vielen Märschen nach Schonach, wenn die Mutter mich mit Lebensmittelmarken losschickte um Brot oder Mehl, Zucker und Grieß, um ein Stück Kernseife oder ein paar Streichhölzer.

Doch lagen noch gut zehn Kilometer Fußmarsch vor uns.

Ich muss auch heute wandern,
vorbei in tiefer Nacht,
da hab ich doch im Dunkeln
die Augen zugemacht.

Die Stimme meiner Schwester klang müde.

Daheim stellte sie den Rucksack auf den Tisch, die Mutter löste die Schnalle, die Kordel, warf einen kurzen Blick hinein und ging in die Küche. Ich wickelte das Brot aus, das uns die Bäuerin auf dem Eindachhof mitgegeben hatte; es war nicht mehr warm, doch es duftete noch. Ich häufte die übrigen Brotkanten, dunkle, helle, frische, harte, auf einen Teller. Der Vater strich mir übers Haar. Die Liesel nahm die Wolle und suchte Stricknadeln aus dem Nähkörbchen, die Rosmarie trug Mehl und Korn, Äpfel und Eier in die Küche und stellte eine Pfanne auf den Herd. Der Vater wetzte sein Messer und schnitt kleine Streifen vom Schinken.

Im trüben Kerzenlicht aßen wir unser Nachtessen.

Alle kauten, niemand sprach.

Wir waren froh, einmal keine Kartoffeln zu essen, und

schämten uns, dass wir für unser Brot bitten und betteln mussten.

Den ganzen Winter und auch als es wieder Frühling wurde, Sommer und Herbst, als die Not stets wuchs und nie kleiner wurde, bat ich Gott jeden Abend um Barmherzigkeit. Ich bat ihn, dem Elend endlich ein Ende zu machen.

1946

Die Liesel hatte die Berta und die Minna eingespannt, beide waren von ruhigem Blut, und sie führte sie achtsam zwischen den Schlaglöchern hindurch, während der Toni hinterherlief und den Schlitten lenkte, damit er nicht aus der Spur brach; vor allem wenn er beladen war, mit Holz, mit Heu, geschah das leicht, doch wir besaßen kein Fuhrwerk, keine Rösser – nur einen Hornschlitten, unter den der Vater eine Achse und ein Paar Räder montiert hatte, damit wir ihn das ganze Jahr nutzen konnten.

Die Kühe schnauften, denn der Acker lag steil am Hang. Sie stemmten sich gegen die Steigung, ihre Hufe rutschten im Sand und mit ihren dreckverklebten Schwänzen schlugen sie nach Fliegen. Ich hob einen Stein auf, warf ihn ins Unterholz und klopfte der Minna auf die Flanke. »Es ist nicht mehr weit.« Sie schüttelte ihren Kopf, als verstünde sie. Der Pfad war uneben und immer wieder räumte ich Steine beiseite, heruntergestürzte Zweige und Äste; ich war acht, stark und fleißig, seit Kurzem hütete ich beim Dilger-Bauern die Kühe. Ich wandte mich um – in einigem Abstand folgte die Rosmarie, hinter ihr die Mutter mit dem vierjährigen Erich an der Hand und der zweijährigen Resi auf dem Arm.

»Hoooo …«, rief die Liesel, stemmte sich gegen die Berta und zog an den Zügeln. Die Kühe schnaubten, traten auf der Stelle, schüttelten ihre Köpfe, schließlich blieben sie stehen.

Wie ein schmales Tuch lag der Acker zwischen einem Waldstück und einer steil aufragenden Felswand, am vorderen Rand hatten der Toni und der Rochus die Kartoffeln aus dem Boden gehackt, hinten standen Stauden in langen Reihen. Sie trugen gut; regelmäßig hatte ich Kartoffelkäfer von den Blättern geklaubt, sie waren eine rechte Plage, innerhalb kurzer Zeit konnten sie eine Ernte vernichten, und der Hans hatte ihre Panzer mit einem Stein zerdrückt und sie daheim auf den Mist geworfen.

Die Rosmarie zog die Körbe vom Schlitten. Der Rochus schwang eine Hacke über die Schulter und stapfte los; er ging nicht mehr als Hütebub, er war es schließlich leid gewesen, außerdem träumte er davon, Zimmermann zu werden und Häuser zu bauen. Der Toni folgte ihm, schweigend und mit schweren Schritten, und die Liesel rief den Hans und hieß ihn, auf die Kühe achtzugeben, die sie eingespannt am Rain stehen ließ. Sie hatte ihre langen Locken abgeschnitten und trug nun einen Bubikopf; zuerst hatte der Vater protestiert, Mädle trugen kein kurzes Haar, nur Buben, doch als meine Schwester vom Friseur heimkam, hatte er nur gelacht.

Der Erich riss sich los und hüpfte in das weiche Bett aus Blättern am Wegrand, wirbelte sie mit weiten Armen auf.

»Steh auf, Bub.« Die Mutter setzte die Resi ab und stützte beide Hände in den Rücken. Ihr Kittel blähte sich im Wind.

Mein kleiner Bruder lachte.

»Ich sag's dem Vater, Bub, wenn du nicht losgehst und das Kartoffelkraut einsammelst.«

Der Erich hielt inne. Holte Luft, öffnete den Mund – und schloss ihn wieder. Weiter oben am Waldrand traten zwei Rehe aus dem Gehölz, blieben einen Augenblick stehen, wie eingefroren sahen sie aus, dann nahmen sie Witterung auf und verschwanden mit schnellen Sprüngen hinter einem Saum aus Buchen. Ich nahm einen Kartoffelkorb, hockte mich neben eine Ackerfurche und begann, Knollen aus der aufgewühlten Erde zu klauben. Irgendwo klopfte ein Specht.

»Wenn du das Kraut einsammelst, machen wir am Abend ein Feuer und verbrennen es.«

Zögernd erhob sich der Erich. Die Mutter strich lose Strähnen unter ihr Kopftuch, bückte sich, ächzte, Schweißperlen glänzten über ihren Brauen. Die Rosmarie schnippte einen Wurm von ihrem Knie. »Bald können wir Kartoffeln mit Sauerkraut essen.«

Am Tag zuvor hatte die Liesel ein Fass in die Stube gerollt, die Mutter hatte Wasser gekocht und der Hans, die Rosmarie und ich hatten uns in der Küche im Waschzuber die Füße mit Wurzelbürsten und Kernseife geschrubbt. Die Mutter gab genau acht, dass wir jeden Zeh säuberten, unter jedem Nagel den Dreck hervorkratzten. Dann hieß sie uns mit der gleichen Gründlichkeit unsere Hände waschen. Barfuß tappten wir in die Stube.

»Du zuerst, Rosmarie.«

»Nein, die Anna soll zuerst.«

»Sei nicht so eigen.« Die Mutter ließ sich auf die Eckbank sinken.

Die Rosmarie zögerte. Schließlich holte sie Luft, kniff die Augen zusammen, hob ihren Rock und stieg in das Fass. Die Mutter legte den Kohlhobel, den sie von der Dilger-Bäuerin ausgeborgt hatte, über einen Zuber, nahm einen Weißkohlkopf aus dem Korb zu ihren Füßen, entfernte die äußeren Blätter, viertelte ihn, schnitt den Strunk heraus, legte drei Viertel beiseite und das vierte in den Holzkasten vom Hobel und begann, ihn zügig und gleichmäßig über die Schneiden zu bewegen. Unten fielen schmale Schnitze herab.

Der Hans und ich spähten über den Fassrand.

»A-auch.« Der Erich reckte seine Arme und ich hob ihn hoch. Auf ihren dünnen Beinen stapfte die Rosmarie, ihr

Mund ein dünner Strich, auf einer Schicht Kohlschnitze herum. Hans' Augen leuchteten.

»Komm, lass mich es machen.« Ich setzte den Erich ab, der sich sofort beschwerte. Erleichtert stieg meine Schwester aus dem Fass.

»I-ich auch!«

»Nein, Erich, du bist noch zu klein«, sagte die Mutter.

Ich hob meinen Rock und stieg ins Fass.

Der Kohl war kühl und fest und rau unter meinen Fußsohlen. Ich tat ein paar Schritte, und als die Haut sich an die Kühle gewöhnt hatte, stapfte ich, sprang und trampelte mit aller Kraft. Nach einer Weile wurde es feucht zwischen meinen Zehen, eine dünne Schicht Saft überzog das Kraut. Bald spritzte es bei jedem Schritt, und der Hans schaute begeistert und der Erich juchzte, nur die Rosmarie war froh, dass sie wieder in ihre Socken schlüpfen konnte.

»Ich will auch«, sagte der Hans. Die Resi saß auf dem Boden zu seinen Füßen und bohrte ihren Zeigefinger in ein Loch in seinem Hosensaum.

»Du wiegst ja nichts«, sagte die Mutter und reichte der Rosmarie eine Schüssel Kohl.

»Wart«, rief die Liesel, lief in die Küche und kam mit Kanne und Kelle zurück. Ich trat zur Seite, sodass sie etwas von dem Sauerkrautsaft abschöpfen konnte. Wenn das Kraut weich wäre, würde sie ein wenig Kümmel dazugeben, vielleicht einen sauren Apfelschnitz hineinraspeln, dann würde sie eine Holzplatte mit einem Tuch umwickeln, sie auf das gestampfte Kraut legen und mit einem Stein beschweren und zwei Wochen warten, bis das Sauerkraut gegoren war.

»Ich geh heim und wasch mich.« Die Mutter richtete sich auf. Sie warf die Kartoffeln, die sie in den Händen hielt, in den Korb, Schweiß auf der Stirn, ihre Haut blass wie alte

Milch. Sie stützte eine Hand in den Rücken und winkte dem Rochus und der Liesel. Die Liesel ließ ihre Hacke fallen.

»Was ist los?« Fliegen surrten um meinen Kopf und meine Schultern brannten.

Auf einmal war es still, nicht einmal der Wind rauschte in den Bäumen.

»Lauf zur Telefonzelle«, rief die Mutter der Liesel zu und gestikulierte. »Und der Rochus soll den Vater aus dem Wald holen.« Ihr Atem ging schwer.

»Was ist los?«

»Nichts, mein Schatz. Klaubt ihr weiter Kartoffeln.«

»W-wo … w-wohin gehst du?«

»Heim. Sammel du weiter Kraut ein. Wenn ihr fertig seid, kommt ihr mit dem Toni nach.« Sie strich dem Erich über den Kopf, und bevor mein kleinster Bruder protestieren konnte, reichte sie ihm eine Handvoll Kraut.

Stumm warf der Bub es in den Korb.

»Du kannst auch klauben.«

Er sah sie prüfend an, und während ich darauf wartete, dass er wieder wütend würde, ging ein Lächeln über sein Gesicht. Er nickte, dass seine Locken auf und ab wippten, bückte sich und griff nach einer Kartoffel, die so groß war, dass er sie mit beiden Händen fassen musste, und warf sie in den Korb.

»Brav.« Die Mutter raffte Rock und Schürze. Ich wischte eine Fliege von meiner Lippe und sah ihr nach, wie sie mit plumpem Gang zum Ackersaum vorlief. Die Liesel und der Rochus waren bereits im Wald verschwunden.

»Gebt acht, dass keine Kartoffeln liegen bleiben.« Die Rosmarie stand auf und streckte sich, ihre Knie knackten. Eine Krähe hüpfte durch die Ackerfurche, stieß ihren Schnabel in die umgepflügte Erde.

»Jetzt schimpf nicht so«, sagte ich und hob ein Nest Knollen aus dem Boden, mit den Daumen löste ich krustige Erdklumpen von den Schalen.

Wir schafften, bis alle Körbe voll waren. Der Toni lud einen nach dem anderen auf den Schlitten, und diesmal musste die Rosmarie die Kühe führen, während er zwischen dem Vieh und dem Schlitten lief und lenkte und bremste und achtgab, dass der Schlitten nicht kippte.

Daheim auf dem Herd brodelte Wasser. Auf dem Tisch stand eine Schüssel, und eben kam die Liesel mit einem Stapel Tücher in die Stube. Die Tür zur Schlafkammer der Eltern stand halb offen, der Vater kam heraus, und hinter ihm hörte ich die Stimme der Mutter, leise, knarrend, die Wörter seltsam abgehackt: »Vater ... unser ... der du bist ... im Himmel ...«

»Geh mit den Kleinen hinaus«, sagte die Liesel zum Rochus und deutete mit dem Kinn Richtung Stubentür. Mein großer Bruder zögerte nicht, zog den Hans am Ärmel, schob ihn vor sich her, schnappte den Erich, nahm die Resi bei der Hand. Die Resi quiekte. Der Erich sträubte sich. »W-warum?«

»Fragt nicht, kommt einfach.«

»Ihr beiden auch.« Die Liesel drängte die Rosmarie und mich zur Tür. Ich wollte grad etwas fragen, da schrie die Mutter – ich biss mir vor Schreck auf die Lippe.

»Wo bleibt die Hebamme?« Der Vater stürzte zurück in die Schlafkammer.

»Die kommt zu Fuß aus Schonach, eine Stunde wird sie brauchen.« Die Liesel lief in die Küche, füllte Wasser in eine Schüssel.

»Los«, zischte der Rochus.

»Sei froh, dass nicht Winter ist«, Liesels Stimme übertönte das Rauschen vom Wasserhahn, »dann käme sie mit dem Schlitten und es würde noch länger ...« Den Rest hörte ich nicht mehr, denn die Tür fiel hinter uns ins Schloss, und der Rochus schob uns den dunklen Gang hinunter aus dem Haus.

Draußen lag das Tal in gelbem Licht. Eine Krähe kauerte neben dem Stein, auf dem ein Jahr zuvor der graue Bub gehockt hatte, und die Resi lief auf sie zu. Der Vogel plusterte sich, spreizte sein Gefieder, neigte den Kopf und hüpfte auf langen krummen Krallen davon. Im Stall muhten die Kühe und ich zupfte den Rochus am Jackenärmel. »Was ist mit der Mutter?«

Mein Bruder schüttelte den Kopf. Mit einer Hand öffnete er die Stalltür, mit der anderen schob er die Kleinen vor sich her. »Kommt einfach mit.«

Die Rosmarie und ich sahen uns an; meine Schwester zuckte mit den Schultern und folgte ihm. Ich sah zum Haus hinüber. Die Läden vor den Fenstern der Schlafkammer der Eltern waren geschlossen, nur aus dem hintersten fiel durch einen Schlitz ein Lichtstrahl auf den Weg und verlor sich im Sand. Im oberen Stock stand die Liesel auf dem Balkon und sah übers Tal. Es roch nach Herbst, nach welken Blättern. Die Kuppen der Berge waren wolkenverhangen und der Himmel hatte die Farbe von Staub. Eine Schar Störche zog nach Süden. Ich nahm einen Rechen, denn der Wind hatte das Laub, das die Rosmarie und ich im Wald zusammengerecht hatten und das der Vater als Streu fürs Vieh nutzte, auseinandergerupft.

Nach einer Weile tauchte am Waldrand ein Schatten auf. Ich richtete mich auf und gegen die Latten der Stallwand gelehnt sah ich eine Frau, die zügig den steinigen Pfad hinauflief. Sie war groß und schmal und hielt sich sehr aufrecht. Sie trug einen Koffer und mit der freien Hand zurrte sie den Kragen ihres Mantels zusammen, als fröre sie. Bei jedem Schritt wippte ihr Haar. Als sie auf der Höhe der Krüppelkiefern angelangt war, nahm sie den Weg quer über die Wiese und hielt auf unser Haus zu. Ich hatte sie schon einmal gesehen.

Sie winkte, als sie mich sah, und lief ohne ihr Tempo zu verlangsamen zur Haustür.

Ich stellte den Rechen beiseite und ging in den Stall.

Der Toni hockte, die breiten Schultern vorgebeugt, unter der Minna, lehnte den Kopf an ihren mächtigen Bauch und molk. Der Rochus molk die Berta, und die Rosmarie gabelte alte Streu in einen Schubkarren. Die Kleinen hockten in der Ecke unter der Luke zwischen den Geißen und Schafen und ließen Eicheln über den Boden kullern. Ich lauschte dem Käuen der Kühe, dem Klirren der Ketten, dem rhythmischen Spritzen der Milch in den Eimern, ich sog den feuchten Dunst ein, den scharfen Mistgeruch. Eine Geiß schnupperte an meinem Arm, blinzelte, wandte sich wieder ab und hob den Schwanz.

Der Toni leerte grad seinen Eimer in die Milchkanne, da stand der Vater in der Stalltür, mit hängenden Schultern und Glanz im Gesicht. »Ihr könnt rüberkommen.«

Der Rochus wischte mit einem Lappen über die Zitzen der Berta und erhob sich. Der Hans und der Erich ließen ein paar Eicheln für die Geißen und Schafe zurück und stapften den Futtergang hinab. Die Resi reckte ihre Ärmchen, ich half ihr aufzustehen, sie schlang ihre Hände um meinen Hals, und ich schleppte sie hinaus und hinüber zum Haus.

In der Stube saß die Hebamme auf der Ofenbank, neben sich einen Korb; den Korb, in dem vor einer Weile noch die Resi gelegen hatte.

»Ihr habt ein neues Geschwisterchen.« Der Vater zog seine Pfeife aus der Hosentasche, schlug den Pfeifenkopf gegen den Rand der Ofenbank, suchte nach dem Beutel mit dem Tabak. An seiner Hose war ein Blutfleck.

Wir spähten in den Weidenkorb. Ein winziges Baby mit rotem Kopf und runzligem Gesicht lag darin und schlief.

»Freut ihr euch nicht?«, fragte die Hebamme.

»W-wo kommt es her?«

»Freut ihr euch nicht?«, fragte der Vater.

»Doch.« Ich strich dem Baby vorsichtig über die Wange. Sie war ganz heiß. Die Hebamme stand auf, ging zu ihrem Koffer, ließ die Schlösser zuschnappen.

»H-hast du es mitgebracht?«

Sie lachte und schlüpfte in ihren Mantel. »Nun freu dich doch über dein neues Schwesterchen.«

Der Vater riss ein Streichholz an, entzündete seine Pfeife, blies Rauchblasen in die Luft. Der Erich starrte auf den Koffer und nickte. »F-freue mich.«

Die Liesel kam aus der Schlafkammer, den Arm voller blutiger Laken. Sie trug sie in die Küche, stopfte sie in den Kessel mit dem kochenden Wasser.

»Wo ist die Mutter?«, fragte ich.

»Sie schläft.« Meine große Schwester goss Tee ein.

Die Hebamme nickte dem Vater zu. »Ich bin zwar zu spät gekommen, aber trotzdem: auf die Kleine!«

Es war der 25. September 1946.

Anderntags in der Früh rutschte der Vater auf seinen Waldarbeiterknieschützern über den Stubenboden und schrubbte die Dielen mit der Wurzelbürste. Am Nachmittag, kaum dass er von der Arbeit heimgekehrt war, wusch er Wäsche, und als die Liesel Kartoffeln fürs Nachtessen kochte, bereitete er Bibeleskäs. Ohne ein Wort übernahm er die Aufgaben der Mutter.

Am Sonntag, die Mutter lag noch im Wochenbett, rief er die Liesel und den Rochus, legte das neue Baby in ein Kopfkissen und trug es eine Wegstunde hinauf nach Schonach, wo der Pfarrer mein Schwesterchen auf den Namen Hedwig taufte. Nach der Messe blieb der Vater im Ort, er wollte bei einem Zimmermannsmeister einkehren und um eine Lehrstelle für den Rochus fragen, und die Liesel trug das Baby heim, bis ihr die Arme schmerzten und sie es dem Toni reichte, der es trug, bis ihm die Arme schmerzten. Am Nachmittag pflückte ich auf der Wiese hinterm Haus einen Strauß weiße Kleeblumen und ein paar letzte Wiesenstorchschnäbel für die Mutter, dabei bat ich Gott, mein neues Schwesterchen nie hungern zu lassen.

An einem Stängel wuchs ein vierblättriges Kleeblatt.

1948

Nachts hatte es geregnet und die Fichten nahe dem Haus tropften, als die Mutter mir die Zöpfe aus dem Gesicht strich und ein Stück Brot in die Manteltasche schob. Ich wischte ihr einen Tropfen von der Stirn. Sie reichte mir ein Glasfläschchen. »Geh mit Gott«, sagte sie, gab mir einen Kuss und zog mich an sich. Ihre geblümte Schürze roch nach Mehl.

Das Tal glänzte wie neu, als ich den Pfad hinablief, nur die Gipfel der höchsten Berge lagen noch unter einer Decke aus Dunst. Tags zuvor hatte der Vater den großen Brühzuber in die Stube getragen, die Mutter legte ein Seifenstück und eine Bürste bereit, und während der Hans seine Socken auszog und der Erich an seiner Hose zerrte, tauchte ich in das dampfende Wasser, seifte mein Haar, schrubbte Arme, Beine, Hände und Füße. Ich pustete Seifenblasen durch die Luft und bespritzte meine Brüder, die sich neben dem Zuber drängten, obwohl der Erich noch mit einem Fuß in seinem Hosenbein steckte. Schließlich hüllte die Mutter mich in ein Handtuch, rau und kratzig. Ich schüttelte den Kopf wie ein Hund, Haarsträhnen klatschten mir ins Gesicht. Ich zog eine saubere Hose, ein frisches Unterhemd an, kletterte auf den Schemel, balancierte über den Zuberrand, während der Hans und der Erich sich einseiften und die Mutter die Resi auszog. »Kind, ich hab keine frische Wäsche für dich, wenn du ins Wasser fällst.«

»Ich fall nicht.« Ich tauchte einen Zeh ins Wasser, schnippte nach dem Hans. Ich hüpfte auf die Dielen, lief auf feuchten Füßen zum Kanapee und kuschelte mich in die Kissen, schloss die Augen und hörte, wie mein Herz pochte. Später, als die Mutter die Stube putzte, wienerte ich Rosmaries schwarze Halbschuhe mit Lederfett.

Vorsichtig wich ich nun Pfützen aus und Matschkuhlen. Noch einmal sagte ich Leitsätze auf, die der Vikar uns hatte lernen lassen, unzählige Male hatte er uns den Katechismus abgefragt, die zwölf Briefe aus dem Kommunionsglöcklein, und dabei tastete meine Hand immer wieder nach dem Brot. Im Konsum hatte es Mehl gegeben und die Mutter hatte einen Hefezopf gebacken, weiß und süß, sein Duft hatte Küche und Stube gefüllt, war bis in unsere Schlafkammern im oberen Stockwerk gestiegen, am Abend, als wir zu Bett gingen, kitzelte er uns noch in den Nasen. Doch sie hatte streng darauf geschaut, dass niemand davon nahm.

Bevor ich in den Wald bog, schaute ich zurück. Klein und aufrecht stand die Mutter noch immer bei den Fichten und winkte. Ich hob meine Hand und winkte zurück.

Hinterm Wald folgte ich der Steigung, die zur Straße hinaufführte, von dort marschierte ich Richtung Turntal. Langsam lösten sich die Wolken überm Rotenberg, überm Gitschbühl, über der Wilhelmshöhe auf und ich öffnete meinen Mantel; auch den hatte vor Kurzem noch die Rosmarie getragen. Es war grad drei Jahre her, dass sie jede Woche nach Schonach zum Kommunionsunterricht gelaufen war, in der Woche vorm Weißen Sonntag sogar jeden Tag, genau wie ich in den vergangenen Wochen und Monaten immer wieder den weiten Weg zur Kirche gelaufen war, doch damals waren Tiefflieger durchs Tal gedonnert, und wir hatten gezittert und die Mutter hatte ein Vaterunser ums andere gebetet, ihre Tochter möge lebend und heil heimkehren. Ich war dankbar, dass diese Zeit vorüber war; sogar Mutters Bruder war vor ein paar Monaten aus der Gefangenschaft zurückgekehrt.

Die Sonne blendete, als ich aus dem Wald trat.

In der Ferne blitzte der spitze Turm von St. Urban.

Auf weiten Weiden grasten Kühe, der Klang ihrer Glocken eine leise Musik, und am Wegrand blühten erste Butterblumen. Behutsam zog ich das Brot aus der Tasche und wickelte es aus, strich mit den Fingern darüber, sog den Duft ein und biss, ganz zart, ein winziges Stück ab. Die Krume klebte an Zähnen und Gaumen. Ich konnte mich nicht erinnern, wann ich zuletzt Hefezopf gegessen hatte. Ich brach ein zweites Stück ab und schob den Rest zurück in meine Tasche.

Langsam kauend lief ich an einzelnen Höfen vorüber, an Wiesen und Feldern, die sich den Hang hinunterzogen, einige schon geeggt und eingesät. Ich fühlte mich leicht und unbeschwert. Oft, wenn die Mutter mich zum Einkaufen in den Ort schickte, lief ich diesen Weg mit schweren Taschen, mit Päckchen voller Grieß, Reis und Graupen, mit Waschpulver und Mehl. Nach einigen Kilometern schnitten die Griffe in meine Finger, meine Hände und Arme schmerzten und ich teilte die Strecke in Abschnitte: Bis zum nächsten Wegkreuz, bis zur nächsten Steigung, bis zum Kiefernwäldchen am Ende der Straße würde ich laufen – und dort eine Pause einlegen. Ich setzte mir Ziele und lief beharrlich auf sie zu, entschlossen, auf keinen Fall vorher aufzugeben. Nun kam mir der Marsch beinahe wie ein Spaziergang vor.

Eine Wolke schob sich vor die Sonne, als ich die Turntalstraße erreichte. Drunten am Kirchhof standen die Frieda und die Klara.

»Du kommst spät, es sind schon fast alle da.«

Ich sah mich um. »Drinnen?«

Sie nickten. Gegenüber vorm Gasthof *Schwanen* stieg ein

Mann von seinem Fahrrad, er trug grobe Manchesterhosen und über der Schulter an einem Seil ein Beil. Wir fassten uns an den Händen und liefen die Anhöhe hinauf.

In der Kirche roch es nach feuchtem Mauerwerk und Weihrauch, das Licht war trüb. In der Apsis entzündete der Vikar die Kerzen und unter der Orgelempore drängten sich gut siebzig Buben und Mädchen in Jacken und Mänteln. Ich benetzte meine Fingerspitzen und bekreuzigte mich, dann zog ich Mutters Fläschchen aus der Tasche und füllte Weihwasser hinein; als ich den Verschluss zuschraubte, zitterten meine Finger ein wenig. Mein Atem stand weiß in der kalten Luft und ich schmiegte mich an die Frieda, während der Vikar nun durchs Mittelschiff eilte, er lief direkt auf uns zu, hallende Schritte, und als er sich vor uns aufbaute, zog er eine Liste aus einer Tasche seiner Soutane und begann, unsere Namen aufzurufen. In geordneten Zweierreihen folgten wir ihm ins Seitenschiff. Mein Herz pochte.

Ich hatte noch nie gebeichtet.

Die Tür ruckte und quietschte leise, als der Ahler Franz in den Beichtstuhl trat. Sie ruckte und quietschte wieder, als eine halbe Stunde später die Dörner Magdalena ihr Sündenbekenntnis abgelegt hatte. »Eberl Anna.« Der Vikar blähte die Nasenflügel, rieb seinen faltigen Hals.

Ich zögerte, holte Luft, trat vor. Einen Moment lag meine Hand auf dem polierten Knauf der Tür, dann öffnete ich sie. Drinnen war es still und eng, es roch nach nasser Wolle. Ich kniete nieder, blickte auf die Schnitzereien in der kleinen Öffnung, hinter der nur Dunkel war. Ich senkte den Blick, faltete die Hände, holte wieder Luft. »Im Namen des Vaters und des Sohnes und des Heiligen Geistes. Amen.«

Die Stimme auf der anderen Seite, rau und laut, sprach die Begrüßung.

»Amen«, antwortete ich.

»Nun, Anna, hast du dein Gewissen erforscht?«

Ich blickte auf meine Hände.

»Was hast du zu beichten, mein Kind?«

»Nichts«, wollte ich antworten, »ich hab nicht gesündigt, Herr Pfarrer, ich geb mir jeden Tag redlich Mühe, artig zu sein und hart zu schaffen.«

Die Stimme hinterm Vorhang räusperte sich.

In der Tasche meines Rocks steckte ein Zettel; der Vikar hatte uns geheißen, unsere Sünden aufzuschreiben, wir hatten ihm die Listen vorlegen müssen. Ich löste meine Finger, zog das Blatt hervor, faltete es auseinander. In sauberen Buchstaben stand zuoberst: *vom Rahm genascht.*

Ich holte Luft. »Ich hab von Mutters Rahm genascht.«

»Das ist eine Sünde.«

Ich nickte. Und erinnerte mich, dass der Pfarrer das nicht sehen konnte. »Ja, es tut mir leid.«

»Was hast du noch zu beichten, mein Kind?«

Ich strich über den Zettel, mein Blick flog von Zeile zu Zeile. »Ich hab unandächtig gebetet.« Die Worte purzelten aus meinem Mund wie kleine Steine, klirrten, als sie auf den Boden trafen, und blieben dort liegen, unwiderruflich.

»Und vorgestern ...« Ich wischte mir über die Stirn und dachte an die Rosmarie, wir hatten gemistet, sie hatte mich angetrieben, schneller, ordentlicher, mehr, dabei war sie zwölf und ich neun, und nach einer Weile hatte ich gerufen, sie solle, Herrgott noch mal, nicht so schimpfen. »Vorgestern hab ich Gottes Namen im Zorn ausgesprochen.« Ich ließ meine Hände sinken, das Blatt, die Schultern.

»Das ist auch eine Sünde, mein Kind. Doch Gott will, dass wir verzeihen. Bereust du?«

Ich nickte. »Ja.« Ich fand es nicht so schlimm, einmal vom Rahm zu naschen, doch ich wollte, dass Gott zufrieden mit mir war. »Ja, Herr Pfarrer.«

»Wirst du in Zukunft alle Sünden vermeiden und ganz den Geboten Gottes folgen?«

»Ja, Herr Pfarrer.«

Er ließ mich ein Reuegebet sprechen und erteilte mir die Absolution.

Es war Mittag, als alle Kinder ihre Beichte abgelegt hatten, und mein Magen knurrte. Draußen schneite es, ein dichtes Schneegestöber.

»April, April, macht, was er will«, rief die Frieda und hüpfte die Stufen hinab. Ich klappte meinen Kragen hoch, zog die Ärmel über die Hände, und die Klara wickelte einen Schal um ihren Kopf und hakte sich unter, gemeinsam liefen wir die Turntalstraße hinunter. Im Wald, wo uns ein Dach aus Fichtenzweigen schützte, holte die Frieda ein Marmeladenbrot hervor. Ich wickelte meinen Hefezopf aus und die Klara einen Apfel und wir ließen einander kosten und liefen kauend und kichernd und schwatzend heim.

Am späten Nachmittag, es dämmerte schon, lief ich wieder nach Schonach. Der Schnee war getaut und auf den Wegen standen Pfützen, an ihren Rändern bildete sich Eis, glitzernde Krusten. Bei jedem Schritt gab ich acht, denn überm Arm trug ich das weiße Kleid, das auch die Rosmarie getragen hatte und zuvor die Liesel und das die Mutter nun für mich aufgebügelt hatte. Nur in den Wäldern lief ich zügig, ich fürchtete mich vorm Nachtkrabb, von dem der neue Lehrer erzählt hatte, dem schwarzen Raben, der kam, wenn es dunkel wurde, und alle Kinder, die nicht daheim waren, packte und mitnahm, mit ihnen fortflog, so weit, dass sie ihr Zuhause und ihre Eltern nie wiederfanden.

Im Ort folgte ich der Obertalstraße bis hinunter zur Sommerbergstraße. Vor einem schmalen Haus mit Ziegeldach blieb ich stehen. Der Laden war dunkel, doch aus einem Fenster an der Seitenwand fiel Licht.

»Grüß dich, Anna.« Es war die alte Frau Fehrenbach, die öffnete. »Komm herein, Mädle.«

Sie zog mich in den Gang, nahm mein Kleid und hängte es auf einen Bügel an der Garderobe, während ich aus Mantel und Schuhen schlüpfte. Auf feuchten Socken folgte ich ihr die Stiegen hinunter. Die Frau Fehrenbach war Witfrau und arbeitete mit der jungen Frau Müller im Konsum, und weil deren Mann noch immer in Gefangenschaft war, teilten sich die Frauen die Wohnung unterm Laden; sie hatten der Mutter angeboten, ich könnte vor meiner Erstkommunion bei ihnen im Ort übernachten.

»Zieh die an.« Sie reichte mir ein Paar trockene Strümpfe. In der Stube schlug eine Kuckucksuhr – das Fensterchen flog auf, ein kleiner Kuckuck schoss heraus, riss seinen Schnabel auf, schlug mit den Flügeln und rief sechs Mal, so laut, dass man es sicher noch im Laden hörte.

Später briet die Frau Fehrenbach vier Rühreier und schnitt eine dicke Scheibe von einem Laib Roggenbrot. »Iss dich satt, Mädle. Morgen früh zur Kommunion musst du nüchtern gehen.« Sie stellte einen Teller auf den Tisch.

»Und ...« Ich schaute mich um.

»Wir?« Die junge Frau Müller schenkte mir ein Glas Milch ein. »Wir haben schon gegessen.«

»Dann ist das alles ...?« Mein Magen zog sich zusammen, ich spürte ein Flattern, das nicht nur Hunger war.

»Das ist alles für dich.« Beide nickten mir zu. »Lass es dir schmecken.«

Zögernd lud ich die Gabel voll Rührei, schob sie in den Mund, biss ins Brot. Daheim hätte ich das Essen mit meinen Geschwistern geteilt; allerdings, hatte der Vater gesagt, würde in ein paar Wochen die Reichsmark abgeschafft werden, es würde neues Geld geben, Geld, das etwas wert war, und dann könnte man in den Läden wieder alles kaufen. Wir würden weiter sparsam leben müssen, doch die Not hätte ein Ende.

Mit sattem Bauch und leichtem Herzen ging ich an diesem Abend zu Bett. Anderntags, am Weißen Sonntag, erwachte ich unruhig wie eine Hummel. Frühes Licht sickerte durch die Gardinen, im Gang hörte ich Geflüster, das Schließen der Tür. Die Glocke von St. Urban läutete zur Frühmesse. Ich glitt unter der Decke hervor, tappte zum Fenster. Draußen leuchtete Schnee auf den Wegen und am Himmel stand noch der Mond, blass wie ein Knochen.

»Wie spät ist es?« Eine Stimme schläfrig und schwer.

»Kurz vor sieben.«

Im Spiegel vom Kleiderschrank sah ich Frau Müllers Tochter, die sich streckte und ihre Augen rieb. »Bist aufgeregt?«

»Ein wenig.« Ich hüpfte über das kalte Linoleum und kroch wieder ins Bett.

Gegen halb neun, die Schneeflocken tanzten wie Schmetterlinge, lief ich mit meiner Kommunionskerze in der Hand die Hauptstraße hinab. Das Kirchendach lag unter einer weißen Decke, ganz festlich sah es aus, und auf der Turmspitze leuchtete der Wetterhahn golden vor eisgrauem Himmel. Die Glocke begann zu läuten, und der Wind trug ihr Geläut weit durchs Tal.

Viele Bänke waren bereits gefüllt, nasse Sohlen rutschten über den Boden, ein Murmeln, ein Tuscheln und Schwätzen, halblaute Stimmen, die von den Wänden widerhallten. Durch die hohen Fenster fiel stumpfes Licht aufs Gestühl, den Altar, den Taufstein, und die Luft war satt von Weihrauch und Kerzenwachs. Ich sah mich um, entdeckte die Frieda und winkte. Sie trug ein weißes Kleid, weiße Strumpfhosen, einen Blütenkranz im sorgfältig geflochtenen Haar und weiße Schuhe mit Schleifen und Riemchen; wenige

Mädle trugen wie ich schwarze Straßenschuhe. Die Buben steckten in Anzügen und steifen Hemden, sie hatten Fliegen umgebunden, und nicht alle sahen aus, als fühlten sie sich wohl.

Auf der Empore nahm der Organist Platz.

Die Klara zupfte mich am Ärmel und wir liefen vor zum Altarraum. Alle Erstkommunikanten würden sich zu beiden Seiten vom Altar aufstellen, so hatten wir es geübt. Mein Blick wanderte durch die Reihen der Bänke, ich suchte die Eltern – im selben Moment knarzte die Tür und der alte Schmied und seine Frau traten ein und hinter ihm der Vater und die Mutter, der Rochus und der Hans. Sie schüttelten Schnee aus ihren Haaren, Schnee von ihren Mänteln, tauchten die Finger ins Weihwasserbecken, bekreuzigten sich und rutschten in eine der hinteren Bänke. Der Vater hob leise die Hand. Mein Herz klopfte; vor einem Monat hatte er Malaria gehabt, die hatte er aus dem ersten Krieg mitgebracht, und diesmal war der Schub schlimmer gewesen als alle bisherigen, halb bewusstlos hatte er im Bett gelegen, immer wieder schüttelte ihn das Fieber, die Laken waren tropfnass. Der Doktor kam, und wir beteten, Tag um Tag, die Mutter, alle Geschwister, sogar die Kleinsten. Irgendwann, in einem lichten Moment, öffnete der Vater die Augen, sagte »Kinder, haltet zusammen. Was immer geschieht, haltet zusammen«, bevor das Fieber ihn wieder forttrug.

Wir hatten Angst, er würde sterben.

Nun saß er im Gestühl und blätterte im Gesangsbuch. Ich schlug ein Kreuz und hob leise meine Hand, winkte zurück.

Die Orgel setzte ein. Die Gemeinde erhob sich und stimmte das *Halleluja* an. Der Pfarrer sprach das Schuldbekenntnis, bat um Vergebung, alles auf Lateinisch. Der Organist spielte das *Kyrie eleison* und alle sangen, und beim *Gloria* lief mir ein Schauer über den Rücken, vor Erhabenheit und Kälte. Während der Predigt rückte ich dichter an die Frieda. Der Pfarrer sprach vom Osterfest, das wir eine Woche zuvor gefeiert hatten, von der Auferstehung Christi, seinem Leid, seiner Erlösung. Ich mochte die biblischen Geschichten, ich hörte ihnen gern zu. Sie gaben mir das Gefühl, sicher und beschützt zu sein.

»Lasset uns unseren Glauben bekennen.« Der Pfarrer faltete die Hände. Der Vikar senkte den Kopf und unterdrückte ein Niesen und draußen riss der Himmel auf und Sonnenlicht fiel durch die Fenster auf der Ostseite und füllte das Innere der Kirche, während Hunderte Stimmen das Glaubensbekenntnis sprachen.

»Amen.« Der Pfarrer löste seine Hände und räusperte sich. Rasselnder Husten in der Nähe vom Taufstein. Die Klara trat von einem Bein aufs andere, ihr Kleid knisterte.

»Heute gehen unsere Kinder aus dem Jahrgang 1938 zur Erstkommunion.« Er ließ seinen Blick durch unsere Reihen wandern und ich erschauderte und umklammerte meine Taufkerze ein wenig fester. »Gott, der Vater unseres Herrn Jesus Christus, hat Himmel und Erde geschaffen. Er hat auch uns das Leben geschenkt. Glaubt ihr an Gott, der für uns ein guter Vater ist?«

»Ja, das glauben wir.« Eine Antwort aus achtzig Kehlen.

»Glaubt ihr an Jesus, Gottes Sohn, der für uns gestorben und von den Toten auferstanden ist?«

»Ja, das glauben wir.«

»Glaubt ihr an den Heiligen Geist, der in uns wirkt und uns stark macht und fähig, dem Beispiel Jesu zu folgen?«

»Ja, das glauben wir.«

»Herr, unser Gott, diese Kinder bekennen vor dir ihren Glauben. Beschütze und segne sie.« Er bekreuzigte sich und die Orgel setzte ein und wir sangen *Fest soll mein Taufbund immer stehen*. Der Pfarrer hielt sein Gesangbuch in den

Händen, geschlossen, er kannte den Text, und als die letzten Töne verklangen, sah ich, wie er es kaum merklich auf und ab bewegte, ein verstohlenes Winken. Was nun folgte, hatten wir ebenfalls geübt, und er war ein strenger Lehrmeister gewesen. Zwei Buben, der Franz und der Willibald, traten vor den Altar. Sie knieten nieder, senkten den Kopf und den Blick. Der Pfarrer nahm eine Hostie, legte sie dem Franz auf die leicht geöffneten Lippen. Wieder kroch ein Schauer über meinen Rücken.

Nacheinander traten wir vor, und als ich an der Reihe war, fiel ich auf die Knie, senkte den Kopf und den Blick, öffnete den Mund. Ich spürte die Hostie auf meiner Zunge und einen Moment war mir, als wäre Jesus zu mir gekommen, und ich versprach stumm, so gut ich konnte immer mit ihm zu sein.

Die Sonne stand hoch, als wir die Kirche verließen. Die Glocke schlug und die Uhr am Kirchturm zeigte halb zwölf. In Scharen liefen die Erstkommunikanten mit ihren Eltern die Anhöhe hinab, blieben auf dem Kirchplatz stehen, überall wurde geschwätzt und gelacht, und vorm Gasthof *Schwanen* saß eine Katze mit rundem Rücken und sah dem Treiben zu. »Komm, mein Mädle«, sagte der Vater und legte seinen Arm um meine Schultern.

Gemeinsam spazierten wir die Hauptstraße hinauf und der Vater bog in die Sommerbergstraße ein, hielt auf das schmale Haus zu. Wir würden gemeinsam essen; in den vergangenen Tagen hatte die Mutter bereits Milch, Rahm und Kartoffeln zur Frau Fehrenbach getragen.

Schon im Treppenhaus roch es köstlich, mein Magen zog sich zusammen, als wir die Stiegen hinunterliefen. In der Stube hatten die Frauen zwei Tische zusammengeschoben, ein weißes Tuch darübergebreitet – und zwischen Tellern, polierten Gläsern und Frau Fehrenbachs altem Familiensilber standen neben einer Schüssel mit Kartoffeln zwei

Schalen mit Blaukraut und Bohnen, eine Terrine mit brauner Soße und eine Platte mit einem Braten, duftendes dampfendes Fleisch.

»Das schenken wir euch.« Die alte Frau Fehrenbach stand neben mir, klein und rund, und zog mich in ihre Arme. Sie beugte ihren Kopf und bei jedem Wort spürte ich ihren Atem an meinem Ohr. »Das schenken wir dir zu deiner Erstkommunion, weil ihr daheim so viele seid.«

Hätte sie mich nicht so fest in den Armen gehalten, wäre ich ihr um den Hals gefallen.

1949–1952

Sie trug ein Kostüm, blau wie der Himmel an einem Sommernachmittag. Unterm Revers, das sie sorgfältig zurechtgestrichen hatte, blitzte ein wolkenweißer Kragen. Ihre Hände lagen ruhig und gefaltet im Schoß und sie sah auf, als ich die Tür zur Stube öffnete.

»Da bist ja, mein Mädle.« Die Mutter legte ihr Strickzeug beiseite.

»Der Erich sagt, ich soll heimkommen?« Meine Wangen glühten, ich war den Hang hinaufgelaufen, an dem unten die Hilda, die Klara, die Frieda und die Erika Blindekuh spielten. Die Mutter stand auf, legte einen Arm um meine Schultern und zog mich in die Stube. Die fremde Frau griff nach ihrer Handtasche, zog ein Taschentuch heraus, auch das wolkenweiß, und betupfte ihre Stirn, als schwitzte sie. Ihre Füße steckten in derben Halbschuhen, die Absätze ein wenig schiefgelaufen. Neben ihr auf der Eckbank saß ein Mann, sein Haar dicht und grau wie Morgennebel.

Ich wischte mir durchs Gesicht. Meine Hosen waren schmutzig, die Knie feucht, ich war in ein Matschloch gefallen. Die Frau ließ den Verschluss ihrer Tasche zuschnappen. Ihr Blick wanderte über meine Füße, die Hosen, die Zöpfe, die sich gelöst hatten, und ein Lächeln zog über ihr Gesicht. »Tag, Anna.«

»Tag«, sagte ich und deutete einen Knicks an. Auf dem

Tisch standen leere Tassen und die kleine graue Teekanne mit dem Sprung in der Tülle. Der Vater griff nach seiner Pfeife und leerte den Pfeifenkopf auf die Tischplatte, während draußen der Hans die Hedwig huckepack um den Misthaufen schleppte, der Erich stolperte hinterher und meine kleine Schwester quiekte vor Vergnügen.

»Das sind die Benders vom Bachbauern-Hof in Schonach.« Mutters Hände auf meinen Schultern.

Der Herr Bender lehnte sich zurück. »Du bist also die Anna.« Er war groß und stattlich und musterte mich wie ein frisches Ferkel. Dann sah er zu seiner Frau und nickte. Der Vater öffnete seinen Tabakbeutel.

»Man hat uns von dir erzählt, Anna.« Die Frau Bender stellte ihre Handtasche neben sich auf die Bank. »Auf dem Metzig-Gut, hat es geheißen, die Eberls, die haben einen Haufen Kinder.«

»Wie viele seid ihr?« Der Herr Bender beugte sich vor, stützte einen Ellenbogen auf den Tisch und das Gesicht in die Hand.

»Neun.« Ich räusperte mich, zog die Nase hoch, holte Luft. »Der Toni, die Liesel, der Rochus, die Rosmarie und ich …« Ich sah seine Mundwinkel zucken, ein Blitzen in seinen Augen; sein Blick hielt mich fest und ich wich ihm nicht aus. »Außerdem der Hans, der Erich, die Resi und die Hedwig, aber die ist noch klein, die ist erst zwei.«

»Und wie alt bist du?«

»Zehn. Und in zwei Monaten werd ich elf.« Ich streckte die Schultern.

»So, so.« Der Herr Bender hob die Brauen, wilde Striche, wie mit Kohle gezogen. Seine Stimme war tief, sie füllte die Stube, doch da war dieses Blitzen in den Augen und ich wusste, ich musste ihn nicht fürchten. »Dann pass mal auf, mein Mädle. Wir haben daheim dreißig Hektar Land, acht

Kühe, zwei Ochsen, Schweine und ein Ross zum Fuhrwerken.« Er sah mich an und ich nickte; acht Kühe, zwei Ochsen und ein Ross zum Fuhrwerken, das war etwas. »Aber unsere Kinder sind schon erwachsen, drum suchen wir zum Sommer ein Hütekind.«

»Bist schon mal als Hütemädle gegangen?« Die Frau Bender faltete das Taschentuch und legte es vor sich auf den Tisch, sie hatte kleine Hände mit kurzen Fingern, ein flächiges Gesicht und einen schön geschwungenen Mund, ihr frisch gewaschenes Haar war von silbrigen Fäden durchzogen.

Ich nickte. »Ich hab schon bei Nachbarn gehütet.«

Sie fuhr mit dem Finger über den Rand ihrer Tasse, ohne ihren Blick von mir zu wenden. Der Vater legte seine Pfeife beiseite und schob die Tabakkrümel auf dem Tisch mit dem Daumennagel zu einem Häufchen. Der Herr Bender zog eine Taschenuhr aus seiner Weste, klappte sie auf und wieder zu und sagte: »Was meinst, willst zum Hüten zu uns kommen?«

Einen Moment wusste ich nicht, was ich antworten sollte. Ich sah zum Vater, der ein Streichholz anriss. Ich wandte mich zur Mutter, die hinter mir stand, ihr Blick ruhig wie immer, die Falten um ihren Mund ein wenig schärfer als sonst. Sie seufzte. »Willst gehen, mein Kind?«

Ich sah zur Frau Bender, die zu ihrem Mann sah. Ich sah zum Herrn Bender, der seiner Frau zunickte, und irgendetwas sagte mir, dass es mir bei ihnen besser gehen würde als dem Rochus beim Tal-Bauern. Noch einmal schaute ich zum Vater – ich wusste, es würde allen helfen, wenn ein Esser weniger am Tisch saß, doch er wirkte nicht, als wäre er froh um diese Möglichkeit, er zuckte bloß mit den Schultern und zog an seiner Pfeife.

Ich zögerte, dann nickte ich. »Ja«, sagte ich, »ich geh.« Mutters Hände glitten von meinen Schultern, sie tat einen Schritt zurück.

»Lohn gibt's keinen, nur Essen und Kleider.« Wieder hob der Herr Bender eine Braue und ließ dabei die Uhr in die Tasche seiner Weste gleiten.

Ich nickte.

»Gut, abgemacht.« Die Frau Bender lehnte sich zurück und lächelte. »Dann sind wir uns einig.«

Bald darauf verabschiedeten sie sich, sie mussten zur Stallzeit daheim sein und hatten eine knappe Stunde Fußmarsch zu laufen. Der Vater ging in den Stall, um nach dem neuen Kälbchen zu sehen, und die Mutter trug die Tassen ab. Ich hockte mich auf die Fensterbank. Der Hans, der Erich und die Hedwig waren fort, nur eine Taube lief um den Misthaufen und pickte mit dem Schnabel im Sand. Die Sonne warf lange Schatten auf den Stubenboden und eine Fliege klebte zappelnd an dem Flecken, wo die Hedwig in der Früh Milch verschüttet hatte. Im Herrgottswinkel standen Weidenzweige und ein Einmachglas mit Narzissen, von der Resi gepflückt, und der Hans hatte einen Zettel danebengelegt, auf den er mit ungelenken Buchstaben *OSTERN 1949* geschrieben hatte. Auf der Ofenbank lag das Halma, das der Vater uns im Winter gebastelt hatte; auf die Rückseite vom Spielbrett hatte er Linien und Kreise gemalt, und manchmal gab die Mutter uns weiße und schwarze Knöpfe, dann spielten wir Mühle.

Plötzlich war es still, so still, dass es fast lärmte.

Noch nie war ich allein fort, nie ohne den Vater, die Mutter, meine Brüder und Schwestern gewesen – doch von nun an würde ich sie nur sonntags in der Messe sehen. Wer würde fortan mit mir zur Nacht beten? Wer würde mich trösten und in die Arme schließen, wenn ich traurig war? Wer würde mir ab und zu ein Stück Brot zustecken und darüber hinwegsehen, wenn ich vom Rahm naschte?

Draußen flog die Stalltür auf und der Vater kam heraus, er trug die Hedwig auf den Schultern und lief mit ihr umher wie ein Bär, tapsig und plump, und meine kleine Schwester blähte ihre Wangen und gluckste und prustete, und als der Vater die Stalltür schloss und die obere Angel quietschte, stiegen mir plötzlich Tränen in die Augen.

Was hatte ich getan?

»Warum weinst du?« Die Mutter tauchte im Türrahmen auf, einen Lumpen in der Hand, ihre Arme glänzten nass.

»Ich will nicht fort.« Der Vater, die Hedwig, die Narzissen, der Flecken, die zappelnde Fliege und das Halma verschwammen hinter Tränen, ich konnte nichts mehr sehen, alles schien sich aufzulösen, nichts war mehr fest und verlässlich.

»Aber du hast zugesagt.« Sie legte den Lumpen beiseite, wischte sich die Hände an ihrer Kittelschürze ab.

Ich schüttelte den Kopf; plötzlich war ich sicher, dass alles ganz fürchterlich werden würde. »Ich ... ich geh nicht ...«

Die Mutter strich mir übers Haar.

Ich weinte und schüttelte den Kopf. Ein weiterer Schrecken durchfuhr mich. »Meine Schule!«

»Aber in Schonach gibt's auch eine Schule, Mädle.« Sie setzte sich zu mir auf die Fensterbank.

»Aber ...« Die Klara und die Erika und die Frieda und die Hilda. Und der Lehrer Pfrengele, der gekommen war, als der Lehrer Böhler hatte gehen müssen, und der so eine hübsche Frau hatte, die ihm mittags Essen zur Schule brachte, der Lehrer Pfrengele, den ich mochte, weil wir viel bei ihm lernten und ich gern lernte. Den ich mochte, obwohl er mich rügte und mir schlechtere Noten gab, weil ich nicht immer brav war, weil ich mich wehrte, wenn einer von den Buben mich ärgerte, einem hatte ich einmal eine Ohrfeige gegeben, als er nach der Schülermesse beim Weihwasserkessel *Eber, Eber* gerufen hatte, eine Ohrfeige hatte ich ihm gegeben und seither hat er mich nie wieder so gerufen.

»Schhhht, still ...«

»Ich geh nicht ...« Ich stürzte mich in Mutters Arme.

»Du hast zugesagt, Mädle.« Sie strich über meinen Rücken.

Ich schluchzte und sog ihre Wärme ein, den Geruch von Mehl und Milch, der in ihren Kleidern hing, den Geruch von Trost.

»Jetzt guck's dir halt mal an.« Sie strich mir das Haar aus dem Gesicht, hob mein Kinn, wischte mit dem Ärmel über meine nassen Wangen. »Guck's dir an, und dann sehen wir weiter.«

Acht Kühe besaß der Bender-Bauer, kräftige braun-weißgefleckte Vorderwälder-Rinder, ein paar mit Flocken auf der Stirn, ein paar mit Blessen, außerdem zwei mächtige Ochsen, die Lasten zogen und sehr gutmütig waren. Unter den Kühen war die Lore die ruhigste und die anderen folgten ihr meist, nur die Lise nicht, die Lise war ein Luder, auch wenn sie viel Milch gab.

Um sechs in der Früh, als ich das Vieh aus dem Stall trieb, schleppte die Bäuerin grad eine Milchkanne die Auffahrt hinauf. »Der Milchwagen kommt bald.« Sie setzte die Kanne ab und wischte sich über die Stirn. »Beeil dich, Anneli.« Sie nannte mich Anneli und ich rief sie Therese und ihren Mann Ferdinand, darauf hatten sie beide bestanden.

Ich ließ die Geißel knallen. Der Max wieherte und ich griff in seine Mähne, drückte leicht gegen seine Schulter, schnalzte und drängte den Hengst Richtung Straße; an Tagen, an denen der Bauer nicht einspannte, nahm ich ihn mit auf die Weide, und wenn wir dabei auf den Milchwagen trafen, war er kaum zu halten, denn den Milchwagen zog eine Stute. Die Lise blieb stehen und rieb sich an einer jungen Birke und ich lief zurück und gab ihr einen Schlag. Der Sand unter meinen Füßen war schon warm, dabei stand die Sonne noch tief.

Auf der anderen Straßenseite brachte ich die Herde zügig den Hang hinauf. Die Bäuerin blieb einen Augenblick am Ende der Auffahrt stehen und sah mir nach, dann wandte sie sich um und lief ins Haus. Seit drei Monaten lebte ich schon auf dem Bachbauern-Hof und mir war, als wäre es viel länger. Gleich am ersten Abend hatte mich der Bauer beiseitegenommen und gelobt, weil ich alle Kühe heimgebracht und keine verloren hatte. Später hatte die Therese mir einen großen Teller Kartoffeln mit geräuchertem Speck hingestellt, dazu ein Glas Milch und als Nachtisch ein Stück Kuchen. Sie hatte meine Zöpfe gelöst mein Haar gekämmt, mich durch die Schlafkammer hindurch in meine Kammer geführt und mit mir gebetet. Sie hatte am Bettrand gesessen, die Decke glattgestrichen und mir einen Kuss gegeben, und als ich in der Nacht geschluchzt hatte vor Heimweh, hatte sie mich getröstet.

Inzwischen weinte ich nicht mehr.

Die Tiere folgten dem steinigen Pfad, raue Klauen und Hufe kratzten durch Sand und Geröll, und als wir auf eine Weide kamen, von der aus die Straße und der Milchwagen nicht mehr zu sehen waren, ließ ich sie grasen und hockte mich auf einen umgestürzten Baumstamm; war das Vieh einmal auf der Weide und ruhig, gab es nicht viel zu tun, ich musste nur achtgeben, dass keine Kuh fortlief, und sobald eine Anstalten machte, rief ich sie beim Namen, alle Kühe und auch das Ross kannten meine Stimme und meist gehorchten sie. Nur die Lise, das Luder, war eigen.

»Hast die Geiß nicht dabei heut?«

Ich fuhr herum. Wenige Schritte entfernt lehnte der Josef an einem Baumstumpf, in zu kurzen Hosen, das schwarze Haar stand ihm wirr vom Kopf ab, er bohrte mit einem Stecken im Gras, stach kleine Erdklumpen heraus und ließ sie durch die Luft regnen, er grinste, denn er schlich sich gern an, und ich hatte ihn nicht kommen hören. Der Josef war zwei Jahre älter als ich und fast einen Kopf größer. Seine Eltern lebten droben bei Triberg, arme Leut ohne Land und mit vielen Kindern, drum hütete der Bub schon das dritte Jahr auf dem Nachbarhof, beim Kinzler-Bauern. Die meisten Hirten waren Buben.

»Siehst irgendwo eine Geiß?« Ich schaute mich um, als suchte ich die Weide ab.

Er sah mich herausfordernd an, einen Blick im Gesicht wie ein Oberschlauberger. »Die Leut sagen, wo eine Geiß grast, da frisst keine Kuh mehr.«

Betont gelangweilt wischte ich einen Erdklumpen von meinem Fuß. »Meine Kühe sind abends stets satt.«

Er tat einen Schritt vor, streckte die Brust noch ein Stück heraus. »Meine sind kräftiger!«

Ich hob den Kopf. Ganz langsam stand ich auf, tat ebenfalls einen Schritt vor, maß den Josef und stieß ein wenig Luft zwischen den Zähnen hervor. »Deine sehen genauso aus, und prächtigere Ochsen als meine findest im ganzen Tal nicht noch einmal.«

Er schwang seinen Stock, beinahe streifte er mein Bein. Mit den anderen Hütebuben kam ich gut aus, doch der Josef sagte, ein Mädle könne nicht hüten, und das ließ ich mir nicht gefallen. Die Sonne blendete und ich blinzelte, ich sah, wie die Paula sich in der Ferne an einer Fichte rieb und die Lise in den Wald spazierte. Ich steckte zwei Finger in den Mund und stieß einen lauten Pfiff aus.

Der Josef lachte, doch es klang nicht freundlich.

Ich blickte hinter ihn und deutete mit dem Kinn hangabwärts. »Schau, dein Kälbchen läuft fort.«

Er wandte sich um. Stieß einen Fluch aus, schwang seinen Stock und stolperte los. Ich nahm meine Geißel, rief meine

Kühe und den Max und trieb die Tiere ein Stück weiter den Hang hinauf.

Gegen acht Uhr, die Luft surrte bereits vom Flügelschlag der vielen Fliegen, brachte ich das Vieh zurück in den Stall. In der Küche trank ich ein Glas Milch und aß einen Apfel, den die Therese bereitgelegt hatte, anschließend fegte ich die Küche aus, nahm zwei Körbe und wir liefen in den Garten und pflückten Johannisbeeren und Stachelbeeren. Wir ernteten Äpfel und wilde Kirschen, Salat, Bohnen und Erbsen, im Frühjahr hatten wir Kartoffeln gesetzt.

Zu Mittag kochte die Bäuerin eine Suppe. Sie schnitt eine Wurst in Stücke, schob mir eins in den Mund. »Hast doch bestimmt schon wieder Hunger, gell?«

Ich nickte und trug die Teekanne in die Stube, tat Teller auf den Tisch, einen Laib Brot, Löffel.

Die Sonne stand hoch am Himmel, als ich nach dem Essen die Turntalstraße hinauf in den Ort lief. Die Schonacher Volksschule war größer als die Schule in Rohrhardsberg und jede Klasse hatte ein eigenes Klassenzimmer; als ich wenige Wochen später, im Herbst 1949, in den sechsten Jahrgang kam, waren wir sogar so viele Schüler, dass der Rektor Scheer die 6A unterrichtete und die Frau Hungerbühler die 6B, in der ich saß, und wir lernten Raumlehre und Religion, Schönschreiben, Rechtschreiben, Aufsätze schreiben, Zeichnen und Naturkunde, Musik und Erdkunde, außerdem Handarbeiten, was ich liebte, schon im Krieg, als es keine Stricknadeln gegeben hatte, hatte ich Mutters Haarnadeln auseinandergebogen, um Maschen darauf aufzunehmen. Bis die Weidezeit im Herbst zu Ende ging, besuchte ich jedoch mit den anderen Hütekindern die Hirtenschule, die ebenfalls im Schulhaus untergebracht war.

Sobald die Nachmittagshitze nachließ, endete der Unterricht. Ich schnallte den Tornister um und lief heim. Beim

Rathaus traf ich den Milchwagenfahrer, der grad von seinem Fahrrad stieg, er winkte, als er mich sah. »Gut machst das immer in der Früh mit dem Hengst. So ein feines Hütemädle haben sie beim Bender-Bauern noch nie gehabt!« Sein Hund hechelte und schnappte nach Fliegen.

Mir wurde heiß und ich lächelte.

Aus dem Schweinestall tönte lautes Quieken, als ich die Abfahrt zum Bachbauern-Hof hinunterlief. Der Bender-Bauer besaß einen Zuchteber, ein mächtiges Vieh, und hatte in der Nacht neben einer Sau gewacht, die bald ferkeln sollte; in der Früh hatte mir die Therese verboten, in den Stall zu gehen. Ich stellte meinen Tornister in die Küche, trank ein Glas Wasser, lief in meine Kammer, zog mein Schulkleid aus und schlüpfte in mein Alltagskleid.

Das Quieken wurde lauter und schriller, als ich die Kühe die Anhöhe hinauftrieb. Sie waren unruhig, sie mochten keine hohen Töne, und ich redete ihnen gut zu und lenkte sie zügig über die Straße; der Sand war nun so heiß, dass er unter meinen Fußsohlen brannte. Wieder blieb die Lise an der jungen Birke stehen, unter ihren Klauen spürte sie die Hitze nicht, und ich hüpfte mit hastigen Schritten zurück und gab ihr ein paar Schläge auf die Flanke.

Diesmal nahm ich einen anderen Weg als in der Früh und trieb die Herde hinauf bis an den Saum vom Wald; dort kamen selten Hirtenkinder hin, obwohl das Gras hoch stand und voller Butterblumen war. Die Paula und die Minna und die anderen Kühe folgten der Lore, rupften Gras und Blumen, nur die Lise schnaubte und zog erhobenen Hauptes zu einer Gruppe struppiger Büsche. Ich ließ sie laufen und setzte mich in den Schatten der Bäume. Unter mir lag das weite Tal. Ich dachte an den Nachmittag, als die Benders daheim bei den Eltern in der Stube gesessen hatten, an das Blitzen in den Augen vom Bauern. Mein Gefühl hatte mich nicht getrogen;

ich hatte es gut getroffen. Der Josef dagegen musste nicht nur das Vieh, sondern, während die Bäuerin molk, auch die Kinder hüten; sie schickte ihn in den Ort, um Einkäufe zu machen; der Bauer schickte ihn, um Milch, Butter und Eier auszuliefern. Er und andere Hütekinder fehlten in der Schule und manchen blieb nicht einmal am Sonntag Zeit, ihre Eltern zu besuchen. Ich dagegen lief sonntags nach der Messe heim zu den Eltern und meinen Geschwistern; am Abend kehrte ich dann ebenso gern zu den Benders zurück. Ich schaffte viel, doch die Therese und der Ferdinand schafften selbst hart, und sie verlangten nie mehr von mir, als ich leisten konnte, im Gegenteil, manchmal sorgte sich die Therese um mich und schloss mich in die Arme – und ich schmiegte mich an sie, als wäre ich ihre Tochter oder besser: ihre Enkeltochter, denn die Agnes und der Albert waren längst erwachsen, die Agnes hatte vor Kurzem geheiratet.

Ein Hase schoss aus dem Unterholz. Ich schreckte auf und sah mich um. Die Paula zupfte an einem Fichtenzweig, die Lise lag im Gras und ruhte sich aus. Es roch nach warmer Erde und die Luft sirrte, die Fliegen waren verschwunden, nun kamen die Mücken. Es dauerte nicht lange, da hatte mich eine in den Arm gestochen, und ich kratzte, und weil das Jucken nicht nachließ, schmierte ich schließlich Spucke auf den Stich.

Die Wolken sah ich erst, als sie über den Baumwipfeln hingen.

Ich sprang auf. Auf einmal hörte ich den Wind durch die Bäume rauschen. Er zerrte an Zweigen, er zauste durch meine Haare, er fuhr mir ins Kleid und stob durchs Gras. Die Kühe schnaubten und schüttelten ihre Köpfe. Ich lief los und trieb die Herde zusammen, während über unseren Köpfen heftige Böen Wolken vor sich hertrieben.

Wolken wie Ungeheuer.

Es wurde dunkel im Tal.

Ein Blitz zuckte.

Ich schrak zurück. Im nächsten Moment rollte Donnergrollen durchs Tal, und die Lise muhte, ein durchdringender Schrei, und die Paula tat es ihr nach, und selbst die ruhige Lore sprang zur Seite. Ich hatte meine Geißel verloren und versuchte, die Tiere mit lauten Rufen den Hang hinabzutreiben, doch sie hörten mich nicht, so laut pfiff der Wind, und als es wieder blitzte, rannten sie los und ich stolperte ihnen hinterher.

Und dann riss der Himmel auf.

Ein Wolkenbruch ergoss sich über Hänge und Tal, Regen, dicht und dunkel, ich sah kaum die Hand vor Augen. Ich schrie »Paula!«, »Lore!«, Lise!«, schrie die Namen meiner Kühe, doch die Herde rannte den Hang hinunter wie von Sinnen.

Wieder zuckte ein Blitz.

Ich war wie geblendet, so hell leuchtete der Himmel für Sekunden, und die Lise schrie und die Paula muhte und der Regen rauschte, prasselte auf die Blätter der Buchen, der Birken, auf den Boden, weichte ihn auf, Matsch quoll zwischen meinen Zehen hindurch. Immer wieder rollte Donner durchs Tal, hallte in meinen Ohren, und ich lief hinter meiner Herde her, hilflos und voller Angst. Überall im Wald knackte und knarrte es, so raste der Wind durch die Bäume. Ich stolperte über eine Wurzel, rutschte und stürzte, rollte den Hang hinab, rappelte mich wieder hoch, wischte Schlamm und kleine Steinchen von der aufgeschrammten Haut, mein Knie brannte und blutete und ich humpelte weiter, und als ich endlich den Hof erreichte, wankte ich in den Stall, wo die Therese und der Ferdinand das Vieh beruhigten und festbanden. Die Lise sah mich erhobenen Hauptes an und schnaubte, und ich konnte es ihr nicht einmal übelnehmen.

Im folgenden Jahr verkaufte der Bender-Bauer seine prächtigen Ochsen und kaufte ein zweites Ross zum Fuhrwerken.

Nie hatte ich eine größere Stute gesehen.

Die Lilly war ein belgisches Kaltblut, dunkel und von schwerem Kaliber, ihr Rumpf glich einem Fass, ihre Beine waren wie Säulen, sie schien vor Kraft beinahe zu platzen. An einem Tag Ende August 1950 liefen die Therese und ihre Schwester und der Ferdinand mit seinem Schwager auf die Felder, um Korn zu binden, das sie anderntags einfahren wollten.

»Wenn du hüten gehst«, rief der Bauer und stapfte die Auffahrt hoch, »nimm die Rösser mit!«

Ich nickte und sah ihnen nach. Die Männer trugen eine Kiste voller Strohseile zum Garbenbinden, die Frauen einen Vesperkorb, und alle hatten langärmlige Hemden angezogen, obwohl die Sonne brannte, denn im Getreide wuchsen Taubnesseln, und ihre verblühten Samenstände mit den scharfen Spitzen und feinen Härchen stachen und juckten auf der Haut – ich bekam stets Ausschlag davon.

Bald darauf trieb ich die Kühe aus dem Stall, die Geiß, den Hengst und die Stute, und führte sie zur Straße hinauf. Eine Bremse kreiste über Lores Flanke und ich schlug nach ihr; vor Bremsen ergriff selbst meine ruhigste Kuh die Flucht, schon einmal war sie erhobenen Schwanzes zum Stall gerannt, ohne dass ich sie halten konnte, schreiend war ich hinter ihr hergestolpert und hatte mich geschämt, als ich eine Gruppe Hütebuben traf, die mich auslachten.

Auf der anderen Seite vom Tal stiegen wir eine Anhöhe hinauf. Die Kühe liefen träge, mit hängenden Köpfen, und die Lise blieb immer wieder stehen. Ich stieß sie an und schnalzte, trieb sie mit der Geißel. Die Lilly fiel in einen leichten Trab, ich rief sie zurück, sie trabte weiter – ich lief hinter ihr her, rannte über den steinigen Pfad, die Stute verlangsamte ihr Tempo, schließlich holte ich sie ein. Leise klopfte ich auf ihren Hals, zog an ihrer schwarzen Mähne und mein Herz pochte; ich reichte ihr grad bis zur Schulter. Sie hatte, wie der Bauer stets sagte, ein freundliches Wesen, doch ich fürchtete mich noch immer ein wenig vor ihr; ich wusste, ich würde sie niemals halten können, wenn sie sich mir widersetzte.

Die Weide war voller Kräuter und feiner Gräser, überall wucherten roter Klee und blaue Glockenblumen, weiße Margeriten, Pfeifengras, Blutwurz und blauer Storchschnabel, gelbe Sumpfdotterblumen und hellviolettes Wiesenschaumkraut – ein Farbenmeer.

Die Herde hielt auf einen schmalen Bach zu und ich hockte mich unter eine Linde, ringsherum zirpten Grillen, dass es in den Ohren surrte. Ich streckte die Beine aus und schaute in den Himmel, sah den Wolken zu, die dahintrieben und immer neue Formen bildeten, entdeckte hier einen Wolkenhund und dort ein Wolkenhuhn, einen Wolkenteufel und eine Wolkenhex. Einen Wolkenbaum. Und plötzlich sah ich die Mutter vor mir, sah sie klar und deutlich unter tropfenden Fichten stehen, am Tag meiner Erstkommunion, und mir nachwinken. Sofort bekam ich ein schlechtes Gewissen. Ich lief nur noch alle paar Wochen sonntags zum Metzig-Gut hinaus. Die Eltern waren enttäuscht. Ich vermisste sie, ebenso meine Geschwister – die Hedwig wurde bald vier, der Erich ging zur Schule und stotterte nicht mehr, und die Rosmarie schaffte bei Mutters Verwandten im Unterland in einer Bäckerei, grad sie, mit der ich mich oft gerieben hatte, vermisste ich am meisten.

Doch mir gefiel das Leben im Ort.

Ich war froh, nicht mehr so abgelegen zu wohnen. Sonntags lud der Ferdinand die Therese und mich in seine Kutsche und wir machten Ausflüge, kehrten in eine Wirtschaft ein oder besuchten Verwandte, tranken Kaffee, aßen Kuchen, die Männer rauchten und spielten Cego, ein Schwarzwälder Kartenspiel, und ich bekam Süßigkeiten geschenkt. In Schonach gab es Dinge, die ich nicht kannte – die Leute trugen Tracht, Dirndl, schwarze Kniebundhosen, rote Westen und Strohhüte, schlank und hoch wie kleine Türme. Es gab Frauen, die Kinder von marokkanischen Soldaten bekommen hatten, Buben und Mädle mit brauner Haut und teerschwarzen Haaren, sie liefen durch die Straßen, als wollten sie nicht gesehen werden, etwas Geheimnisvolles umgab sie. Und ich hatte neue Freundinnen gefunden. Die Babette wohnte nahe beim Bachbauern-Hof, hinterm Wald ein Stück den Hang hinauf; die Therese hatte uns zusammengebracht, doch anfangs mochten wir uns gar nicht, erst als wir im Herbst in dieselbe Klasse kamen, wurden wir beste Freundinnen. Die Elsa lebte bei ihrem Großvater im Ort, sie war Waise. Sie war so schmal wie die Rosmarie und so fröhlich wie die Liesel, und sie spielte Zither. An Sommerabenden liefen wir nach der Arbeit zu dritt zum Weiher beim Rebstöckl-Bauern.

Die Welt war größer geworden und bunter.

Ein Grashüpfer landete auf meinem Fuß. Seine Fühler, dünn wie Schnur, tasteten nach allen Seiten, ich rührte mich nicht und betrachtete die feingliedrigen Beine, an den vorderen saßen winzige Zacken; die grünen Flügel, die flach übereinanderlagen, der rechte über dem linken; den schmalen Kopf, die riesigen Augen, die mich ansahen.

Ein Windhauch und der Grashüpfer sprang fort.

Ich streckte mich. Wie spät mochte es sein?

Wie eine schwere mattgelbe Scheibe hing die Sonne über den Bergen. Ich stand auf und rief die Kühe, die Geiß. Der Max graste am Bach. Nur die Lilly war nirgends zu sehen. Ich rief nach der Stute, lief herum – und entdeckte sie hinter einer Fichtenreihe auf einer Anhöhe. Sie stand im Gegenlicht, ihre massige Silhouette kohlschwarz, mit einem goldenen Rand. Sie stand ganz still, wie ein Krieger, der sich sammelt. Noch einmal rief ich ihren Namen, leiser nun, ein Kratzen in meinem Hals.

Da setzte sich die Stute in Bewegung.

Wie ein Schlachtross stampfte sie den Hang hinab.

Der Anblick war so überwältigend, dass ich erstarrte. Mein Herz raste, Blut rauschte in meinen Ohren. Eine bodenlose Angst packte mich, und als ich mich endlich wieder rühren konnte, drehte ich mich um und lief fort. Ich rannte durchs hohe Gras, als sei der Teufel hinter mir her, sprang über Stöcke und Wurzeln, stolperte, rappelte mich hoch, rannte weiter.

Ein Schrei, laut und grell.

Ich blieb so abrupt stehen, dass ich beinahe vornübergefallen wäre. Einen Moment lang wusste ich nicht, woher der Schrei kam – hatte ich ihn ausgestoßen? Vorsichtig wandte ich den Kopf. Und hielt vor Schreck die Luft an. Die Stute war in einer Feuchtwiese versunken, bis zum Bauch stand sie in Wasser und Schlamm, riss den Kopf hoch und wieherte, flehentlich wie ein verzweifeltes Kind.

Wie von Sinnen jagte ich Richtung Hof, bis mir einfiel, dass der Ferdinand und die Therese auf den Feldern waren und ich drehte ab und rannte schreiend und winkend ins Tal hinunter. Die Therese ließ ihre Heugabel fallen, als sie mich sah, und lief mir entgegen.

»Ich … die Stute …« Ich japste und würgte jedes Wort hervor, als würde ich daran ersticken.

»Was ist los?« Die Bäuerin griff nach meinen Händen. »Mein Gott, Kind! Du bist blass wie Käs.«

»Die Lilly …« Ich deutete in Richtung der Weide und stammelte. »Die Lilly … ist versunken …«

Der Ferdinand packte seinen Schwager, in ihren schweren Schuhen stürmten die Männer los, die Therese und ihre Schwester eilten hinterher, die trockene Erde in den Ackerfurchen staubte. Zitternd blieb ich zurück. Ich weinte und schämte mich für meine Tränen, ich schämte mich für meine Angst, ich schämte mich für mein erbärmliches Verhalten, mein Versagen.

Der Bender-Bauer und fünf weitere Männer versuchten die Stute zu retten. Anfangs gruben sich der Ferdinand und sein Schwager durch die Feuchtwiese, während die Therese Hilfe von den umliegenden Feldern holte. Gemeinsam versuchten die Männer dann, Rundhölzer unter den Bauch der Stute zu schieben, doch die war so panisch, dass sie um sich schlug und dabei immer tiefer sank. Irgendwann wanden die Männer ihr Stricke um den Leib, und der Hock-Bauer holte seine Seilwinde, drei Mann zu jeder Seite wuchteten sie das brüllende Ross aus dem Sumpf.

Am Abend drückte ich mich in der Küche herum. Ich konnte mich nicht auf meine Schularbeiten konzentrieren, lief alle paar Minuten mit pochendem Herzen zum Fenster. Die Therese war bei ihrer Schwester, der Ferdinand bei der Lilly. Als ich ihn schließlich aus dem Stall kommen sah, zog ich den Kopf ein. Kurz darauf polterten seine Schritte durch den Gang. Ich wäre am liebsten im Boden versunken.

»Anneli?«

Steif stand ich da, den Blick auf den Boden geheftet, starrte stumm auf die Fliesen, die breiten Fugen, die ausgefransten Ränder, ich wagte nicht aufzusehen. Zwei schwarze dreckverkrustete Stiefel kamen näher, blieben vor mir stehen.

»Anneli?«

Ich nickte und schüttelte den Kopf.

Zitternd am ganzen Körper.

Eine Hand, rau und stark, hob mein Kinn. Blinzelnd

blickte ich in ein schmutziges, müdes Gesicht. Haare, grau und dicht wie Morgennebel. Zwei Augen, in denen es blitzte.

Ich wollte etwas sagen.

Doch der Bender-Bauer schüttelte den Kopf. »Schon gut, Kind.«

Er ließ mein Kinn los und strich mir übers Haar.

Ein dumpfes Geräusch weckte mich, ein rhythmisches Klopfen, *tok-tok-tok*. Schlafschwer zog ich das Kissen über den Kopf.

Stille.

Kurz darauf setzte das Pochen wieder ein, viermal jetzt, fünfmal, kurz hintereinander.

Ich sprang aus dem Bett.

In der Küche unter der Kammer hörte ich Schritte. Die Stimme vom Bauern. Tassenklappern und Wasserrauschen. Ich rieb mir den Schlaf aus den Augen, stapfte zum Schrank, öffnete die Tür, schloss sie wieder, stapfte zurück; sollte er hören, dass ich aufgestanden war, während er seinen Kaffee trank. Ich gähnte. Gänsehaut kroch mir über Schultern, Arme, Beine, ich fröstelte.

Und kroch zurück ins Bett.

»Du kleines Luder.« Die Therese stand in der Tür, die Hände in die Hüften gestemmt. »Anfangs warst du immer als Erste auf den Beinen – jetzt muss der Ferdinand jeden Tag in der Früh mit dem Besen gegen die Decke stoßen.« Sie zog den Überwurf fort. »Beeil dich, es ist sieben Uhr, und du musst zur Schule.«

Märzregen, fahl und kalt, schlug gegen das Kammerfenster. Auf der anderen Seite vom Tal standen die Berge mit den Köpfen in den Wolken. Frierend schlüpfte ich in meinen Rock, zog ein Hemd über, Socken, einen Pullover.

In der Küche roch es nach Kaffee und warmem Brot, auf

dem Herd kochte ein Topf mit Milch. Der Ferdinand war fort. Rasch wusch ich Gesicht, Hals und Hände und strich mir das Haar aus dem Gesicht. Oben an der Auffahrt standen zwei Milchkannen, bald käme der Milchwagen, den fuhr nun der Sohn vom alten Fahrer, seit der beim Dreschen auf der Tenne gestürzt war und sich ein Bein gebrochen hatte. Die Therese stellte einen Becher Kaffee auf den Tisch und gab einen Schuss Milch hinein; bald wurde ich vierzehn, drum bekam ich seit Kurzem Milchkaffee zum Frühstück. Ich rutschte auf die Bank, schnitt eine Scheibe Graubrot vom Laib und strich Butter und Stachelbeermarmelade darauf.

»Der Erwin bringt heut die Rösser zum Schmied.« Die Therese schenkte sich Tee ein. Der Erwin war der Hütebub, den die Benders geholt hatten, als ich im dritten Sommer zur Magd aufgestiegen war, der Erwin, ein blasser Bub mit schlaksigen Gliedern, Pickeln und einer Stimme, die häufig brach, wofür er sich so schämte, dass er jedes Mal einen roten Kopf bekam und verstummte. Ich biss ins Brot, kaute und nahm einen Schluck Kaffee. »Pahhhh ... Es ist Geißenmilch!«

»Geißenmilch ist auch Milch, Mädle.«

»Aber ich mag sie nicht.«

»Sei nicht eigen.«

»Ich bin nicht eigen, ich mag sie nur nicht.«

»Wir sollten froh sein, dass es uns wieder besser geht.« Die Therese wischte mit dem Schürzenzipfel einen Flecken fort und ihr Haar schimmerte grau im frühen Licht, als sie sich über den Tisch beugte. Im Herd knackte das Holz und aus dem Stall tönte das Blöken der neugeborenen Kälber. Der Bender-Bauer hatte ein kleines Sägewerk eröffnet und machte nun sonntags mit der Therese Kundenbesuche, so dass ich zur Stallzeit allein alle Kühe molk und das Jungvieh versorgte; manchmal half die Babette misten und füttern, auch die Elsa half, obwohl sie die Landwirtschaft nicht kannte.

»Soll ich heut Mittag grüne Bohnen und Spätzle kochen?«

»Mit panierten Speckscheiben?«

Die Therese nickte, setzte sich und griff nach dem Milchkännchen, in das der Ferdinand ihr jeden Morgen etwas Rohmilch für ihren Tee füllte.

Ich schob den letzten Bissen Marmeladenbrot in den Mund, räumte den Laib in den Brotkasten, das Geschirr in den Spülstein. »Ich kann's zubereiten, sobald ich aus der Schule zurück bin.«

Sie zog eine Augenbraue hoch, sah mich über den Rand vom Becher an, nickte.

»Und später helf ich dir bei der großen Wäsche.«

»Pahhhh …« Sie verzog das Gesicht und schob mit einem Ruck den Becher beiseite, dass es spritzte. »Das ist gekochte Milch, keine Rohmilch!«

Ich hielt inne. Und lachte, als ich begriff, was geschehen war.

»Untersteh dich!«

»Ich mein's nicht bös.« Ich nahm einen Putzlumpen.

Sie fuhr sich mit dem Handrücken über die Lippen.

»Aber schau, genauso geht's mir mit der Geißenmilch.«

Die Therese hielt inne, ließ die Hand sinken und sah mich an, in ihrem Blick lag etwas, das ich nie zuvor darin gesehen hatte. Ihr Stuhl kratzte über die Fliesen, als sie aufstand, sie leerte den Becher und nahm ihre Strickjacke von der Stuhllehne. Im Vorbeigehen legte sie eine Hand auf meinen Arm und musterte mich. »Langsam wirst wirklich groß, mein Mädle.«

Ungefähr zu dieser Zeit nahm mich in der Schule der Rektor Scheer beiseite.

»Anna, du solltest nach der achten Klasse aufs Gymnasium wechseln. Du bist ein begabtes Mädle.«

»Gymnasium?«

Der Rektor nickte. »In Freiburg.«

»Freiburg?« Ich war noch nie so weit fort gewesen.

»Nun, in Triberg auf der Schwarzwaldschule kannst du auch Abitur machen, aber in Freiburg gibt's bessere Schulen. Und anschließend kannst du dort zur Universität gehen.«

»Zur Universität?« Ich schüttelte den Kopf.

»Deine Noten sind gut.« Er nahm seine Brille ab, hielt sie gegen das Licht und zog ein Tuch aus seiner Hosentasche. »Du solltest darüber nachdenken.«

»Wie soll ich in Freiburg zur Schule gehen? Die Eltern haben kein Geld und die Benders brauchen mich zum Schaffen.«

»Es würde deinen Vater nichts kosten. Ihr seid daheim neun Kinder und du könntest ein Stipendium bekommen.« Sorgfältig polierte er das eine, dann das andere Brillenglas. »Du solltest wirklich darüber nachdenken.«

»Ich kann auch nicht jeden Tag nach Triberg laufen. In der Früh bin ich mit dem Melken nicht fertig, wenn der Unterricht beginnt, und am Nachmittag ist's genau andersherum. Wie soll ich das schaffen?«

»Würde es dich nicht reizen, weiter zur Schule zu gehen?« Er setzte seine Brille auf und blinzelte.

»Nun ... Ich hab noch nicht darüber nachgedacht.«

»Schlechte Noten hast du nur in Zeichnen und Turnen.«

Ich kicherte.

»In allen Hauptfächern hast du 17, 18, 19, sogar 20 Punkte. Du solltest deine Begabung nicht verschenken.« Er faltete sein Taschentuch zusammen.

»In der sechsten Klasse war der Ferdinand dagegen, dass ich Französisch lern, weil ich nachmittags das Vieh nicht rechtzeitig hätt austreiben können.«

»Ich kann mit den Benders sprechen. Und mit deinen Eltern.«

Ich nickte. Wie Maikäfer tanzten die Sätze des Rektors durch meinen Kopf, ein Brummen, ein Surren. Ja, ich war gern zur Schule gegangen, doch wenn das Schuljahr Ostern endete, wollte ich schaffen und Geld verdienen. Ich wollte hinaus ins Leben, mir etwas aufbauen, auf eigenen Füßen stehen.

»Überleg es dir gut.«

Ich nickte wieder. Draußen rissen die Wolken auf, ein breiter Sonnenstrahl fiel durchs Fenster vom Klassenzimmer, fiel aufs Linoleum und vor meine Füße. Ich dachte an die Babette und die Elsa, die auf mich warteten. Ich schob meine Bücher zusammen, den Stuhl unters Pult. »Ich werde darüber nachdenken.«

Der Rektor sah mich an. »Ja, Anna, tu das.«

Er nahm seine Mappe und ich griff nach meinen Büchern, verabschiedete mich und lief aus dem Klassenzimmer. Ich wusste, dass er mir nachsah, doch ich schaute nicht zurück, ich lief die Stufen hinunter, das Geräusch meiner Absätze hallte durchs Treppenhaus. Draußen lag der Platz vor der Schule leer im Mittagslicht, die Babette und die Elsa waren fort. Allein machte ich mich auf den Weg zum Bachbauern-Hof. Mit jedem Meter, den ich zurücklegte, wurden die Maikäfer in meinem Kopf ein wenig ruhiger, ein wenig leiser.

Und dann überstürzten sich die Ereignisse.

Die Mutter wurde krank, sie musste in die Klinik.

Und die Liesel bekam ein lediges Kind.

1953

Der Vater lag auf dem Rücken, den Mund leicht geöffnet, er schlief und sein Bauch hob und senkte sich in regelmäßigen Zügen und bei jedem Ausatmen kroch ein knatterndes Geräusch aus seinem Rachen.

Ich warf mich auf die Seite, zog die Decke über den Kopf. Die Liesel bewohnte mit ihrer Tochter und ihrem Mann eine Schlafkammer im Obergeschoss, und weil der Jakob Fernfahrer und oft fort war, schlief manchmal auch die Resi dort. Nebenan teilten sich der Rochus und der Hans die andere Kammer; der Erich war als neuer Hütebub bei den Benders. Die Hedwig und ich schliefen bei den Eltern, und weil unser Bett schmal war und die Mutter zwei Wochen zuvor wieder ins Krankenhaus nach Triberg hatte müssen, wegen der Herzinsuffizienz und weil ihre Beine dick waren vom Wasser, war ich ins Ehebett umgezogen.

Im Gang schlurften Schritte. Ein kehliges Husten. Der Rochus war heimgekommen; es musste fast Mitternacht sein, in der Zimmerei hatten sie den Geburtstag vom Meister gefeiert. Auf Socken lief mein Bruder die Stiegen hinauf, ich hörte das Quietschen und Knarren der Stufen. Dann fiel oben eine Tür ins Schloss.

Es war wieder still im Haus. Nur der Vater schnarchte wie ein heiserer Hund. Ich rutschte ans Fußende, schob mir einen Zipfel der Decke als Kissen unter den Kopf, schloss die

Augen und begann, rückwärts von hundert bis null zu zählen.

Irgendwo zwischen dreißig und zwanzig musste ich eingeschlafen sein.

Ich erwachte, als eine Stimme »Feuer! Feuer!« rief.

Einen Moment wusste ich nicht, wo ich war. Ich starrte auf Vaters Füße. Wieder rief die Stimme, sie kam von weit her und drang näher, wurde lauter – »Feuer! Feuer!«

Und plötzlich begriff ich: Es war die Stimme vom Hans.

Neben mir schreckte der Vater hoch, wie elektrisiert sprang er aus dem Bett, fuhr in seine Hosen, rief »Aufwachen! Aufwachen!«, und stolperte zur Tür. Ich sprang auf, rüttelte die Hedwig, zog ihr die Decke vom Leib und schrie »Aufstehen, es brennt!«, ich zerrte sie aus dem Bett, schlaftrunken taumelte sie ein paar Schritte, blieb dann stehen und rieb sich die Augen, ich warf ihr das Sackkleid zu, das über der Stuhllehne hing, und griff eine Strickjacke und drängte meine Schwester zur Tür hinaus.

Der Gang war voller Rauch.

Im Obergeschoss schlugen Flammen aus der Abseite, in der der Vater Brennholz gestapelt hatte. Die Liesel stand am Treppenabsatz, sie schob die Resi die oberste Stufe hinunter, die Resi, die sich beide Arme schützend vor den Kopf hielt und losstolperte, bis der Vater nach ihr griff, sie an sich riss und mit ihr nach draußen stürzte.

»Los!« Der Rochus stieß mich an, zog mich mit sich, er drückte mir einen Eimer in die Hand. Wir rannten hinaus zum Wasserhaus, rannten zurück und die Stiegen hinauf, die Luft war heiß, ich konnte kaum atmen, der Rauch brannte in den Augen, wir schütteten Wasser ins Feuer und es zischte, im nächsten Moment schlugen die Flammen umso höher. Eine Hand riss mich zurück, der Vater schrie »Runter! Raus!«, ich stolperte die Stufen hinab, und als ich am Fuß der Treppe zurücksah, stand die Liesel mit ihrer Tochter im Arm dort, wo eben noch die Resi gestanden hatte, und nun war da eine Flammenwand.

»Vater!«

»Springt aus dem Fenster!« Der Vater gestikulierte. Überall krachte Holz, barsten Balken, ein Getöse, das seine Stimme beinahe übertönte, und ich wandte mich um und lief aus dem Haus. Der Hund bellte, der Schäferhund, den der Erich eines Tages mitgebracht hatte, als ich fort gewesen war, er sprang hinter mir her, als ich ums Wasserhaus eilte, den Hang hinab zur Rückseite vom Haus. Droben auf dem Balkon stand die Liesel, eine reglose schwarze Gestalt mit einem Bündel im Arm. Hinter ihr die Flammen, tosend und gierig.

Starr vor Schreck blieb ich stehen.

Eine Ewigkeit lang geschah nichts.

Dann kam Bewegung in meine Schwester, sie trat an die Brüstung und blickte hinunter. Und schrak zurück. Sie sah sich um – die Flammen erhellten ihr Gesicht, ließen es aufleuchten, und trotz der Entfernung sah ich die Todesangst darin. Ich hörte die Liesel weinen, beten, flehen. Wieder wandte sie sich um, wieder trat sie an die Brüstung, sie presste das Bündel an sich, küsste es, mit der anderen Hand schlug sie ein Kreuz.

Dann warf sie ihr Baby vom Balkon.

Ich stürzte los, oben kletterte meine Schwester über die Brüstung, ein loses Brett krachte herunter, und ich stürmte durch Mutters Salatbeet und riss das Bündel an mich, das lautlos zwischen den Pflanzen gelandet war. Ein paar dunkle Augen sahen mich an, und als die kleine Renate mich erkannte, lächelte sie.

Mir blieb beinahe das Herz stehen.

Ein dumpfer Schlag, ein paar Meter entfernt. Die Liesel hockte dicht neben einem Baumstumpf, sie rieb sich den

Knöchel, das Gesicht schmerzverzerrt, dann rappelte sie sich auf, humpelte und stolperte mit ausgestreckten Armen durchs Salatbeet, sie taumelte und stürzte wieder und ich lief ihr entgegen und sie riss ihr Kind an sich und schloss es in die Arme, sie schluchzte und stammelte den Namen der Kleinen und den der Muttergottes.

Ich drehte mich um und lief zurück.

Im Gang neben der Haustür stand die Hedwig, in Tränen aufgelöst. »Mein Schulkleid!« Sie zitterte und jammerte und greinte. Die Stiege brannte und im Obergeschoss fraß sich das Feuer durch die Wände, das ganze Haus knackte und ächzte, Dachbalken glühten. Plötzlich wandte sich meine kleine Schwester um und lief in die Stube. Der Rochus stürzte hinterher, packte sie am Arm.

»Mein Kleid für die Einschulung verbrennt!«

Der Rochus rüttelte die Hedwig, er zerrte sie durch den Gang, und ich schloss sie in die Arme, zog sie, heulend und um sich schlagend, aus dem Haus, Rauch brannte mir in den Augen und ich sah kaum die Tür, Qualm brannte mir im Hals und jeder Atemzug schmerzte, und als wir endlich im Freien waren, schnappte ich nach Luft.

»Sind alle da?« Vaters Stimme grau wie Nebel.

Ich sah mich um. Die Liesel hinkte ums Wasserhaus, ihre Tochter an sich gepresst, die Kleine weinte nun auch, und sie wischte sich Schmutz aus dem Gesicht und stammelte: »Meine Aussteuer ... der Jakob ... wir wollten doch in ein paar Tagen umziehen ...« Der Hund bellte, ein beinahe überschnappendes Gebell, und die Resi hielt zitternd die wimmernde Hedwig umschlungen.

Der Rochus schluckte. »Der Hans fehlt.«

Vaters Gesicht erstarrte.

»Ich dachte, er ist aus dem Fenster gesprungen.« Der Rochus, fahl wie der Tod.

»Das Fenster von eurer Schlafkammer stand offen.« Ganz klar sah ich es vor Augen, obwohl ich eben noch geschworen hätte, nur die Liesel und ihr Kind gesehen zu haben. »Ich weiß es genau, es stand offen!«

»Aber wo ist der Hans dann?«

Der Vater sah in den brennenden Hausflur.

»Bleib hier«, riefen meine Geschwister und ich im selben Moment. Die Hedwig schrie, die Resi weinte.

»Der Bub muss da raus …« Der Vater stürzte los, ins Haus hinein, die brennende Stiege hinauf.

Ich schlug ein Kreuz.

Die Resi und die Hedwig schluchzten ein Vaterunser.

Der Rochus betete stumm.

Wieder barst ein Balken und donnerte in die Tiefe, rasend walzte das Feuer durchs Gemäuer, aus dem Dachstuhl schlugen Flammen in den dunklen Himmel, Funken flogen und glühende Schindel stürzten herab wie Racheengel, Fenster klirrten, ein Krachen und Gellen, ein Donnern und Tosen.

Da trat der Vater aus dem Feuer.

In seinen Armen hing leblos unser Bruder.

Er bettete den Hans auf den Boden. Der Rochus kniete nieder und riss Hans' Hemd auf, er suchte seinen Puls, presste beide Hände auf sein Herz und zählte und presste, zählte und presste, zählte und presste. Der Vater starrte auf seine Söhne, wischte mit der bloßen Hand Glut von seinen Hosenbeinen, als spürte er die Hitze nicht, seine Haare waren versengt, sein Bart, seine Brauen, Tränen liefen über sein rauchgraues Gesicht und seine Lippen bewegten sich in tonlosem Gebet. Ich stand daneben und dachte »Er ist tot. Er ist tot«, denn mein kleiner Bruder lag reglos und mit geschlossenen Augen da, Arme, Beine, Hände, alles kohlschwarz, er konnte unmöglich noch am Leben sein.

Der Rochus zählte und presste.

Er hielt Hans' Nase zu, drückte die Lippen auf seine.

Drinnen stürzte die brennende Treppe in sich zusammen. Im Stall muhten die Kühe, die Geißen, die Schweine schrien, und immer noch bellte der Hund, er sprang am Vater hoch, und plötzlich erwachte der aus seiner Starre und lief zum Stall. Er zerrte am Riegel, der vorm Tor lag, in der Hand hielt er ein Fläschchen, ein Fläschchen Melissengeist, es war ihm im Weg, doch er ließ es nicht los, beinahe hätte ich gelacht, wo hatte er das bloß her? Warum hielt er es fest wie ein Ertrinkender ein Stück Holz?

»Mein Kleid ...« Die Hedwig wimmerte und ich schloss sie und die Resi in die Arme, hielt beide fest und hielt mich an ihnen fest, zitternd in meinem Nachthemd und der dünnen Strickjacke.

»Komm zurück.« Der Rochus presste und zählte und beschwor den Hans, als könne der ihn hören. »Komm zurück, Bruder.«

Ein Schauer lief mir über den Rücken. Meine Zähne schlugen aufeinander und ich betete ein Vaterunser, die Hedwig und die Resi stimmten ein, und um uns herum drängten brüllend die Kühe und die Geißen ins Freie, drängten vorbei am Wasserhaus, dessen hintere Wand ebenfalls Feuer gefangen hatte, sie liefen hinunter auf die Wiesen, und der Vater rannte zurück und trieb auch die Schweine aus ihrem Koben.

Und plötzlich schlug der Hans die Augen auf.

Der Rochus schrak zurück.

Der Hans räusperte sich. Er hustete und griff sich an die Brust, hustete wieder. Sein Haar war versengt, sein Gesicht voller Ruß, das Weiß seiner Augen leuchtete. Langsam wandte er den Kopf. Er sah sich um, als wüsste er nicht, wo er ist, als käme er von einer langen Reise zurück. Er hustete wieder und rieb sich die Augen. Mit ungelenken Bewegungen setzte er sich auf, zog die Beine an, er tastete über die

Brandlöcher in seinen Kleidern und sein Blick schien zu fragen »Wo kommen die her?«. Er starrte auf das brennende Haus, auf die Flammen, die aus dem Dach schlugen.

Wieder hustete er. Dann stand er auf.

Der Vater, der grad aus dem Stall kam, blieb wie angewurzelt stehen. »Gelobt sei Jesus Christus!«

Alle starrten wir den Hans an wie eine Erscheinung.

Unterdessen kamen der Schüssele-Bauer, der Hoch-Bauer, der Schwarz- und der Dilger-Bauer den Pfad hinaufgelaufen, der Dold-Bauer humpelte hinterher; sie mussten den Feuerschein gesehen haben, vielleicht trug der Wind auch längst den Rauch durchs Tal.

»Da ist nichts mehr zu machen«, sagte der alte Dilger-Bauer keuchend und lehnte sich an einen Fichtenstamm. Der Dold-Bauer, der im Krieg Rinden von den Bäumen geschält hatte, starrte mit Tränen in den Augen in die Flammen. Die anderen Männer halfen dem Vater, das Vieh zusammenzutreiben, brachten es auf eine nahegelegene Weide, und dann sah ich drunten im Tal Blaulicht flackern, der Feuerwehrwagen mühte sich den Pfad hinauf, dahinter ein Krankenwagen.

Schaudernd kauerte ich in einer Mulde im Dunkel und sah zu, wie die Flammen vernichteten, was, seit ich lebte, unser Zuhause gewesen war.

In der Früh stieg immer noch Rauch aus den Trümmern. Die Feuerwehrmänner fuhren wieder fort und der Krankenwagen brachte den Vater, den Hans, die Liesel und ihr Baby ins Krankenhaus nach Triberg. Der Rochus lief nach Schonach zum Toni; seit er als Aussäger in der Uhrenfabrik arbeitete, hatte er ein Zimmer im Ort gemietet. Die Resi, die Hedwig und ich gingen mit dem Schüssele-Bauern. Die Bäuerin kochte Kamillentee und richtete uns ein Bett auf dem Kanapee, doch wir taten kein Auge zu.

Am späten Vormittag kamen der Vater und der Hans aus dem Krankenhaus zurück. Mir blieb beinahe das Herz stehen, als sie zur Tür hereintraten – über Nacht schien unser Vater zum Greis geworden zu sein. Er trug einen Verband um den Kopf, beide Hände und die Arme waren bandagiert, doch am meisten schmerzte mich sein Blick, aus dem alle Heiterkeit, alle Zuversicht, aller Mut gewichen waren. Hans' Kopf und Arme waren ebenfalls bandagiert und seine Schenkel voller Brandwunden, er humpelte und hustete; er hatte, erzählte er, sich nicht getraut aus dem Fenster zu springen und war vom Rauch ohnmächtig geworden.

Im letzten Moment hatte der Vater ihn gerettet.

»Wir haben einen Schutzengel gehabt«, flüsterte er. Im Krankenhaus hatte man ihm Hosen und ein Hemd geliehen, ein Paar Schuhe und eine Jacke, zu schmal für seine breiten Schultern, die Ärmel zu kurz.

»Habt ihr es der Mutter schon gesagt?« Der Rochus, bleich und übernächtigt.

Der Vater schüttelte den Kopf. »Ihr Herz ...«

Die Schüssele-Bäuerin brachte eine Kanne Tee. Nacheinander schenkte sie jedem ein, nur das Plätschern in den Tassen war zu hören und das Ticken der Standuhr.

»Wer wird es ihr sagen?«

Alle schwiegen. Niemand wagte aufzusehen.

»Der Toni wird nach Triberg laufen«, sagte der Vater schließlich. Die Resi wollte ihm eine Tasse Tee zum Mund führen, doch er schüttelte den Kopf. »Der Toni war nicht dabei, und er ist besonnen. Nicht auszudenken, wenn ...« Er sprach den Satz nicht zu Ende.

Ich wandte mich ab und versuchte, nicht zu weinen.

Am Nachmittag liefen wir hinüber zum Metzig-Gut. Stumm starrten wir auf die Ruine, die verbrannte Erde, und über uns strahlte der Himmel. Ich trug immer noch mein

Nachthemd und die Strickjacke, darüber einen Rock der Bäuerin, den ich mit einem Strick festgezurrt hatte.

Nun konnte ich die Tränen nicht mehr halten.

Wir besaßen nichts mehr. Keine Kleider, kein Bett, keinen Stuhl, nicht einmal einen einzigen Löffel.

Keine Heimat mehr, nirgends.

»Was machen wir jetzt?«, fragte die Hedwig, auch sie weinte.

Ich griff nach ihrer Hand.

Der Vater schwieg. Tränen in seinen Augen.

»Was machen wir jetzt?« Jedes Wort wie weichgekaut, und die Hedwig sah zum Vater auf.

Aus seiner Kehle kroch ein waidwunder Laut, sogar der Hund erschrak und winselte und schmiegte sich an den Erich. Vaters Lippen zitterten. Er schloss die Augen.

Als er sie kurz darauf wieder öffnete, hatte sich etwas in seinem Gesicht, seiner Haltung verändert. »Wir laufen zum Dold-Bauern«, sagte er. »Auf dem Hof gibt's eine Einliegerwohnung, dort kommen wir fürs Erste unter.«

Er ließ den Blick noch einmal über die Trümmer schweifen, verweilte an der Stelle, wo die Schlafkammer der Eltern gewesen war. Dann wandte er sich ab.

»Morgen«, sagte er im Gehen, »ist wieder ein Tag, und den gilt es zu meistern. Alles andere liegt nicht in unserer Hand.«

Der Pfad, der von der Straße abzweigte, war steinig und steil, und ich blieb stehen und schnappte nach Luft. Die Resi zog ihre Jacke aus und lehnte sich an einen Baumstumpf, nur der Vater stapfte weiter. Die Sonne duckte sich hinter den Bergen, es fiel kaum Licht in das schmale Tal, das eher eine Spalte zwischen zwei Felsen war als ein Tal, zu beiden Seiten von Wäldern umschlossen, und irgendwo, ganz in der Nähe, rauschte ein Bach.

Auf halber Höhe, dicht an den Hang gebaut, lag das Haus. Sein Schindeldach ragte tief herunter, auch unterm First war die Fassade mit dunklen Holzschindeln verkleidet, der Putz darunter schmutzig weiß. Im oberen Stockwerk waren die Fensterläden verschlossen, unten saßen Spatzen auf den Simsen. Der Vater erklomm die letzte Steigung und wir kletterten hinterher. Neben dem Wasserhaus blieb er stehen und verschnaufte, die Ader dicht unterhalb von seinem Stirnverband pochte. Ich öffnete den Hahn – ein Röcheln im Rohr, braunes Wasser tropfte aus der Öffnung.

»Das?« Die Resi rieb sich die Stirn.

Der Vater nickte und sein Blick wanderte die schroffe Felswand hinterm Haus hinauf. Er schob seine Mütze zurück und lief ein Stück seitlich an der Mauer entlang, bückte sich und spähte in einen schmalen Holzschuppen, eine Handvoll Scheite auf dem Stampfboden. Er umrundete das Haus und wir folgten ihm, kraxelten über einen unebenen Pfad, bis wir schließlich wieder vor dem tief herabgezogenen Dach standen. Ein Verschlag duckte sich darunter, so niedrig, dass man kaum aufrecht darin stehen konnte. Ich öffnete die Tür. Eine Spinne lief mir über den Fuß und ein Schwarm Fliegen brach aus dem Dunkel ins Licht. Ein infernalischer Geruch hüllte uns ein – unwillkürlich traten die Resi und ich einen Schritt zurück.

Der Vater schüttelte den Kopf. »Kommt.«

Wir liefen zurück zum Wasserhaus. Am Fuß einer Stiege hing eine Holztür, zusammengezimmert aus groben Latten, schief in den Angeln. Der Vater stieß sie auf – ein leerer Stall, auf dem Boden Reste von schmutzigem Stroh und alter Streu. Die Stufen knarrten unter unseren Schritten, als wir die Außenstiege hinaufliefen, die Resi griff nach meiner Hand und ich hielt mich am Geländer fest, einer Latte, die lose über ein paar Querstreben lag. Über der Haustür verlief eine hölzerne

Dachrinne – der Vater zog den Kopf ein, schloss die Haustür auf und trat ein.

»Jesus Maria …« Die Stube lag über dem Stall und es roch nach Mist.

Ich öffnete ein Fenster.

»Die alten Pächter sind vor vier Wochen ausgezogen.« Der Vater schob eine leere Kiste beiseite; tags zuvor hatte ihm das Forstamt die Domäne Kruttloch zugewiesen.

»Jesus Maria, ist das schmutzig hier.« Die Resi lief durch den Raum und öffnete eine Tür, sie führte in eine kleine Schlafkammer. Ich öffnete die andere Tür, auch sie führte in eine Schlafkammer. Daneben grenzte ein schmales Gelass an, in dem ein Herd und ein steinernes Becken standen, das Becken erinnerte mehr an einen Viehtrog als einen Spülstein.

»Die Küche?«

Ich nickte.

Meine Schwester schüttelte sich.

Wir erklommen eine weitere Stiege und standen unterm Dach, wo neben der Heubühne eine dritte Schlafkammer abging, an deren Seite ein Futterschacht hinunterführte in den Stall. Das Haus war etwa so groß wie das Metzig-Gut, doch da der Stall im Haus lag, nicht außerhalb, blieb weniger Platz zum Wohnen. Die Resi rieb mit den Fingern über eine Fensterscheibe. Die wenigen Fenster waren blind. Überall lag fingerdick Staub, unter der Decke hingen Spinnweben.

Ich schob die Ärmel hoch und strich mir die Haare aus dem Gesicht. »Komm Resi, wir leihen bei der Dold-Bäuerin Lappen, Seife, Eimer und Besen und räumen auf.«

Wir liefen die Stiegen hinab in die Stube, wo der Vater auf dem Boden saß und seine Pfeife stopfte. Ich nahm eine Zeitung, die in der Ecke lag, und breitete sie auf den Dielen aus. »Vielleicht können wir morgen Abend schon hier schlafen?«

Der Vater ließ seinen Blick über die kahlen Wände schweifen, den schmutzigen Boden, und nickte. Seit einer Woche wohnten wir beim Dold-Bauern; der Rochus war zum Toni gezogen, die Liesel mit ihrer Tochter bei den Schwiegereltern in Gutach untergekommen, die Mutter noch im Krankenhaus. Es wurde Zeit, eine neue Bleibe zu finden.

»Aber wir haben keine Betten.« Die Resi hockte sich neben mich.

»Ich werd mich kümmern.« Der Vater riss ein Streichholz an, entzündete seine Pfeife und kurze Zeit später zog ein vertrauter würziger Geruch durchs Haus.

Anderntags kroch der Abenddunst die Wiese hinauf, als die Resi, die Hedwig und ich die letzten Putzlumpen im Wasserhaus auswuschen. Von der Straße drang das Geklapper von Hufen herauf, das Knirschen von eisenbereiften Rädern auf sandigem Makadam. Ich lief vor. Drunten hielt der Dold-Bauer seine Rösser an. Er legte den Kopf in den Nacken, sah zum Haus hinauf und stieß einen Pfiff aus. »Da kriegen wir das Fuhrwerk nicht hinauf, gar nicht dran zu denken.« Der Rochus sprang vom Bock, der Vater kletterte, langsam und vorsichtig, von der Ladefläche.

Zu dritt trugen sie Bettgestelle und Matratzen den Hang hinauf, einen Tisch, einen Stuhl und zwei Kisten. »Geschenke von Nachbarn aus Schonach«, sagte der Rochus; acht Jahre nach Kriegsende besaßen die meisten noch immer wenig, doch von allen Seiten half man uns, am Sonntag nach der Messe hatte ein Mann dem Vater sogar einen Fünfzigmarkschein gegeben, er hatte nichts gesagt, nur genickt, eine stumme Geste der Nächstenliebe.

Wir stellten die Betten in den Schlafkammern auf, breiteten Tücher über die Matratzen und Decken, die der Rochus von seinem Meister bekommen hatte. Wir schrubbten den Tisch und der Vater befestigte mit ein paar Nägeln die Lehne am Stuhl, sodass sie nicht mehr wackelte. Eine Woche nach unserem Einzug besaßen wir bereits vier Teller in verschiedenen Größen, eine Handvoll Gabeln, ein paar ausgewaschene Konservendosen, in die die Resi Zucker und Mehl füllte, außerdem zwei Messer, zwei Glühbirnen und einen verbeulten Topf, in dem ich zur Begrüßung Pfefferminztee kochte, als die Mutter aus dem Krankenhaus heimkam. Tränen standen ihr in den Augen, als sie sich in der Stube umsah, die grauen Wände betrachtete, die Möbel. Ihre Finger zitterten, als sie in der Schlafkammer übers Ehebett strich, dem der Rost fehlte, sodass der Vater die Matratze auf ein altes Brett gelegt hatte. Sie wurde blass, als sie das Gelass betrat und den Herd sah, den Spülstein. »Großer Gott ...«

Ich legte den Arm um ihre Schultern und führte sie zurück in die Stube, setzte sie auf den einzigen Stuhl. Ihr Mund, ihre Augen, ihr Blick sprachen stumm von Verzweiflung, doch sie klagte nicht. Mit steifen Fingern löste sie ihre Schnürsenkel, streifte die Schuhe von den Füßen; ihr rechtes Bein war etwas dicker als das linke, die Folge einer Wundrose in jungen Jahren, doch an beiden waren die Ödeme deutlich zurückgegangen. Sie wirkt älter, als sie ist, dachte ich, und etwas in meiner Brust zog sich zusammen. Sie hatte ihr Leben lang geschafft, hatte neun Kinder geboren, alle Sorgen mit dem Vater geteilt und wenig Vergnügungen gekannt, nicht einmal in die Wirtschaft ging sie mit ihrem Mann, sonntags nach der Messe, und nun wurde ihr Körper müde. Mein Herz pochte, ich wollte ihr Gutes tun und wusste nicht, was.

Ich schenkte ihr ein wenig Pfefferminztee ein.

Fortan saß die Mutter jeden Tag auf dem Stuhl in der Stube und verlas Pullover, Hosen, Hemden. Sie besserte Bettlaken aus und flickte fadenscheinige Handtücher. Sie stopfte durchlöcherte Socken und ribbelte die zerschlissensten auf und strickte aus der ausgebesserten Wolle neue. Ich wusch die Wäsche und die Resi faltete und plättete und sortierte sie nach Größen und trug für jeden von uns einen Stapel neuer Kleider zusammen. Ein Mann vom Forstamt brachte zwei alte Spinde und der Vater schlug Nägel in die Wand, hängte Hemden und Jacken auf.

Es war ein Anfang.

Drei Wochen nach dem Brand, Mitte Mai, als der Hans und der Erich Geburtstag hatten, standen die Eltern mit leeren Händen vor ihren Söhnen, sie hatten nicht einmal ein Bonbon für jeden. Meine Brüder verzogen keine Miene.

Das Leben stellte uns auf eine Probe.

Doch hatten wir immer noch einander.

Das Land, das zur neuen Domäne gehörte, war karg, doch ich legte einen kleinen Garten an, pflanzte Kartoffeln und Salat. Bis auf zwei Schweine hatte das Vieh die Brandnacht überlebt und jeden Tag in der Früh molk ich die Kühe, der Hans und der Erich machten den Stall. Später trieb ich die Herde auf die Wiese vorm Haus; sie war zu steil, um sie zu mähen, drum ließen wir sie abweiden. Ende Juni, nach Peter und Paul, liefen meine Geschwister und ich durchs Tal, den Hang hinauf zum Metzig-Gut und wendeten Heu, das der Vater und der Rochus vor der Arbeit auf unseren alten Pachtwiesen schnitten. Wir wendeten es, bis es dürr war, dann fuhren wir es ein. Niemand weinte mehr beim Anblick der Trümmer. Auch die Brandwunden heilten und weder der Hans noch der Vater behielten Narben zurück. Oft sah ich Demut und Dankbarkeit in Vaters Blick, wenn er seinen zweitjüngsten Sohn anschaute; doch blieb ein Schatten zurück, ein Flor, der seine Miene verdunkelte.

Einige Wochen nach dem Brand stieg ein Mann den Pfad zum Kruttloch-Haus hinauf. Der Hund bellte und lief ihm entgegen, und der Fremde wedelte mit den Armen, ich sah es vom Stubenfenster aus und lief zur Tür. Bevor ich den Rüden zurückrufen konnte, hatte er nach ihm geschnappt.

Schimpfend stieg der Mann die Stufen hinauf, mit federnden Schritten, aber atemlos und rot im Gesicht. Er trug einen Anzug und unterm Arm eine Aktentasche. Sein Hut war verrutscht.

»Hat er Sie gebissen?«

Er schüttelte den Kopf, schnaubte und zerrte an seinem Hosenbein, es hatte einen Riss.

»Das tut mir leid. Wir wohnen noch nicht lang hier und der Hund lässt niemanden den Hang hinauf, den er nicht kennt. Bitte …« Ich trat beiseite. »Kommen Sie herein.«

Der Mann zog den Hut und trat ein. Er hatte dunkles gewelltes Haar und blaue Augen, und er strahlte eine Energie aus, die beinahe mit den Händen zu greifen war.

In der Stube saßen die Eltern, die Hedwig, die Resi, der Erich, der Hans und der Rochus, sie drängten sich um den Tisch. Der Vater erhob sich, ging auf den Fremden zu und reichte ihm die Hand. Ich schloss das Fenster, das ich kurz zuvor geöffnet hatte, um den Stallgeruch auszulüften. »Ich werd' Ihre Hose flicken.«

»Muss ich sie dafür ausziehen?« Der Mann sah mich an, dann grinste er.

Ich errötete und schüttelte den Kopf.

Der Hans und der Erich boten ihm ihren Stuhl an. Mit einer angedeuteten Verbeugung in Richtung der Mutter nahm er Platz, seine Aktentasche legte er vor sich auf den Tisch. »Ich komme von der Versicherung.«

Er ließ das Schloss aufschnappen und zog einen Stapel Papiere hervor. Mit Nadel und Faden kroch ich unter den Tisch. Meine Finger zitterten, als ich im Halbdunkel nach dem zerrissenen Hosenbein griff. Der Mann zuckte, beugte sich herunter. Er lachte. »Nicht kitzeln.«

Ich schüttelte den Kopf. Der feine graue Stoff lag weich in meiner Hand. Vorsichtig stach ich die Nadel in den Saum.

Der Mann wandte sich wieder dem Vater zu. »Weiß man inzwischen, wodurch der Brand ausgelöst wurde?«

Der Vater räusperte sich. »Die Feuerwehr hat nichts gefunden.«

»Seltsam. Aber das ist auch gar nicht der Grund meines Besuchs.« Ich hörte das Rascheln von Papieren. »Ich bin hier, weil es ein Problem mit Ihrer Feuerversicherungs-Police gibt.«

Der Vater zog seinen Stuhl heran.

»Zum Zeitpunkt des Schadens waren Sie unterversichert.«

»Was bedeutet das?« Ich hörte den Schreck in Vaters Stimme.

»Die Versicherungssumme ist kleiner als der Versicherungswert, was zur Folge hat, dass wir hier nur anteilig entschädigen können.«

»Was bedeutet das?«

»Wir können Ihnen nur dreitausend Mark Entschädigung ausbezahlen.«

Der Vater schwieg. Der Versicherungsvertreter blätterte durch seine Papiere, erklärte Paragraphen und Summen, der Vater sagte ab und zu »Ja« oder »Wenn das so ist«. Mit zitternden Fingern setzte ich einen Stich nach dem anderen, bis der Riss nicht mehr zu sehen war.

Als ich mich erhob, betrachtete der Fremde nacheinander meine Geschwister, an mir blieb sein Blick kurz hängen, dann wanderte er weiter, musterte die Wände, die einen Anstrich nötig hatten, die Teller, Töpfe, Gläser, die immer noch auf Zeitungspapier auf dem Dielenboden standen. Er griff nach seiner Aktentasche. »Ich werde sehen, was ich für Sie tun kann.« Er ließ das Schloss zuschnappen. »Auf jeden Fall werde ich dafür sorgen, dass Sie das Geld so schnell wie möglich bekommen.«

Er stand auf, deutete eine Verbeugung an und schüttelte

der Mutter, die die ganze Zeit kein Wort gesagt hatte, die Hand. Er setzte seinen Hut auf, der Vater begleitete ihn zur Tür. Er grüßte noch einmal in die Runde, winkte und lief mit federnden Schritten die Stiegen hinunter; über seine geflickte Hose verlor er kein Wort.

Durchs feuchte Gras eilte er den Hang hinab zur Straße. Ich hielt derweil den Hund fest.

Klar und blau wie Tinte leuchtete der Himmel über den Felsen und die Sonne ließ den Raureif schimmern, der sich wie ein feines Tuch über die Wintererde gelegt hatte. Der 12. November 1953 war ein Tag so strahlend, dass er alle grauen Tage dieses Monats vergessen machte.

Ich lief in die Stube und schaltete das Radio an, im Vorbeigehen gab ich der kleinen Renate, die mit der Mutter auf der Bank am Fenster saß, einen Kuss. Auf dem Herd köchelte Kartoffelsuppe, in der Pfanne brieten Speck und getrocknete Steinpilze, die die Resi und ich im Wald gesucht hatten, ihr würziger Duft zog durch alle Kammern.

»Bald kommen die Kleinen aus der Schule.« Die Mutter ließ ihr Flickzeug sinken und sah den Hang hinunter.

»Das Essen ist schon fertig.« Ich lief zurück in die Küche. Mit der Zange zog ich einen Eisenring aus dem vorderen Herdloch und setzte den neuen Wasserkessel auf die Flamme; inzwischen besaßen wir wieder Geschirr und auch ein paar Möbel, der Toni, der Rochus und die Rosmarie hatten den Eltern von ihrem Lohn abgegeben. Ich nahm Vaters Henkelmann, ließ den Griff aufschnappen und begann Eintopf hineinzuschöpfen. Nebenan stapfte die Resi die Stiege hinauf, die aus dem Stall in die Stube führte.

»Mhhh, das riecht lecker.«

Ich gab etwas Speck und ein paar Pilze in die Suppe und deutete mit dem Kopf auf das Wasserschiff, das unter der

Herdplatte hervorragte. »Es ist noch was zum Waschen für dich da.«

Meine Schwester schob sich an mir vorbei. Sie klappte den Deckel hoch und füllte warmes Wasser aus dem Behälter in eine Schüssel, überm Spülstein wusch sie sich Gesicht und Hände. Sorgfältig verschloss ich den Henkelmann. »Bringst dem Vater sein Mittagessen?« Seine Rotte fällte unten an der Straße am Ufer der Elz Bäume.

»Mach ich.« Wieder schob sich die Resi an mir vorbei; das Gelass war so schmal, dass zwei Personen nicht gleichzeitig darin schaffen konnten. Ihre Wangen waren gerötet, ein paar Strähnen hatten sich aus ihren blonden Zöpfen gelöst und sie trocknete sich gewissenhaft jeden einzelnen Finger ab. Im Radio sang Peter Alexander *Die süßesten Früchte fressen nur die großen Tiere* und ich lief in die Stube, drehte lauter und sang den Refrain mit.

Die Mutter sah auf und lächelte. »Du bist wie die Liesel.« Sie sprach mit weicher Stimme, und als sie mich ansah, schien etwas in ihrem Blick durch mich hindurchzugehen. Sie hustete und legte eine Hand auf ihre Brust. Ihre Beine waren geschwollen, die Fesseln nicht mehr auszumachen.

Ich setzte mich neben sie, strich ihr übers Haar. »Hast du Schmerzen?«

Sie schüttelte den Kopf, hustete wieder. Die Haut an ihren Schenkeln war blau verfärbt. Bald würde sie wieder ins Krankenhaus müssen, man würde ihr Spritzen geben, bis die Schwellungen nachließen; wieder daheim, würde sie schaffen, die Ödeme würden wachsen, bis sie kaum noch laufen und eines Tages in der Früh vor Schmerzen nicht einmal mehr aufstehen konnte. So ging es seit über einem Jahr. Ihr müdes Herz erholte sich einfach nicht. Längst übernahm ich die Stallarbeit, kochte, wusch und putzte, ich passte auf die

Renate auf, während die Liesel in der Kuckucksuhrenfabrik schaffte; doch Pfingsten hatte der Doktor mich ins Krankenhaus gebracht, mit seinem Privatauto hatte er mich gefahren, weil ich heftiges Bauchweh bekommen hatte, die Ärzte nahmen mir den Blinddarm heraus und behielten mich zehn Tage auf der Station – kaum daheim, wusch ich Bettlaken, Hosen und Hemden, schleppte Zuber voll Wasser ins Haus und Körbe voller Wäsche in den Garten, ich putzte und schrubbte, bis das Haus wieder gerichtet war.

»Ich koch dir einen Tee.« Ich stand auf. Die Mutter nickte und wandte sich wieder ihrer Näharbeit zu, meine Nichte strampelte und ich setzte sie auf den Boden, wo sie mit den Handflächen auf die Dielen patschte und lachte.

Unten auf der Straße fuhr eilig ein Auto vorbei.

Nach dem Mittagessen machten der Hans und der Erich Hausaufgaben. Ich sah ihnen zu und bügelte, die Mutter strickte, die Renate schlief. Am Nachmittag zog sich der Himmel zu, ein scharfer Wind fuhr durch die Wipfel der Fichten. Auf der Wiese hackten Krähen mit ihren harten Schnäbeln nach Würmern und ich band einen Schal um, als ich in den Schuppen lief, um Kartoffeln zu holen.

»Bald ist es Zeit, das Vieh zu melken.«

Ich nickte und stellte die Schüssel mit den Kartoffeln auf den Tisch.

»Meine Große ...« Die Mutter sah mich an und wieder schien etwas in ihrem Blick durch mich hindurchzugehen. Sie räusperte sich, griff nach einem der beiden Schälmesser und strich mit der anderen Hand über den Tisch, mit ihrer kleinen kräftigen Hand, und das rasche raue Geräusch, mit dem sie unsichtbare Krumen beiseitefegte, tat mir beinahe weh, so vertraut war es. Ich schluckte und griff nach dem anderen Schälmesser. Draußen landeten zwei Dohlen auf dem Fenstersims. Mit silbrigen Augen spähten sie in die

Stube, wo die Mutter und ich nebeneinandersaßen und Kartoffeln schälten, während im Radio eine Schlager-Sendung begann.

Die Sendung endete, als der Hund anschlug. Schritte knirschten im Kies und ein großer, kräftiger Mann lief im Dämmerlicht den Hang hinauf, die Schultern gegen den Wind gestemmt. Erst als er das Haus erreicht hatte, erkannte ich den Glatz-Bauern. Ich lief zur Tür und rief den Hund zurück.

»Tag, Anni.« Kalte Luft fuhr herein.

»Komm herein.« Rasch schloss ich die Tür hinter ihm. »Der Vater ist noch nicht zurück.«

»Nein.« Der Glatz-Bauer zog die Mütze vom Kopf und sah sich um, sein Blick flackerte, unwillkürlich dachte ich an ein verschrecktes Tier. Der Glatz-Hof lag im Nachbartal und der Bauer schaffte als Holzfäller in derselben Rotte wie der Vater, der Dilger-Bauer war ihr Haumeister.

»Tag, alle zusammen.« Wieder fuhr kalter Wind in die Stube und die Resi schlüpfte herein, stellte zwei Taschen ab, rieb sich die Finger; sie war nach Schonach in den Konsum gelaufen, hatte Brot, Grieß, Graupen und Waschpulver eingekauft.

Der Glatz-Bauer nickte ihr zu.

»Bitte.« Ich rückte einen Stuhl zurecht. Er setzte sich. Und stand wieder auf.

»Es ist etwas passiert.« Wie ein Baum stand er dort, stattlich und unbeweglich, nur seine Finger kneteten seine Mütze.

Und plötzlich bekam ich Angst.

»Der Anton … er hatte einen Unfall.«

Die Musik war auf einmal ganz leise.

»Wir haben Bäume gefällt und eine Buche hat sich gelöst.«

Es rauschte und dröhnte in meinen Ohren.

»Die Buche … die Fallrichtung stimmte, aber der Stamm hat sich …«

Das Licht, warum war es so hell hier?

»Der Stamm ist gegen einen anderen Baum geprallt und aus der Richtung geschlagen …«

Die Mutter, die Resi – ihre Gesichter so verzerrt.

»Er ist den Hang hinuntergerollt und … er hat den Anton mitgerissen.«

Seine Stimme so leise.

»Er stürzte … er schlug gegen einen Felsen …«

Seine Stimme so leise, fast nicht zu verstehen.

Ich sah, wie der Glatz-Bauer sich setzte. Sah, wie er in sich zusammenfiel wie ein Ball, aus dem jemand die Luft herauslässt. Ich sah, wie die Mutter aufstand, wie die Resi sie stützte. Ich sah, wie der Glatz-Bauer sich erhob, wie er nach Mutters Arm griff und sie zur Tür führte.

Die Tür fiel ins Schloss.

Ich sank auf einen Schemel und begann zu weinen.

Spät am Abend kehrte die Mutter aus dem Krankenhaus zurück. Der Toni, die Liesel, der Rochus und die Rosmarie begleiteten sie; die Nachricht hatte sich wie ein Lauffeuer im Tal und in Schonach verbreitet.

»Er ist bewusstlos«, sagte die Liesel, kreidebleich.

»Er war schon bewusstlos, als der Krankenwagen ihn holen kam«, sagte der Rochus, eine Stimme wie splitterndes Holz.

»Sie können ihn nicht operieren«, flüsterte der Toni, sein Blick dunkel vor Furcht, »er hat zu viele Brüche.«

Die Mutter sank im Herrgottswinkel auf die Knie und bekreuzigte sich. Die Hedwig und die Resi hockten weinend auf der Bank, der Hans faltete die Hände und sprach stumm ein Gebet, der Erich griff nach meiner Hand.

»Als wir gehen wollten, schlug der Vater grad die Augen auf.« Die Rosmarie, zitternd wie welkes Laub. »Es war, als wollte er uns etwas sagen ... Und dann ... dann ... dann schrie er vor Schmerzen.«

Ich hielt mir die Ohren zu.

Bis tief in die Nacht saßen wir in der Stube und beteten.

Gegrüßet seist du, Maria, voll der Gnade,
der Herr ist mit dir,
du bist gebenedeit unter den Weibern,
und gebenedeit ist die Frucht deines Leibes, Jesu ...

»Er ist doch so ein umsichtiger Mann«, flüsterte die Mutter.

»So besonnen.« Der Toni, zusammengesunken und grau.

Die Mutter, den Rosenkranz in ihren rauen Händen, weinte. »Immer hab ich ihm gesagt, er soll achtgeben. Und immer hat er mich beruhigt und geantwortet, Gott gebe auf ihn acht ...«

Schluchzen.

»Es ist ja auch nie etwas passiert ...«

»Und jetzt ...«

»Er ... er ist doch so ein besonnener Mann ...«

Schluchzen.

Und irgendwann Schweigen.

Und wieder ein Gebet.

Gegrüßet seist du, Maria, voll der Gnade,
der Herr ist mit dir,
du bist gebenedeit unter den Weibern,
und gebenedeit ist die Frucht deines Leibes, Jesu ...

»So ein umsichtiger Mann ...« Die Mutter strich über ihren Ehering und eine Träne fiel auf den schmalen Reif, der in fünfundzwanzig Jahren beinahe eingewachsen war.

In der Früh hatten wir den Vater gebeten, daheimzubleiben.

»Nein«, hatte er gesagt, »wir brauchen das Geld. Unseren Hochzeitstag feiern wir am Samstag.«

Gegrüßet seist du, Maria, voll der Gnade,
der Herr ist mit dir,
du bist gebenedeit unter den Weibern,
und gebenedeit ist die Frucht deines Leibes, Jesu …

Weit nach Mitternacht erhob sich die Mutter mit wehen Beinen. Sie stützte sich auf einen Stuhl, strich über die Weste vom Vater, die über der Lehne hing, die Weste, die sie ihm gestrickt hatte, und ihre Lippen zitterten.

Sie schloss die Augen.

Als sie sie öffnete, schimmerten sie, und etwas war anders in ihrem Blick. »Morgen ist wieder ein Tag und den gilt es zu meistern«, sagte sie aufrecht und mit tonloser Stimme. »Alles andere liegt nicht in unserer Hand.«

Anderntags kam der Meister vom Rochus mit seinem Auto, er holte die Mutter und fuhr sie ins Krankenhaus nach Triberg, auch der Toni, die Liesel, der Rochus und die Rosmarie fuhren mit, während ich daheim auf meine Nichte und meine kleinen Geschwister aufpasste.

Sie saßen in der Stube über ihren Hausaufgaben. Die Resi, blass und mit Schatten unter den Augen, schrieb in ordentlichen Buchstaben einen Text aus einem Buch ab, der Erich kaute an seinem Stift. Der Hans und die Hedwig starrten auf die leeren Seiten, die vor ihnen lagen, die Mundwinkel meiner jüngsten Schwester zuckten. Es war still im Haus, nur das Vieh im Stall unter uns kaute, ab und zu klirrte eine Kette. Sogar das Radio schwieg.

Ich ging hinüber ins Gelass, gab Kartoffeln in einen Topf, goss Wasser darüber und stellte ihn auf den Herd. Ich nahm den Korb mit der Bügelwäsche, fischte eine Hose vom Vater heraus, breitete sie aus, sprenkelte Wasser darüber. Ich wartete, dass das Bügeleisen heiß wurde. Die Hedwig neigte ihren Kopf, wie es reife Ähren im Sommer tun. Und weinte.

Draußen erklang ein Geräusch – Schritte im Kies? Ich lief zum Fenster.

Ich hatte mich geirrt.

»W-wann kommen sie wieder?« Der Erich, der seit seiner Einschulung nicht mehr gestottert hatte.

»Ich weiß es nicht. Aber sie kommen bestimmt so schnell wie möglich.«

»Der V-vater auch?«

Ich schüttelte den Kopf.

Die Kartoffeln waren gar und ich goss das Wasser ab. Ich gab Butter in eine Pfanne und Milch und sah zu, wie die Butter langsam schmolz und gelbe Kreise in der Milch zog. Mit der Zange legte ich zwei Eisenringe in die Kochstelle, um die Flamme zu verkleinern, nahm den Kartoffelstampfer von seinem Nagel überm Herd und begann die Kartoffeln zu zerkleinern. Schließlich gab ich alles in die Milch und rührte, bis der Kartoffelstock heiß und luftig war.

Jede Bewegung kostete übergroße Kraft.

Wieder hörte ich ein Geräusch und stürzte zum Fenster. Draußen zerrte der Wind an den Fichten, ein Ast lag auf dem Pfad, der Hund schlug seine Zähne ins Holz und versuchte, ihn beiseitezuziehen. Ich fror und schlang beide Arme um meinen Körper.

»Wann kommt die Mutter?« Die Hedwig, mit feuchten Augen. Ich setzte mich zu ihr, und sie und die Resi schmiegten sich an mich.

»Bald.« Ich schluckte. »Sie kommen bestimmt bald

heim.« Der Erich kaute noch immer an seinem Stift, die Seiten in dem Heft auf dem Tisch waren noch immer leer. »Kommt ihr zurecht?«

Meine Geschwister nickten.

Mit der Dämmerung, die Sonne längst hinter den Bergen, kehrten sie heim. Liefen den Hang hinauf, die Schultern gegen den Wind gebeugt, geschlagene Krieger. Die Liesel und der Toni stützten die Mutter.

Die Welt wurde still.

Langsam, als würde eine fremde Hand mich führen, lief ich zur Tür, öffnete sie und sah die Stiege hinunter, die sie hinaufliefen. »Der Vater ist tot, gell?«

Die Liesel nickte.

Fünf Tage aß die Mutter nichts, fünf Nächte schlief sie kaum.

Am ersten Tag um sechs in der Früh kam der Meister vom Rochus mit seinem Auto und fuhr sie nach Schonach in die Kirche, wo das erste Seelenamt für den Vater gefeiert wurde.

Am zweiten Tag fuhr er sie nach Triberg ins Krankenhaus. In einem Raum im Keller, im Totenkämmerle, nahmen wir Abschied. Man hatte den Vater aufgebahrt, ihm seinen guten Anzug angezogen, das Haar gekämmt, den Schnauzer gestutzt, doch sein Gesicht war ganz blau von Blutergüssen. Zitternd stand ich neben ihm, so nah, so fern. Er sah fremd aus und unendlich vertraut. Die buschigen Brauen über den blaugrauen Augen, geschlossen nun. Die abgearbeiteten Hände, gefaltet nun. Die Wangen mit den Grübchen. Die zwei steifen Finger aus dem ersten Krieg.

Wieder daheim, nahm ich mein Sonntagskleid aus dem Spind und trennte den Kragen ab. Er war weiß. Und alles in mir war schwarz.

Am dritten Tag das zweite Seelenamt.

Am vierten Tag das dritte.

Und jeden Abend kamen die Nachbarn zum Rosenkranzbeten, *Gegrüßet seist du, Maria,* wir flochten Kränze und die Babette besuchte mich, doch ich fand keinen Trost.

Am fünften Tag waren alle Tränen geweint. Leer und ausgezehrt liefen meine Geschwister und ich im Trauerzug, liefen hinterm Sarg unseres Vaters her, den der Bender-Bauer auf dem Leichenwagen vom Krankenhaus zur Kirche fuhr, und die Sonne strahlte, als gäbe es kein Dunkel. Der Zug folgte der Straße von Triberg nach Schonach, Autos hielten an oder wichen aus, und überall kamen Menschen aus den Häusern und schlossen sich an, sie hatten den Vater gekannt und geschätzt und gaben ihm nun das letzte Geleit, schweigend, nur hier und da murmelte jemand ein *Gegrüßet seist du, Maria …*

Vor der Kirche in Schonach wartete die Mutter, der Meister vom Rochus hatte sie mit dem Auto geholt. Klein und blass und ganz in Schwarz gehüllt stand sie dort, umgeben von Trauergästen, der Kirchplatz war voll von Menschen, die Abschied nehmen wollten von ihrem Mann, von unserem Vater, sie alle wollten dem Eberl Anton die letzte Ehre erweisen und uns beistehen in unserer Not.

Gefasst schlug die Mutter ein Kreuz, als der Bender-Bauer und fünf andere den Sarg an ihr vorbeitrugen. Auch sie hatte alle Tränen geweint und folgte ihrem toten Mann auf wehen Beinen und aufrecht in ihrem Schmerz, gestützt von der Liesel und dem Toni. Immer wieder während der Aussegnung legte sie eine Hand auf ihre Brust, als wollte sie ihr Herz beruhigen, und ich stand neben ihr und dachte an den Tag meiner Erstkommunion, sah den Vater, grad von Malaria genesen, im Gestühl sitzen und mir zuwinken, ich hörte seine Worte, hörte, wie er sagte »Kinder, haltet zusammen. Was immer geschieht, haltet zusammen.«

Nun waren die Worte sein Vermächtnis.

Eineinhalb Jahre später, am 31. Mai 1955, einem Frühlingstag licht und hell, starb auch unsere Mutter.

Ihr müdes Herz hörte einfach auf zu schlagen.

Zusammenhalten

1957

Der Postbus bog um die Kurve, der Motor stieß einen Seufzer aus und mühte sich das letzte Stück der schmalen Straße hinauf. Es war noch früh, der Himmel grau wie die Felsen am Straßenrand, und der Fahrer hatte die Scheinwerfer eingeschaltet, zwei chromgefasste Lichter, wie weit auseinanderstehende Augen suchten sie ihren Weg. Unterhalb der Böschung rauschte die Elz, die Luft war feucht und ich zog das Tuch fester um meine Schultern.

Der Fahrer schaltete herunter, der Motor jaulte wie ein geschlagener Hund und der Bus rollte auf die Haltestelle zu, in einer Bucht am Straßenrand kam er zum Stehen. Durch eine Seitenscheibe sah ich die Liesel mit ihren Töchtern, sie hob die Hand und winkte, und ich lief zur hinteren Tür, zischend und schwerfällig öffneten sich ihre Flügel.

»Nein!« Die Helga saß auf der Bank neben der Tür, beide Hände um den Haltegriff geklammert, ihre Kinderschürze verrutscht, die Augen feucht. Die Renate zuckte mit den Schultern. An der Hand ihrer Mutter stieg sie aus dem Bus, ich beugte mich vor und gab ihr einen Kuss, dann nahm ich meiner Schwester die Tasche ab.

»Puh …« Die Liesel knöpfte ihren Mantel auf und wischte sich eine Locke aus dem Gesicht. Dann stieg sie wieder ein und zupfte ihre kleine Tochter am Ärmel. »Jetzt mach einmal, der Bus fährt gleich weiter.«

»Nicht zum Gottele!«

»Herrgott, jeden Montagmorgen das gleiche Theater.«

»Nicht zum Gottele.« Die Helga ließ die Haltestange los und schlug die Hände vors Gesicht, sie weinte und strampelte mit den Beinen, trat mit ihren Sandalen in die Luft. Meine Schwester zögerte einen Moment, dann zog sie ihre Tochter vom Sitz und trug sie aus dem Bus.

»Komm, mein Schatz, wir gehen heim und ich bereite euch ein Frühstück.« Ich streckte die Hand nach der Kleinen aus. »Die Mama muss zur Arbeit und die Tante Anni hat daheim auch viel zu tun.«

Der Fahrer hupte.

»Ade!«, rief die Liesel, gab jedem Mädle einen Kuss und sprang wieder in den Bus. »Bis Samstag.« Sie winkte und strich mit der anderen Hand über ihren runden Bauch. »Und seid brav!« Zischend schlossen sich die Flügel der Tür. Der Fahrer fuhr an und eine Rußwolke stob aus dem Auspuffrohr. Die Renate winkte und die Helga heulte. »Neiiin!«

Seufzend fuhr der Bus weiter Richtung Schonach.

Energisch schob ich die Kinder über die Straße. Die Renate griff nach meiner Hand, doch die Helga lief mit steifen Beinen, sie verdrehte ihren Hals und schaute, wütend weinend, dem Postbus hinterher, der ihre Mutter mit sich nahm; jeden Montag in der Früh auf dem Weg in die Kuckucksuhrenfabrik brachte die Liesel ihre Töchter und ich gab die Woche über auf sie acht, wie ich auf meine jüngeren Geschwister achtgab.

»Mammmmaaaa ...« Der gelbe Bus schlängelte sich an der Felswand entlang und verschwand hinter einer Kurve. Kaum war er nicht mehr zu sehen, wich alle Spannung aus Helgas Körper, beinahe fiel sie in sich zusammen.

»Komm, Mädle.« Ich strich über ihr Haar und nahm sie auf den Arm, sie wehrte sich nicht und ich trug sie den Pfad hinauf, hielt auf unser Haus zu und die Renate stapfte nebenher und erzählte atemlos, dass ihr Vater in der Früh wieder mit dem Lastwagen fortgefahren war; meine Nichten waren gut zu haben, doch wenn die Liesel sie am Wochenende daheim verwöhnte, gab es mit der Kleinen am Montagmorgen immer ein Geschrei.

In der Küche schenkte ich beiden ein Glas warme Milch ein und schaltete das Radio an; um diese Zeit lief meist eine politische Sendung. »Soll ich euch die Schaukel draußen aufhängen?«

Die Renate nickte, die Helga schmollte.

Es knisterte und knarzte aus den Lautsprechern und ich drehte an dem Bakelitknopf, bis die Stimme des Radiosprechers klar zu hören war. Er sagte, dass Bundeskanzler Adenauer gesagt habe, bei der Bundestagswahl am 15. September ginge es darum, ob Deutschland und Europa christlich blieben oder unter kommunistische Gewalt gerieten, und ich schnitt zwei Scheiben Brot ab und bestrich sie mit Butter und Himbeermarmelade. Während die Mädchen kauten, lief ich in den Schuppen und suchte die Schaukel, die der Vater einst gebaut und im Winter in der Stube an einen Deckenbalken gehängt hatte, damit meine Geschwister und ich schaukeln konnten, während die Mutter und er auf der Ofenbank saßen, sie mit ihrem Strickzeug, er mit seiner Pfeife.

Noch immer spürte ich ein Loch in meinem Herzen.

Seit seinem Tod war die Welt eine andere, ihr Zentrum war verlorengegangen und ich kreiste wie ein Trabant um diese Leere. Lange Zeit schlief ich abends mit dem Gedanken ein, in der Früh wäre der Papa wieder da. Alle Tage trug ich schwarze Kleider, sang keine Schlager mehr und das Radio schwieg; mit dem Vater war alle Freude gegangen. Gleichwohl war er allgegenwärtig, gehorchten meine kleinen Brüder nicht, schimpfte ich: »Wenn das der Papa wüsste!« Im

Ort nahmen wir einen anderen Weg, liefen nun stets am Friedhof vorbei, hielten am Grab inne und beteten. Oft brachte ich Blumen und dachte zugleich: Davon hat er nun nichts mehr – drum sollten wir zu denen, die wir lieben, gut sein, solange wir beieinander sind. Es war die Babette, die mich zwang ins Leben zurückzukehren. Im Januar 1955 trug ich zum ersten Mal wieder helle Strümpfe und eine weiße Bluse zum schwarzen Rock.

Kurze Zeit später starb die Mutter.

Ich hatte sie gepflegt, war nachts aufgestanden und hatte ihren Kopf gehalten, wenn sie hustete und nach Luft rang, weil schließlich auch ihre Lunge voller Wasser war. Die Rosmarie sagte: »Ich weiß nicht, wie du das schaffst«, dann ging sie wieder zu Bett und versuchte noch etwas zu schlafen, denn sie musste in der Früh in die Fabrik, während ich bei der Mutter blieb und ihre Hand hielt, bis sie erschöpft einschlief und die Morgendämmerung über die Berggipfel kroch.

Im April 1955 fuhren wir ins Unterland und trugen die Großmutter zu Grabe. Wieder daheim, versagte Mutters Leber. Sie magerte ab; die Hebamme sah sie eines Tages im Krankenhaus, erschrak und raunte: »Heiliger Vater! Mädle, sie wiegt ja nur noch halb so viel wie du …«

Am Pfingstsonntag besuchten wir die Mutter.

Am Pfingstmontag sagte sie: »Passt auf die Hedwig auf.«

»Sie wird sterben«, flüsterte der Rochus, wieder daheim. Ungläubig sah ich ihn an – sie war grad fünfzig Jahre alt.

Am Dienstag starb sie.

Vier Tage vor meinem siebzehnten Geburtstag, und wieder fielen wir in ein Loch, vor allem die Hedwig, die erst acht war, schüchtern und ein wenig ängstlich, und sehr an der Mutter gehangen hatte. Hedwigs Patin, die drei Söhne hatte und stets sagte, sie hätte lieber drei Töchter bekommen, bot an, sie eine Weile zu sich ins Unterland mitzunehmen, in einer anderen Umgebung ließe sich der Verlust leichter verwinden, und so fuhr unsere Jüngste zwei Tage nach der Beisetzung fort.

Jeden Tag in der Früh, wenn der Toni, die Rosmarie und der Hans zur Arbeit fuhren und die Resi und der Erich zur Schule aufbrachen, blieb ich nun zurück, kämpfte gegen die Stille, die nur vom Rauschen des Baches unterbrochen wurde, vom Muhen der Kühe, und ab und zu fuhr drunten auf der Straße ein Auto vorbei oder der Postbus. Wie betäubt versorgte ich Haushalt und Vieh, kochte und pflanzte Salat, jätete Unkraut und las Kartoffelkäfer, wendete Heu und gab auf die Kleinen acht und half bei den Hausaufgaben, ich tröstete meine Geschwister und manchmal weinten wir gemeinsam, anschließend molk ich und brachte die Milch fort und bereitete später das Nachtessen und bügelte und flickte, und manchmal verdrängte die viele Arbeit sogar die Trauer.

Bis sie zurückkehrte, mit einem Schlag, sich wieder auf meine Brust legte.

»Gottele?« Die Helga sah auf und in ihrem Gesicht glänzten die Spuren getrockneter Tränen.

Ich strich ihr übers Haar. »Ja, mein Schatz?« Bei der Taufe ihres ersten Kindes hatte die Liesel nicht einmal gefragt, ob ich Patin werden wollte, sie hatte es einfach bestimmt, und als vor drei Jahren die Helga zur Welt kam, wählte sie mich wieder als Gottele.

»Ich muss mal.«

Die Renate schaukelte, ihr Rock bauschte sich in der Luft und ihre hellen Haare flogen ihr ins Gesicht. Drüben beim Bach grasten die Berta und die Minna; die anderen Kühe hatten wir dem Viehhändler verkauft, die Landwirtschaft wurde unrentabler, überall gingen die Leute in die Fabrik. Ich nahm die Helga bei der Hand und wir liefen ums Haus.

Anfangs hatte man im Ort auf uns geschaut. »Die armen Kinder«, raunten die Leute und manche fügten hinzu: »Allein werden sie nicht zurechtkommen.« Kaufte die Resi im Konsum ein, wurde hinter vorgehaltener Hand geflüstert: »Das Kind sieht so elend aus, so kann es nicht weitergehen!« Wir bekamen einen Vormund, einen hageren, abgearbeiteten Mann aus dem Ort, an jedem Ersten eines Monats brachte er unsere Waisenrente, die hatte er auf der Post abgeholt, und eines Tages sagte er zum Rochus, künftig werde er einen Teil einbehalten und zurücklegen, für Notfälle. Wütend, dass der Mann so über unser Geld verfügte, lief ich nach Schonach, vorbei am Friedhof und zum Grab der Eltern, ich sprach ein Vaterunser und berichtete stumm und wusste, vielleicht nicht der Vater, doch auf jeden Fall die Mutter, sie war da immer forscher gewesen, hätte sich ebenfalls gewehrt, und drum lief ich weiter nach Triberg zum Amtsgericht.

In einer Schreibstube zwischen Grünpflanzen und Aktenschränken saß der Gerichtsassessor.

»Tag, Mädle.« Er sah auf und ein Lächeln zog über sein Gesicht, als ich eintrat. »Oder sollte ich allmählich junge Dame sagen?«

Ich schüttelte den Kopf. »Anni ist schon recht.« Etwas atemlos strich ich über meinen Rock und trat vor seinen Tisch, auf dem ein schwarzer Fernsprechapparat stand und eine Dose mit Butterbroten und eine Kaffeetasse mit noch einem Rest Milchkaffee darin.

»Was verschafft mir die Ehre, Anni?«

»Ich hab eine Frage.« Nach dem Tod der Eltern, als Schreiben kamen, mit denen meine großen Geschwister sich nicht auskannten, hatte er sie gelesen und geprüft, hatte Ferngespräche geführt und alles für uns geregelt.

»Dann schieß mal los.« Er deutete auf einen gepolster-

1 Das Metzig-Gut, Annis Geburtshaus. Hier im Jahr 1949.

2 Annis Schwiegermutter auf dem Sigmundenhof bei der Rübenernte, in den 1930er Jahren.

3 Anni 1950 beim Bender-Bauern auf dem Bachbauern-Hof in Schonach.

4 Helmut Hettich und sein Vater mit dem Zuchtbullen, Ende 1950er Jahre.

5 Annis Vater 1953 bei einem Musikfest

6 Anni und zwei Prüfer bei der Mutterkuhschau auf dem Sigmundenhof.

7 Annis Erstkommunion. Gruppenfoto vor der Kirche in Schonach.

8 Die Braut Anni und ihre vier Schwestern

9 Mit beiden Familien feiern Anni und Helmut Hettich 1967
ihre Hochzeit.

10 Fasnacht 1970: Anni und Helmut Hettich, rechts Annis Schwester Resi.

11 Helmut Hettich mit den Kindern Petra und Alexander im Schnee, Winter 1970/71.

12 Anni (links) mit ihrer Freundin Babette bei einer Klassenfahrt 1953.

13 Anni im Sommer 1969 mit ihren beiden Kindern vor dem Speicherhaus auf dem Sigmundenhof.

14 1973 auf dem Sigmundenhof. Helmut Hettich führt einen jungen Zuchtbullen herum. Mit dabei sind Nichte und Neffe, im Hintergrund auch Tochter Petra und Sohn Alexander.

15 Zuchtbullenschau Ende der 1980er Jahre. Der Bulle stand bei Anni im Stall – gerade betrachten ihn zwei Männer aus der Gemeinde.

16 Im April 1972 feiert die Familie Hettich den achtunddreißigsten Geburtstag von Helmut Hettich im Krankenhaus in Triberg.

17 Der Sigmundenhof nach dem Umbau 1980. So blieb er bis ins Jahr 2005.

ten Stuhl mit Holzbeinen und ich setzte mich, faltete die Hände über meiner Handtasche und erzählte vom Vormund und der Rente. Er hörte zu, ab und zu strich er über sein dunkles, sauber gescheiteltes Haar. Er trug einen braunen Anzug und einen weißen Kragen, seine Fingernägel waren kurz geschnitten, vermutlich hatte er nie einen Stall ausgemistet, er war ein studierter Mann, bald würde er Richter werden. Er war schon über dreißig und es hieß, er sei geschieden.

Als ich endete, stieß er leise Luft zwischen den Zähnen aus. »Das klären wir«, sagte er, und wie er es sagte, ohne den geringsten Zweifel, machte mir Mut. Er hob den Hörer von der Gabel, und als sich die Zentrale meldete, verlangte er den Bürgermeister. Während er auf eine Verbindung wartete, strichen seine sauberen Fingernägel über die Wählscheibe, weiße Ziffern auf schwarzem Grund, und als der Bürgermeister schließlich abhob, fasste der Gerichtsassessor meinen Bericht zusammen.

Warum war er wohl geschieden?

Nach einem kurzen Gespräch, in dem der Bürgermeister so laut sprach, dass auch ich seine Stimme durch die Muschel hörte, obwohl ich nicht verstand, was er sagte, legte der Gerichtsassessor auf. Mit einem leisen Lächeln schob er die Dose mit seinen Butterbroten beiseite und die Kaffeetasse mit den roten Punkten und stellte den Fernsprechapparat zurück an seinen Platz. Dann rieb er sich die Hände und sah mich an.

»Der Vormund behält das Geld nicht?«

»Nein.« Er schloss einen Aktendeckel, der geöffnet vor ihm gelegen hatte – als wäre es meine Akte, ein Fall, den er zu unser beider Zufriedenheit gelöst hatte.

Ich stand auf und reichte ihm die Hand. »Danke!«

Er hielt meine Hand, einen Moment zu lang, ich wollte sie

grad zurückziehen, da zwinkerte er. »Komm ruhig wieder, Anni, wenn du ein Problem hast. Ich helf dir gern.«

»Gottele?«

Ich schrak aus meinen Gedanken. Die Helga streckte ihre Arme aus und ich bückte mich, nahm ein Stück altes Zeitungspapier und wischte sie ab und hob sie vom Plumpsklo. Sie schmiegte sich an mich, rieb ihre Wange an meinem Bein. »Bist jetzt wieder gut mit mir?«

Ernst sah sie zu mir auf. Und nickte.

Ich lächelte. So ging es jeden Montag.

Mittags bereitete ich salzigen Grießbrei und Kartoffeln, wie ich es bei der Bender-Bäuerin gelernt hatte. Gegen ein Uhr kam die Resi aus der Schule und sie deckte den Tisch. Ein Jahr nach Vaters Tod waren Herrschaften vom Forstamt den Hang hinaufgestiegen, sie inspizierten den Brunnen, denn die Wasserleitung funktionierte nicht und ich musste alle Wäsche am Bach waschen. Sie beratschlagten und schlugen schließlich vor, während der Bauarbeiten auch den Verschlag, der ans Haus grenzte, auszubauen, als vierte Schlafkammer.

»Sag ihnen«, flüsterte ich der Mutter zu, als ich im Gelass stand und Tee für den Besuch kochte und sie sich vorbeischob, um Milch und Zucker zu holen, »sag ihnen, sie sollen eine rechte Küche bauen.«

Die Mutter goss den Amtmännern Tee ein, reichte Milch und Zucker und sprach mit ihnen; immer wieder unterbrach der Husten ihre Sätze.

Die Herren beharrten auf einer Schlafkammer.

Wütend zog ich den Topf vom Herd, trat einen Schritt zur Seite, um einen Teller vom Sims zu nehmen, und stieß gegen die Milchkanne. »Jesus Maria!« Die Lache breitete sich rasch aus, Milch schwappte in die Fugen zwischen den Fliesen, sickerte in Ritzen und Rillen, schimmerte hell im Halbdunkel auf dem Steinboden. Ich griff nach einem Putzlumpen – dann richtete ich mich auf, warf ihn in den Spültrog, wusch mir die Hände und lief in die Stube.

»Meine Herren«, ich strich meine Schürze glatt, meine Wangen glühten, »meine Herren, wir brauchen eine Küche, in der man sich bewegen kann. In der die Mutter nicht den Abwasch unterbrechen muss, wenn ich koche, und in der ich Teewasser aufsetzen kann, auch wenn meine Schwester grad Kartoffeln schält.«

Die Männer sahen auf, der Forstrat, der Bauunternehmer und der Förster, jener Förster, der an einem kalten Tag kurz vor Kriegsende vor der Mutter gestanden hatte, mit einem Zettel in der Hand und seinem Gewehr über der Schulter, der seine buschigen Brauen gehoben und verkündet hatte, der Gauleiter habe ihn beauftragt, unseren Toni zu holen, sie alle schauten mich an, mit erstaunten Gesichtern, dann sahen sie zur Mutter.

»Es ist wichtig«, beharrte ich.

»Wenn wir eine Schlafkammer bauen«, sagte der Bauunternehmer, »habt ihr alle mehr Platz.« Er wippte mit den Füßen, die in braunen Schnürschuhen mit Lochmuster steckten, und lehnte sich zurück.

»Aber wir brauchen keine vierte Schlafkammer, drei genügen uns.« Ich stützte die Hände in die Hüften. Der Forstamtsrat, der extra aus Offenburg angereist war, kratzte sich am Ohr.

»Wir wohnen doch hier! Und eine neunköpfige Familie braucht eine Küche – kein Gelass, in dem grad Platz ist für einen Herd und einen Spültrog.«

Der Forstrat maß mich mit einem Blick, den ich schwer deuten konnte, doch ich hielt ihm stand. Der Bauunternehmer sah zu ihm hinüber und zuckte mit den Schultern. Der Förster hob seine buschigen Augenbrauen und murmelte etwas, das ich nicht verstand. Schließlich räusperte sich der Forstrat und machte eine Handbewegung, als verscheuchte er eine Fliege. »Sei's drum, dann bauen wir eben eine Küche.«

Als die Bauarbeiten ein paar Wochen später zu Ende gingen, bezogen wir eine gemütliche Wohnküche mit Fenstern, Dielenboden und Holzvertäfelung an den Wänden und der Toni und der Rochus kauften von ihrem nächsten Lohn einen Esstisch und eine Sitzbank.

Ich nahm den Topf mit dem Grießbrei vom Herd.

»Gottele?«

»Ja, Mädle?«

Die Helga schmiegte sich an mein Bein, gähnte und reichte mir ein Gänseblümchen. Ich nahm es und steckte es ins Haar, die Helga lachte und klatschte in die Hände und lief mit tapsenden Schritten zum Tisch, ihre große Schwester half ihr auf die Bank und band ihr ein Lätzchen um. Ich schöpfte Grießbrei in die Teller und wir sprachen ein Tischgebet.

Nach dem Essen hielten meine Nichten Mittagsschlaf und ich setzte mich zur Resi, die über ein Buch gebeugt in der Stube saß und eine Gleichung in ihr Rechenheft übertrug. Ich zog den Deckel von einer Schachtel, die der Erich aus der Kuckucksuhrenfabrik geholt hatte.

»Neue Ware?« Meine Schwester sah auf, ihre Stirn glättete sich und sie legte den Stift beiseite. In der größeren Schachtel lagen in ordentlichen Reihen hölzerne Kuckucke, in der kleineren winzige rote Zungen aus Plastik, die ich mit einer Zange und einem Stift in den Kuckucksschnäbeln befestigen musste. Im Jahr nach Vaters Tod hatte die Babette gefragt, ob ich Heimarbeit machen wollte wie sie und ihre Mutter; inzwischen hatte ich meine Aussteuer zusammengespart, zwölf Garnituren Damastbettwäsche mit Leintüchern und Laken und Bettbezügen und Kissenbezügen, alle bestickt mit Rosen, Veilchen und Trauben. Dabei war mir der Gedanke an eine Heirat fern. Im Unterland, bei Mutters Verwandten, hatte ich mit einem Burschen angebandelt, doch war er nicht der Richtige oder ich noch nicht so weit, jedenfalls endeten die gegenseitigen Besuche nach einer Weile wieder.

»Ich koch uns einen Tee.« Die Resi rutschte von der Bank.

»Ist die Rechenaufgabe so schwierig?«

Aus der Küche klang Wasserrauschen herüber, ein Topf klapperte, Tassen.

»Resi?«

»Mhh.«

Ich stand auf und folgte ihr in die Küche. »Mädle, du sollst sagen, wenn du mit den Aufgaben nicht zurechtkommst.«

Wortlos stand meine Schwester da, in der einen Hand einen Löffel, in der anderen die Dose mit dem Tee, und ich sah den feuchten Glanz in ihren Augen. »Ich kann das einfach nicht.« Mit einer heftigen Bewegung schloss sie die Teedose, stellte sie beiseite. Sie nahm ein Streichholz, riss es an, wie ein aufgeregter Falter flatterte die Flamme über ihren Fingern.

»Du bist dreizehn, nächstes Jahr hast du die Schule geschafft.«

Sie stellte den Topf mit dem Wasser auf die Flamme.

»So lang musst einfach noch durchhalten.«

»Ich kann's nicht.« Ihre Stimme klang brüchig, wie welkes Laub unter schweren Schritten.

Ich schluckte, legte meine Hände auf ihre Schultern und zog sie an mich. Für die Resi war ich wie eine Mutter, doch manchmal war mir selbst elend vor Sehnsucht, hätte auch ich mich gern an eine Schulter gelehnt und um Rat gefragt.

Meine Schwester zog die Nase hoch und nickte stumm.

In der Stube schaltete ich das Radio an, ein schwaches grünes Licht leuchtete hinter der Senderskala auf und als es kräftiger wurde, drehte ich den Anzeiger durch die Skala – Beromünster – Hilversum – Luxemburg – Wien – Dtschl. Süd – AFN Berlin – RIAS Hof –, bis ich auf Freddy Quinn stieß.

Ein paar Freunde, eine Liebe,
daran denke ich das ganze Jahr.
Ein paar Freunde, eine Liebe,
wie es früher, früher einmal war …

Leise summte ich mit und die Resi wickelte eine Haarsträhne um ihren Finger und lächelte, dann beugte sie sich wieder über ihr Heft, hob nur ab und zu den Kopf und ich erklärte ihr eine Gleichung und schob dabei einem Kuckuck nach dem anderen eine rote Zunge in den Schnabel.

Als es Zeit war die Kühe zu melken, schlüpfte ich in meine Stallkleider und lief über die Wiese, rief die Berta und die Minna und trieb sie in den Stall; der Himmel war noch so grau wie in der Früh. Die Berta rieb ihren Kopf am Hals von der Minna, an den Rändern ihrer Augen klebten Fliegen in glänzenden Klumpen, und ich zog den Melkschemel heran, wischte das Euter sauber und rieb mit den Daumen über die Zitzen, im Nu schoss die Milch heraus und ich lehnte meine Stirn gegen Bertas Bauch, an dem noch immer die Adern hervortraten, Adern dick wie die Wurzeln eines Buschs. Bald kämen der Toni und der Rochus heim, die Rosmarie und der Hans – der Hans, der gleich nach der Schule ebenfalls in die Fabrik gegangen war, ein Bub noch, blond und hübsch und einnehmend, die Damen in der Stanzhalle freuten sich, als der Meister ihn zu ihnen schickte, und im Jahr darauf war der Erich aus der Schule gekommen, doch der Erich wollte nicht in die Fabrik, er wollte Maurer werden, aber auf dem Bau wurde viel getrunken, drum redete ich auf ihn ein und der Rochus hörte sich um, bis er eine Lehrstelle als Werkzeugmacher für unseren Bruder fand. Ich begleitete ihn zur Vorstellung. Der Meister musterte meinen Bruder und sagte: »Wir fangen früh an. Schaffst du es, jeden Tag um sieben in der Früh hier zu sein?«

Der Erich nickte stumm.

»Gut, probieren wir's«, sagte der Meister. Und in der Tat musste ich den Bub nie wecken, jeden Tag stand er um sechs Uhr auf und erschien pünktlich bei der Arbeit.

Blieb noch die Resi durch die Schule zu bringen.

Ich trug die volle Milchkanne die Stiege hinauf. In der Stube lag das Rechenbuch zugeklappt auf dem Tisch. Draußen schaukelte die Renate, die Resi stieß sie an und die Kleine flog beinahe durch die Luft und quietschte vor Freude, und die Helga zerrte an Resis Rock und quengelte. Ich brachte die Milch in die Küche, lief zurück in den Stall und gabelte Streu in den Schubkarren und fuhr den Karren zum Misthaufen, ich füllte Wasser nach und klopfte der Berta und der Minna auf die Flanken, ein letzter Gruß, schließlich stieg ich wieder hinauf, wusch mir die Hände und wärmte die Reste vom Mittagessen auf und schälte dazu frische Kartoffeln und schnitt Speck in die Pfanne. Als der Hund freudig anschlug, wusste ich, dass der Erich heimkam. Ich öffnete das Küchenfenster und winkte und der Himmel war noch immer granitgrau. Hoffentlich rissen die Wolken bald auf.

Denn bald war Zeit für die Heuernte.

1958

Die Kuppen der Berge leuchteten in der Sonne, als ich wenige Tage nach Peter und Paul allein durchs Tal zum Metzig-Gut hinüberlief. Auf den Weiden grasten Kühe, Schafe und Lämmer lagen im Schatten der Buchen und käuten träge wieder. Fast alle Wiesen waren gemäht, nur hier und da stand noch Gras, durchsetzt von Klee, Storchschnabel und Scharfem Hahnenfuß. Kein Wind wehte und ich schwitzte, als ich den Pfad hinauflief, an dessen Ende einmal unser Haus gestanden hatte; inzwischen wuchs Unkraut aus der schwarzen Erde, eine Birke, ihr Stamm hell und dünn wie ein Knochen.

Ich wandte mich um und schaute den Hang hinab und sah den Vater, er trug seine Waldarbeiterhosen und ein enzianblaues Hemd, mit rhythmischen Bewegungen zog er, den Oberkörper leicht vorgebeugt, die Sense durchs Gras, ganz mühelos sah es aus.

Ich blinzelte und wischte die Erinnerung beiseite. Ich fasste meine Heugabel fester und sprang über einen Graben und lief in großen Schritten über die Weide, die der Toni und der Rochus vor zwei Wochen gemäht hatten. Ein Eichelhäher schrie, laut und schräg, und ich bückte mich und befühlte das Heu; der Himmel war blau und wolkenlos, doch in den vergangenen Tagen hatte es immer wieder geschauert, zwei Mal hatten wir schon einfahren wollen, jedes Mal wurde das

Heu im letzten Moment nass und ich musste alle Haufen wieder lockern, die Mahd noch einmal wenden, bis sie trocken war. Ich stieß die Gabel ins Gras und schüttelte es, ließ die Halme über die Zinken rieseln, wie Federn fielen sie zu Boden. Ringsherum war es still, nur das Kratzen der Zinken war zu hören, ein paar Vögel, hier und da muhte eine Kuh, blökte ein Schaf. Wie abgeschieden wir auf dem Metzig-Gut gelebt hatten, dachte ich, so fern der Straße und immer eine Stunde Fußmarsch über die Berge bis in den Ort. Von der Kruttloch-Domäne war der Weg nur halb so weit und unten an der Straße hielt der Postbus. Sonntagabends fuhr ich mit der Rosmarie nach Schonach, wir trafen ihre Kameradinnen aus der Fabrik und die Babette und die Elsa und liefen zum Gasthof *Schwanen* ins Kino, sahen *Die Christel von der Post* und *Schwarzwaldmädel* und *Des Teufels General* und tranken Sprudel oder Limonade; eine Abwechslung, nach der ich mich unter der Woche sehnte, wenn ich daheim war, nur mit den Kleinen, dem Radio und am Abend meinen Geschwistern. Unterwegs kamen wir an Baustellen vorbei, überall bauten die Leute neue Häuser, mit Wasserklosetts, Badewannen und Zentralheizung, mit Schlafkammern, die man heizen konnte – keine Eisblumen an den Fenstern, keine kalten Decken in der Nacht. Und nie würde es in einer dieser Stuben nach Mist stinken. Manchmal wünschte ich mir, auch in so einem modernen Haus zu wohnen.

Meine Nase kitzelte, ich nieste. Löwenzahnsamen wirbelten durch die Luft wie weißer Regen und ich richtete mich auf, streckte mich und nieste noch einmal, fuhr mir durchs Haar, das trocken war und struppig vom Heustaub, und meine Beine juckten von Mückenstichen und mein Rücken schmerzte vom Bücken.

Über den Bergen zogen Wolken auf.

Ich putzte mir die Nase, wischte über meine Stirn, beugte

mich vor und rechte weiter, schneller jetzt. Wie damals, als ich mit schweren Einkaufstaschen vom Konsum heimgelaufen war und die Griffe in meine Finger schnitten und ich die Strecke in Abschnitte teilte, bis zum nächsten Wegkreuz, bis zur nächsten Steigung, bis zum Kiefernwäldchen am Ende der Straße würde ich durchhalten, so schaffte ich auch jetzt stoisch weiter, damit wir das Heu am Abend, wenn der Toni und der Rochus und der Hans aus der Fabrik kamen, einfahren konnten.

Kühler Wind strich über meine Haut.

Ich sah auf die Uhr. Daheim passte die Resi auf die Kleinen auf, doch sie musste noch Hausaufgaben machen, drum hatte ich versprochen, mich zu eilen, auch war das Nachtessen nicht bereitet und die Kühe wollten gemolken werden. Ich häufte Heu zu Haufen und schaute zum Himmel, die Wolken wurden dichter und die Luft kühlte ab, ich spürte, wie mein Puls schneller schlug, ein wütendes Pochen hinter meiner Stirn – konnte es um Himmels willen nicht einmal einen Tag trocken bleiben in diesem vermaledeiten Sommer?

Ich rechte die letzte Bahn zusammen, da fielen die ersten Tropfen.

Etwas schnürte mir den Hals zu. Meine Bewegungen wurden langsamer, bis ich still dastand, und Tränen liefen mir über die Wangen, leise erst, dann rannen sie, und ich ballte die Fäuste – wieder alle Mühe umsonst, alle Arbeit. Ich heulte auf.

Warum!? Warum!? Warum!?

Der Regen wurde dichter, rauschte herab wie ein nasser Vorhang, klatschte mir auf den Kopf, auf die Arme, ins Gesicht, mischte sich mit den Tränen, und ringsherum sackten die Heuhaufen zu Klumpen zusammen. Ich warf die Gabel fort, stampfte mit dem Fuß auf wie ein zorniges Kind und ließ mich zu Boden fallen, mit nasser Bluse, klatschnassem

Haar hockte ich dort, der Rock klebte mir an den Beinen und ich zitterte vor Wut und Erschöpfung – was für eine Ungerechtigkeit, mit der ein einziger Regenschauer die Mühsal von Tagen zunichtemachte.

Irgendwann sah ich auf, sah zum Himmel, mit einem Blick, finsterer wohl als jede Wolke dort droben. Ich zog die Nase hoch, rieb mir die Augen. Ich stand auf und zupfte Halme von meinen Beinen, nahm meine Heugabel, umfasste sie wie eine Waffe und stapfte los. Ich sah nicht zurück, nur nach vorn, und lief den matschigen Pfad hinab, durch Pfützen und Bäche, hinunter ins Tal und heim.

Beim Nachtessen saßen wir um den Küchentisch, auch die Liesel war gekommen, mit ihren Töchtern und dem neuen Baby; sie arbeitete nun nicht mehr in der Fabrik. Wir aßen Sauerkraut und Spätzle und ich kaute und sah zum Rochus, der Rochus, der Zimmermann war und davon träumte, ein Haus zu bauen. »Morgen schaust, ob wir in Schonach einen Bauplatz bekommen.«

Mein Bruder sah auf. Alle sahen auf.

»Was ist ein Bauplatz?«, fragte die Renate und balancierte Spätzle auf ihrem Löffel.

»Wir bauen ein Haus.« Ich schob den Teller beiseite, legte die Gabel auf die Wachstuchdecke, meine Stimme war klar und fest, alle Wut wie weggewischt. »Wir bauen ein Haus für uns Geschwister, mit Wasserklosett und Badewanne, mit Heizung und fließend warmem und kaltem Wasser.« Ich griff nach meinem Glas, trank einen Schluck.

»Wie soll das gehen?«, fragte der Toni, Fett glänzte auf seinen Lippen.

»Und das Kruttloch?«, fragte die Liesel, Augenbrauen wie Fragezeichen.

»Und die Berta und die Minna?«, fragte die Rosmarie, Schreck im Blick. »Die Weiden, das Heu, die Kartoffeln?«

»Ich mach's nicht mehr.« Nun pulste es doch wieder in meinem Bauch, als wäre der Groll kurz eingenickt und jetzt umso munterer. »Drei Mal hab ich Heu gewendet und jetzt ist's wieder verdorben. Mir reicht's mit der ewigen Plackerei! Und Geld bringt's auch kaum noch!«

Meine Geschwister sahen mich an. Keiner sagte etwas. Nur das Feuer im Herd prasselte und die Wanduhr tickte und das Baby blinzelte und gähnte.

Der Toni ließ seine Gabel sinken. »Wie soll das gehen?«, fragte er wieder, die Stirn in Falten. Der Erich schwieg, doch in seinem Gesicht meinte ich Zustimmung zu sehen. Die Augen vom Hans leuchteten, die Resi pulte einen Nietnagel von ihrem Daumen und schaute abwartend in die Runde.

»Wir haben den Bausparvertrag von der Mutter.« Ich sprach langsam und ruhig. Ich hatte alles genau durchdacht. »Wir bekommen Rente und Lohn.«

Die Resi sah auf. Ostern hatte sie die Schule beendet und war in die Fabrik gegangen, nicht einmal vierzehn Jahre alt.

»Mich werden sie auch anstellen.« Ich strich übers Wachstuch und im Radio sang Conny Froboess *Auch du hast dein Schicksal in der Hand*. »Rosmarie, gleich morgen fragst deinen Chef um eine Stelle für mich.«

Meine Schwester nickte, doch in ihrem Gesicht stand Skepsis. Ich wusste, das ging ihr alles viel zu schnell, doch ich beugte mich vor. »Wenn alle anpacken, können wir viel selbst machen, so machen es die anderen auch.« Meine Wangen glühten und ich trank noch einen Schluck Wasser. »Und wir werden einen Kredit aufnehmen.«

»Einen Kredit?« Der Toni, blass um die Nase.

Ich nickte. »Wir müssen nur zusammenhalten, dann schaffen wir es!«

Der Rochus stützte einen Arm auf, streckte sein Kinn vor und rieb mit den Fingern über seine Bartstoppeln. Er warf mir einen forschenden Blick zu, als versuchte er meine Gedanken zu lesen. Dann lächelte er und nickte und sagte zwischen zwei Gabelbissen: »Die Idee ist gut.«

1959

Nach Feierabend, wenn die Sonne sank und der Himmel zu schimmern begann, trafen wir uns am Fabriktor und liefen gemeinsam zur Hauptstraße hinauf, am *Schwanen* vorbei und an der Kirche, die Turntalstraße hinunter.

»Ha, die Spechte kommen.« Der Waidele-Nachbar stand auf seiner Leiter, in Arbeitshosen und Unterhemd, in der einen Hand hielt er einen Dachrinnenhalter, in der anderen einen Schraubenzieher. Wir lachten und er schob seine Schiebermütze zurück und schlug mit dem Schraubenzieher auf einen Ziegel, *tok-tok-tok*. Drüben im Obertal hatte der Rochus mit zwei Bauern um ein Grundstück verhandelt, doch man war sich nicht einig geworden, drum war ich zum Bachbauern-Hof gelaufen und die Therese und der Ferdinand Bender hatten uns für zweitausend Mark fünfhundert Quadratmeter Bauland an der Turntalstraße verkauft. Unsere neuen Nachbarn hämmerten und spachtelten alle, sie sägten und mauerten, das einzige Haus, das fertig war, war das Gasthaus auf der anderen Straßenseite, doch auf keiner Baustelle hämmerten und klopften so viele, drum nannten sie uns »die Spechte«.

Ich krempelte meine rauen blauen Hosen hoch und lief zu dem Stapel mit den neu gelieferten Zementsäcken, ich zog und ruckelte und zerrte am obersten Sack, bis er mir schwer in die Arme sank, der Hans sah es und nahm ihn mir ab, trug ihn vor zu der Stelle, wo wir Schwestern den Mörtel anrührten. »Wie geht's deinen Schultern?«, fragte ich.

»Schon recht.« Er legte den Sack auf den Boden, stieß mit der Schaufelspitze ins Papier und riss es auf, es staubte und ich hustete und fuhr mir mit dem Handrücken über die Lippen. In der Mittagspause hatte mein kleiner Bruder allein alle Säcke vom Anhänger geladen, seine Schultern hatten geblutet, doch seine Augen glänzten, als er erzählte, dass die Lieferung endlich gekommen war.

Ich stieß mit der Schaufel in den Zement, warf eine Schippe voll auf den Boden, gab Sand dazu, etwas Wasser; einen Teil Zement, zwei Teile Sand, hatte der Rochus gesagt, er kannte sich aus. Der Toni lud Steine in einen Schubkarren und der Rochus strich über die Wand, die er am Abend zuvor gemauert hatte, er legte die Wasserwaage an und die Resi stand daneben, ich konnte nicht hören, was er zu ihr sagte, doch er sah zufrieden aus, zufrieden und sehr müde. Der Rochus wusste, wo wir die besten Steine bekamen und die günstigsten Dachziegel, er verhandelte mit dem Architekten, der Planung und Statik übernommen hatte, und oft saß er nachts noch in der Küche und rechnete Preise aus und schrieb Listen.

»Für eine Zentralheizung reicht unser Geld nicht, die kostet noch mal fünftausend Mark extra«, hatte er eines Nachts gesagt und seine rotgeränderten Augen gerieben. »Wir werden einen Ölofen in die Stube stellen.«

»Nur einen in die Stube?« Ein herber Geschmack in meinem Mund.

Er nickte. »In der Küche wärmt der Beistellherd.«

Ich griff nach den Zetteln, betrachtete die Zahlen.

»Aber wir werden eine Badewanne und ein Wasserklosett haben.« Mein Bruder schob den Stuhl zurück und streckte die Beine aus, das Gesicht grau vor Müdigkeit. Ich wusste, er hatte alles bedacht, alles versucht.

Eine lange Weile saßen wir schweigend da.

»Also keine Zentralheizung«, sagte ich schließlich und trank einen Schluck Wasser, um den herben Geschmack loszuwerden.

»Holst uns Bier?« Der Erich schabte mit einem Spachtel angetrockneten Mörtel von seiner Maurerkelle, ein blechernes Schrammen.

Ich ließ die Schaufel sinken und rieb meine Handballen. »Trägst du dafür den Mörtel ins Bad?«

Er grinste und legte das Werkzeug beiseite, nahm den vollen Eimer und brachte ihn zum Toni, der, sehr akkurat, die Außenwand vom Badezimmer mauerte. Ich wischte die Hände an den Hosen ab, fuhr mir durchs Haar und lief durch den Vorgarten, den es noch nicht gab. Es roch nach Spätsommer und feuchtem Zement, nach Sand und Kies, nach Steinen und Holz. Nebenan war bereits der Dachstuhl aufgerichtet, in ordentlichen Reihen lagen die Sparren auf den Pfetten, das Holz leuchtete rötlich, denn der Guldner-Nachbar hatte es mit Salzlösung imprägniert, damit es trocknete und kein Wurm hineinkroch und sich einrichtete. Auf den Wiesen dahinter grasten ein paar späte Kühe. Das Turntal war weit und von sanften Hügeln durchzogen, der Blick konnte wandern, das mochte ich. Ich freute mich auch auf die neuen Nachbarn, mit vielen hatte ich schon geschwätzt, einigen war ich zur Hand gegangen, man half einander, niemand hatte Geld, für alles die Handwerker zu bestellen.

»Na, Mädle, schaust deinen Spechten bei der Arbeit zu?« Der Waidele-Nachbar zog ein Regenfallrohr aus seinem Auto.

Ich hob eine Braue. »Sind nicht Biber die fleißigen Baumeister?« Er lachte und ich lief über die Straße.

Das Gasthaus war ein stattliches Gebäude mit ausladenden Balkonen voller Geranien, es lag an einem Hang und zwischen moosbewachsenen Felsen, Büschen und Fichten führte eine Treppe zur Terrasse hinauf. Oben angekommen schaute ich zurück, schaute hinab auf vier rohe Mauern, grad mal einen Meter hoch. In meinem Bauch kribbelte es. In Gedanken hängte ich bereits Vorhänge auf (Stores!), suchte Tapeten aus (geblümt!) und Kacheln (geflammt!). Ich rückte Möbel, arrangierte Grünpflanzen und hängte Bilder auf.

Lächelnd wandte ich mich um und betrat die Gaststube. »Tag.«

Hinterm Tresen richtete sich eine Frau auf, den Arm voller *Rothaus Pils* und gelber *Sinalco,* und hinter ihr fiel mit dumpfem Knall eine Kühlschranktür zu. »Ha, ein Specht!«

»Die nehm ich gleich mit.« Ich lachte und deutete auf die Flaschen.

»Langsam, gell. Die bringe ich erst mal auf die Terrasse.« Geübt ließ sie die Deckel von den Flaschen springen, stellte Gläser auf ein Tablett und lief hinaus. Ich sah mich um. Der Raum war nicht groß. An den Längsseiten standen Tische mit bunten Decken und Holzstühle mit gemusterten Sitzkissen, die Wände waren weiß getüncht, neben der Tür hing ein Bild von der Schlucht im Höllental. Schon vorm Krieg waren Sommerfrischler nach Schonach gekommen, hatten die saubere Luft genossen, die Landschaft, doch seit einigen Jahren kamen immer mehr Gäste, die meisten im Sommer, einige auch im Winter, die fuhren dann Ski. Immer mehr Gasthäuser im Ort richteten Fremdenzimmer ein.

Die Wirtin kam zurück, mit schmutzigen Gläsern und leeren Kaffeetassen auf ihrem Tablett. Sie trug eine weiße Bluse, eine weiße Schürze überm Rock und flache Schuhe, ihr dunkles Haar war kurz geschnitten, sie sah adrett aus und bewegte sich mit einer Sicherheit, als habe sie in ihrem Leben nie etwas anderes getan. Dabei gab es den Gasthof noch nicht lange. »Wie viel *Tannenzäpfle* sollen's denn sein?«

Ich überlegte kurz und sagte: »Vier, bitte.«

Sie bückte sich und öffnete die Kühlschranktür.

»Ach, und bitte auch eine Flasche Sprudel.« Meine Schwestern und ich tranken kein Bier.

Sie stellte die Flaschen auf den Tresen und in der Wärme beschlug das Glas, feine Tropfen rannen über die bunten Etiketten mit dem rotwangigen Schwarzwald-Mädle mit dem stilisierten Bollenhut. Sie griff nach einem Tuch. »Wie viele seid ihr da drüben eigentlich?«

Ich schmunzelte und holte Luft. »Also, da sind der Toni, der Rochus, die Rosmarie und ich ...« Ich sah ihre Mundwinkel zucken, ein Blitzen in ihren Augen. »Außerdem der Hans, der Erich und die Resi.«

Sie schob mir die Flaschen hin und wischte über den Tresen. »Ich hab mich schon gewundert, dass immer jemand andres kommt, und immer ist's für die Eberls.«

»Wir sind neun Geschwister.« Ich legte drei Markstücke und ein Fünfzigpfennigstück auf den Tresen.

»Und du bist die Älteste?«

Ich schüttelte den Kopf. »Ich bin genau in der Mitte und grad einundzwanzig geworden.«

»Volljährig also.« Sie nahm das Geld und zählte es in die Kasse. Ich nickte; ich schätzte sie selbst höchstens drei, vier Jahre älter, doch sie hatte bereits einen kleinen Sohn.

Ich griff nach den Flaschen.

»Wart, ich geb dir eine Tasche.« Sie verschwand in der Küche und kam gleich darauf mit einem roten Einkaufsnetz aus Nylon zurück. »Hier. Kannst es mir ja beim nächsten Mal wieder mitbringen.«

»Das ist nett, danke.« Sie hielt das Netz auf und ich packte Sprudel und Bierflaschen hinein, sie klirrten, als ich an den Tischen vorbeilief, am Bild von der Schlucht im Höllental. An der Tür drehte ich mich noch einmal um. »Ade!«

Sie winkte, dann griff sie ein Glas vom Tablett und stülpte es über die Flaschenbürste in der Spüle.

Meine Brüder mauerten, bis es dunkel wurde und selbst der Rochus die Anzeige der Wasserwaage nicht mehr sah. Wir säuberten das Werkzeug und verstauten es, der Toni stieg auf sein Moped, wir anderen liefen müde und schweigend unter einem dunklen Neumondhimmel ins Kruttloch; daheim hatte die Rosmarie das Nachtessen bereitet.

Anderntags in der Früh erwachte ich mit schmerzenden Gliedern, kroch erschöpft unter der Decke hervor, weckte die Resi und die Rosmarie, stieg in meine Kleider und hinab in die Küche, wusch das Gesicht, putzte die Zähne, kämmte die Haare. Der Erich hatte bereits den Herd angefeuert, der Wasserkessel knackte und knisterte. Ich schaltete das Radio an.

Vor 25 000 Heimatvertriebenen sprach sich der Regierende Bürgermeister der Stadt Berlin (West), Willy Brandt, auf dem »Tag der Heimat« dafür aus, das Recht auf Heimat in friedlicher Verständigung mit den polnischen Nachbarn zu suchen …

Mein Bruder goss Tee auf und eine Kanne Malzkaffee, ich stellte Milch, Brot, Butter, ein Glas mit Marmelade auf den Tisch und setzte mich ans Fenster und rieb mir die Augen und dachte an die Berta und die Minna, die wir schließlich auch an den Viehhändler verkauft hatten.

Gegen halb sieben liefen der Hans, die Resi, die Rosmarie und ich den Pfad zur Straße hinunter und warteten auf den Fabrik-Bus. Seit einem Jahr nietete ich Gestelle für Kuckucksuhren, es war saubere Arbeit, die nötigen Handgriffe hatte ich schnell gelernt und die Meister und die Kolleginnen waren nett, vor allem die Ingeborg an der Nietmaschine nebendran mochte ich, sie kam aus Sachsen und war noch nicht lange in Schonach, sie hatte Abitur gemacht und wir sprachen über Bücher, die sie las, und über Politik und Astronomie, darüber hatte ich einiges im Radio gehört; inzwischen bereute ich, dass ich nicht aufs Gymnasium gegangen war.

In der Mittagspause vesperten wir und manchmal kam auch der Hermann dazu, der Hermann, der in der Halle an den Maschinen stand und sich mit der Rosmarie angefreundet hatte, der rabenschwarzes Haar hatte und dunkle Haut, beinahe sah er aus, als käme er von der anderen Seite der Alpen, aus Italien oder einem anderen südlichen Land. Um halb sieben schließlich, wenn die Glocke zum Feierabend schlug, trafen wir uns vorm Fabriktor, und während die Sonne sank, liefen wir wieder zur Hauptstraße hinauf, am *Schwanen* vorbei und der Kirche, die Turntalstraße hinunter zur Baustelle.

Es war bereits Winter, als der Rochus sich daranmachte, den Dachstuhl zu zimmern. Auf den Hügeln und Wiesen lag Schnee und er kletterte die Sparren hinauf zum First, behände wie ein Wiesel, nagelte Dachlatten fest und zog eine Zwischendecke ein, imprägnierte das Holz mit Salzlösung, dass es trocknete und kein Wurm hineinkroch und sich einrichtete, und seine Hände wurden rau und schrumpelig von der Kälte und den Chemikalien. Als der Dachstuhl aufgerichtet war, stieg er noch einmal auf den First, diesmal stellte er einen Richtbaum auf und bat Gott um seinen Segen, dann trank er einen Schnaps und warf das Glas vom Dach, es zersprang und wir klatschten, denn das war ein gutes Omen.

Im Frühjahr, als der Schnee schmolz und Bäche durch Wiesen und Weiden mäanderten und hellgrüne Halme sich durch den Matsch ans Licht bohrten, deckten meine Brüder und der Hermann das Dach. Der Toni mauerte einen Schornstein, sehr akkurat; der Schornsteinfegermeister nahm ihn, ohne zu zögern, ab.

Im Sommer, als die Sonne hoch stand und in den Tälern ringsum die Ernte begann, wurden die Fenster eingebaut und die Türen. Eines Nachts kam der Rochus an mein Bett. Ich hatte noch nicht geschlafen und knipste die Lampe an und richtete mich auf. Er setzte sich auf den Rand der Matratze, Zettel in der Hand, blass im Gesicht, ganz mutlos sah er aus und ich erschrak, so hatte ich ihn noch nicht gesehen.

»Ich weiß nicht, wie wir's schaffen sollen«, flüsterte er, um die Resi und die Rosmarie nicht zu wecken, und ließ die Papiere zu Boden sinken. Mit beiden Händen fuhr er sich durchs Gesicht, durchs Haar, und eine unsichtbare Welle schwappte herüber und drohte mich zu überspülen.

»Warum?«, fragte ich leise und stopfte mir ein Kissen in den Rücken.

Der Rochus seufzte. Die Spitze seines Zeigefingers war schwarz vom Bleistiftspitzen und er roch nach Zigarettenqualm. »Wir müssen den Fensterbauer bezahlen, den Schreiner, den Elektriker, den Installateur, den Maler und den Fußbodenleger.«

»Das haben wir doch schon besprochen und durchgerechnet.«

»Die Fenster und Türen werden teurer.«

Ich stemmte mich gegen die Welle.

»Der Architekt wartet mit seiner nächsten Rechnung, ich hab mit ihm gesprochen. Aber im Moment reicht das Geld nicht für den Installateur.«

Keine Badewanne? Keine Toilette?

»Können wir nicht auf den Maler verzichten? Oder den Fußboden selbst legen?« Die Resi brummte und drehte sich um und ich verstummte. Reglos warteten wir, bis ihr Atem wieder gleichmäßig ging, doch er blieb sacht, wie Schmetterlingsschwingen. »Dann verzichten wir halt auf die Vorhänge«, wisperte ich, »oder wir bestellen die Kacheln später, was weiß ich, es muss doch eine Möglichkeit geben.«

Der Rochus schwieg. Der Rochus, der sonst immer eine Lösung wusste. Wieder stemmte ich mich gegen die Welle, schlug stumm ein Kreuz. Mein Bruder beugte sich vor, stützte die Ellenbogen auf die Knie und verbarg sein Gesicht in den Händen.

»Der Neininger ...«, sagte er schließlich, seine Stimme gedämpft und kaum zu hören, »der Neininger meint, wir schaffen's nicht.«

Ich holte Luft. »Warst in der Wirtschaft?«

Er nickte.

Ich zog die Decke höher und verschränkte die Arme vor der Brust. »Das ist Stammtischgerede. Der Neininger ist einer, der alles besser weiß und sich gern reden hört, aber er weiß gar nicht, worüber er schwätzt. Der hat überhaupt keine Ahnung!«

»Psst.« Der Rochus hob den Kopf und legte den Zeigefinger auf die Lippen. Ich sah zur Resi hinüber, zur Rosmarie; beide schliefen.

»Weißt was?« Ich beugte mich vor und legte eine Hand auf seinen Arm. »Jetzt erst recht«, zischte ich. »Wir werden doch wegen so einem Schwätzer nicht aufgeben!«

Mein Bruder sah mich an, mit einem dieser forschenden Blicke, und ich wusste, diesmal versuchte er zu ergründen, woher ich den Mut nahm.

Ich zuckte mit den Schultern. »Wir haben schon so viel geschafft.«

Er nickte.

»Denk einfach dran, was unser Vater immer gesagt hat.«

Der Rochus nickte wieder.

Und lächelte.

1960

Auf dem Gang roch es nach Karbol, das Linoleum glänzte feucht und jemand rief nach dem Doktor. »Die Rosmarie hat gestern das Geschirr eingepackt«, sagte die Resi und steuerte auf zwei Stühle neben einem Blumentischchen zu. Wir setzten uns und ich streckte meinen Fuß aus; am Nachmittag hatte die Oberschwester ihn neu verbunden.

»Ist jetzt alles in Kartons?«

Sie nickte und rückte eine Grünlilie beiseite.

»Habt ihr auch aussortiert? Manches, was wir nach dem Brand bekommen haben, taugt einfach nicht mehr.« Neben der Lilie lag eine *Constanze,* auf dem Titel eine junge Frau mit lippenstiftrotem Mund, darunter stand *Taschendiebe lieben Frauen – So lebt und kocht die Hausfrau im Zelt – Werden Sie von Männern begehrt?* Ich blätterte durch die Seiten.

»Das sagt die Liesel auch.«

Jemand hatte das Preisausschreiben herausgerissen, und weil ich nicht wissen wollte, ob ich von Männern begehrt wurde, legte ich die Zeitschrift wieder auf den Tisch. »Was?«

»Dass manche Laken nicht mehr taugen und sie sie auch nicht mehr flicken kann.«

»Wenn die Liesel etwas nicht flicken kann, kann es niemand.«

Die Resi lachte und schüttelte den Kopf. Hübsch sieht sie

aus, dachte ich, sie hatte ihr Haar schneiden lassen, trug es nun kurz und mit einem Pony.

»Wir sollten auch die Spinde zurückgeben.« Ich rieb meinen Fuß und dachte an den Mann vom Forstamt, der sie kurz nach dem Brand den Pfad zum Kruttloch hinaufgeschleppt hatte. Am selben Abend hatte der Vater Nägel in die kahlen Wände geschlagen, damit wir unsere wenigen Hemden und Jacken aufhängen konnten. »Rufst du auf dem Forstamt an?«

Die Resi nickte. Eine Schwester schob einen Wagen mit Essen den Gang hinunter, seine Gummireifen quietschten auf dem Boden, genau wie ihre Schuhe, es roch nach Leberwurst, Vanillepudding und Pfefferminztee. »Soll ich noch etwas erledigen?«

Ich zog einen Zettel aus der Tasche. »Hängen die Lampen in der Stube und den Schlafkammern schon?«

»Der Erich hat sie aufgehängt.«

»Sind auch genügend Glühbirnen da?«

Die Resi nickte wieder und legte ihre Hand auf meinen Arm. »Mach dir keine Sorgen. Sieh lieber zu, dass das Ekzem endlich heilt. Was sagt der Doktor?«

»Ich werd noch vorm Wochenende entlassen.«

»Dann wird doch alles gut.«

Ich ließ den Zettel sinken und seufzte. »Und die Hochzeit?«

»Mach dir keine Sorgen, die Anni und ihre Mutter kümmern sich um alles.« Die Anni, mit der der Rochus seit dem Sommer befreundet war, die aus Yach kam und schon einmal geheiratet hatte, einen Mann aus Prechtal, doch bald nach der Hochzeit war er verunglückt und hatte sie zur Witfrau gemacht und die kleine Tochter zur Halbwaise.

Ich faltete den Zettel und schob ihn in die Tasche.

Die Resi sah auf ihre Uhr. »Morgen wird die Rosmarie dich besuchen.« Sie stand auf und reichte mir ihren Arm.

Ich schüttelte den Kopf. »Und du – läufst noch zur Baustelle?«

»Der Rochus sagt, heut bin ich ihm keine Hilfe. Der Hans und er tapezieren nur noch die letzte Schlafkammer.« Sie schlüpfte in ihren Mantel und band ein Kopftuch um. Ich blieb sitzen und sah ihr nach, wie sie mit leichtem Schritt den Gang hinunterlief. Ein junger Pfleger rief ihr etwas zu und sie lachte und ich runzelte die Stirn; dann lächelte ich über mich selbst, stand auf und humpelte zurück ins Krankenzimmer.

Drei Tage später kam ich heim. Überall stapelten sich Kartons und Kisten, Lattenroste lehnten an den Wänden und Bretter, meine Geschwister hatten alle Möbel auseinandergebaut, sogar die Betten, die letzte Nacht würden wir auf dem Boden schlafen. Das ganze Haus wirkte seltsam fremd. Noch einmal lief ich durch die Kammern, stieg hinauf zur Heubühne und schaute ins Tal; ein Tal, das eher eine Spalte zwischen zwei Felsen war, zu beiden Seiten von Wäldern umschlossen, trübes Nachmittagslicht troff von den Hängen und über der Wiese lag Dunst.

Ich dachte an die Mutter.

An den Vater.

Am Ufer der Elz, wo er vor sieben Jahren verunglückt war, stand nun ein Bildstöckli, ein Stein mit einer Gedenktafel, ein frommer alter Brauch. Leise sprach ich ein Gebet und nahm Abschied.

Anderntags, am 5. November 1960, zogen wir um.

Blauer Himmel stand überm Turntal, als wir mit dem Umzugswagen vorm Haus hielten. Die neuen Dachziegel leuchteten in der Sonne, sie funkelten, als freuten sie sich, dass wir endlich kämen, und ich lachte und mein Herz machte einen Sprung. Wir stiegen über Steine und liefen um Sandhaufen, überall stapelte sich Schutt und die Außenwände waren roh und unverputzt, ich dachte an ein Kind, das frisch gebadet, aber nicht angezogen worden war, doch es störte mich nicht, nach und nach würden wir alles richten.

Der Rochus lief vorweg und sperrte die Haustür auf. Im Windfang lag Estrich, dahinter hatten meine Brüder braune Fliesen verlegt. Unsere Schritte hallten in dem leeren Gang, es roch nach Zement und Mörtel, nach Farbe und Kleister, und ich sog den Geruch ein wie einen kostbaren Duft. Vor einer Tür blieb ich stehen. Als ich meine Hand auf die Türklinke legte, zitterten meine Finger ein wenig.

Ich öffnete und trat in die Stube.

Auf dem Boden lag helles Linoleum, glatt wie Seide. Die Decke und drei Wände waren frisch geweißelt, die vierte Wand hatten meine Brüder mit Tapete beklebt; meine Schwestern und ich hatten uns schließlich für ein Blumenmuster entschieden.

Der Mund stand mir offen vor Staunen und Glück.

In der Küche glänzte eine Spüle aus Edelstahl und ein Kühlschrank brummte – ein mannshoher weißer Kühlschrank mit abgerundeten Ecken und einem chromfarbenen Hebel, ich zog daran und öffnete die Tür und innen leuchtete eine Lampe auf, beleuchtete die vielen leeren Fächer. *Werte bewahren – Kühlen heißt sparen!* hatte auf einem Reklameschild im Elektrowarengeschäft gestanden. Nie mehr würde ich Milch im Brunnentrog kühlen oder verschimmelte Lebensmittel fortwerfen!

Im Bad stand eine Badewanne mit einer Handbrause, an der Wand hing ein Boiler, überm Waschbecken ein Spiegel und die Resi trat davor, drehte sich und richtete ihr Haar, dann öffnete sie den Wasserhahn und wusch sich die Hände, während ich sanft über die blau geflammten Kacheln an den Wänden strich.

Doch das Beste war das Wasserklosett.

»Erster!«, witzelte der Rochus und hockte sich auf die

Porzellanschüssel. Wir lachten und der Hans und der Erich drängten ihn beiseite, sie balgten sich wie Welpen; und tatsächlich fanden wir unsere Brüder, wenn wir sie in den kommenden Wochen suchten, oft auf dem Klosett, und auch wir Schwestern waren glücklich, dass kein eisiger Wind mehr durch die Ritzen pfiff, sich keine Spinnen über unseren Köpfen abseilten, kein Gestank in der Nase biss.

Bis zum Nachmittag trugen wir Kisten und Kartons ins Haus, schleppten Bretter, Lattenroste und Matratzen in den ersten Stock, bauten Schränke und schraubten Betten zusammen; ich bezog eine Schlafkammer mit der Rosmarie, nebenan schlief die Resi, der Toni zog mit dem Hans und dem Erich unters Dach, der Rochus würde nach der Hochzeit mit seiner Frau im zweiten Stock wohnen. Wir trugen die neuen Polstersessel und die Velours-Couch mit den Eichenfüßen in die Stube und den Tisch und die Bank, die der Toni und der Rochus fürs Kruttloch gekauft hatten, in die Küche. Die Rosmarie packte Wäsche aus, die Resi räumte Geschirr in den Schrank und ich schloss das Radio an, arrangierte Grünpflanzen auf der Fensterbank und hängte Bilder auf. Die Schritte auf dem Linoleum klangen ungewohnt, hell und kalt; eines Tages würden wir auch einen Teppich kaufen.

Am Abend, die Rosmarie kochte Suppe auf dem neuen Herd, lief ich mit dem Rochus hinaus. Der Himmel war schwarz und sternenklar und die Luft brannte in den Lungen. Wir liefen vor zur Straße, dort blieben wir stehen und betrachteten unser Haus.

Eine Zeit lang war Schweigen. Stumm dankte ich Gott, dass er mir die Kraft für all das gegeben hatte.

Als der Rochus sich die Hände rieb, stieß ich ihn sanft in die Rippen. »Wir haben's geschafft.«

»Ja.« Er legte einen Arm um meine Schultern, zog mich

an sich. »Ja, Anni, das haben wir.« Seine Stimme leicht und heiter, wie Stromschnellen in einem Bach.

Auf der anderen Straßenseite stieg eine Gestalt die Treppe vom Gasthaus herunter, ein Mann mit einem Hund. Beide blieben kurz stehen und der Mann sah zu uns herüber. Er trug einen Lodenmantel und einen Hut, die Krempe verdeckte sein Gesicht. »Ha ja!«

Der Rochus ließ seinen Arm sinken.

»Seid ihr eingezogen?« Der Neininger zerrte seinen Hund hinter sich her. Er schob den Hut zurück, legte den Kopf in den Nacken und ließ seinen Blick über die rohe Fassade wandern, die brennenden Lichter hinter den Fenstern. Ein schmaler Mond beleuchtete seine groben Züge.

»Ja, wir sind eingezogen«, sagte ich. »Das hätten Sie nicht gedacht, gell?«

Der Rochus räusperte sich. Der Spaniel schnupperte im Rinnstein.

»Ich?« Der Neininger lachte und eine Atemwolke stob aus seinem Mund und hing in der kalten Luft. »Ich hab immer gewusst, dass ihr's schafft!«

Dem Rochus fiel der Kinnladen herunter.

Nach dem Nachtessen öffnete ich den neuen Kühlschrank und nahm eine Flasche Wein heraus, die ich am Vortag in einem Geschäft in der Nähe vom Krankenhaus gekauft hatte. Der Hans öffnete sie und die Resi kramte Gläser aus einer Kiste, Gläser, in denen einmal Senf gewesen war und die ich gesammelt hatte, und wir stießen an.

Auf unser Haus.

Auf die Eltern.

Auf uns.

Zwei Wochen später heirateten der Rochus und die Anni, und zum Fest kam auch die Hedwig mit ihrer Patin aus dem Unterland. Still und staunend lief unsere jüngste Schwester durchs Haus, durch alle Stockwerke bis unters Dach, sie öffnete Türen, strich über Tapeten, zog Vorhänge auf und wieder zu und setzte sich schließlich, immer noch wortlos und wie eine Fremde, die von weit her kam und über Sitten und Gebräuche der Einheimischen staunte, in der Stube in einen Polstersessel.

»Wie geht's dir?«, fragte ich. Sie nahm den Tee, den ich ihr reichte, tauchte einen Zuckerwürfel hinein und sah zu, wie er sich verfärbte.

»Gut«, sagte sie. »Es geht mir gut.«

Ich setzte mich aufs Sofa, griff nach einem Kissen. Ich sah das achtjährige Mädchen vor mir, das weinend und verlassen kurz nach Mutters Beisetzung fortgefahren war. Ab und zu hatten wir sie besucht, mal hatte die Rosmarie den Zug genommen, mal ich, mal war die Resi gefahren, mal einer von unseren Brüdern. Nun kehrte eine Vierzehnjährige zurück und saß still und mit runden Schultern da, das lange Haar zurückgebunden, die schmalen Lippen zusammengepresst, und hielt sich an ihrer Tasse fest.

»Du weißt, du kannst jederzeit heimkommen.« Ich zupfte einen Fussel vom Kissen.

Sie hob den Kopf und nickte, als wisse sie längst Bescheid. Ihr Blick wanderte über die Sessel, das Sofa, die Klivien, die Tapete, die Fotos an der Wand, bei dem der Mutter blieb er hängen und ich meinte, ein Zucken in ihrem Gesicht zu sehen.

»Du brauchst nur anzurufen und wir holen dich.« Ich fühlte mich unbehaglich.

Sie nickte wieder, der Pony fiel ihr ins Gesicht, verdeckte ihre Augen. Nach einer Weile sagte sie: »Ja.«

Es war, als stünde eine unsichtbare Mauer zwischen uns.

Zwei Tage später, als die Verwandtschaft zum Bahnhof aufbrach, umarmte ich meine Schwester. »Denk dran ...«

Weiter kam ich nicht, denn der Onkel fuchtelte mit seinem Gehstock und die Tante rief ungeduldig vom Gehsteig. Die Hedwig sprang los und lief ihnen hinterher.

Eine Woche später kam ein Brief. *Ich will heim* stand in flüchtigen Buchstaben auf einem Blatt Papier. Der Toni und meine Schwägerin Anni fuhren noch am selben Tag ins Unterland.

Doch die Tante wollte die Hedwig nicht gehenlassen.

Im Streit und mit nichts als dem, was sie am Leib trug, kehrte unsere Schwester schließlich nach Schonach zurück. Die Resi gab ihr Kleider, der Rochus baute ein Bett und ich lief zur Schule und sprach mit dem Rektor, denn selbst ihre Hefte und Schulbücher hatte die Hedwig zurücklassen müssen. Eine Weile schrieb die Tante böse Briefe, sie verleumdete uns beim Vormund, der bestellt wurde, doch wir hielten zusammen und gaben nicht nach.

Die Hedwig gehörte zu uns.

1961

Weißes Licht sickerte durch die Äste und die Spitzen der Fichten glänzten wie frisch geputzt. Die Luft war klar und still und das Wasser zitterte, als ich meinen Zeh hineintauchte. Drunten im Ort schlug die Kirchuhr sechs Mal.

Ich schauderte, zog den Fuß heraus und lief um den Beckenrand, die Steine unter meinen Sohlen kühl und trocken; bald würde jeder Schritt ein schmatzendes Geräusch machen, bald würde das Wasser nicht mehr zur Ruhe kommen und die Luft vibrieren von Stimmen und fremden Dialekten. Mit beiden Händen umfasste ich das Geländer und stieg hinab, nachtkühles Wasser leckte an meinen Beinen, meinem Rücken, kräuselte sich an meinem Bauch, eine Gänsehaut zog über meinen Körper und ich schloss die Augen und tauchte ein, ließ mich treiben und glitt hinab, sank bis fast auf den Grund und tat schließlich ein paar kräftige Züge zurück an die Oberfläche, holte Luft und schwamm mit ruhigen Bewegungen meine Bahnen. Kein einziger Gedanke im Kopf, nur das Geräusch der Wellen in den Ohren, das Rauschen des Wassers.

Zehn Minuten später stieg ich aus dem Schwimmbecken, hüllte mich in ein Handtuch und sah hinauf zu den Gästezimmern; noch waren alle Vorhänge geschlossen. Dann lief ich zur Treppe, nasse Fußabdrücke auf den Steinplatten hinterlassend, eilte die Stufen hinab und über die Straße.

Im Gang roch es nach Kaffee. Einen Moment blieb ich stehen, horchte auf Geräusche – oben war Stille. Ich öffnete die Küchentür; der Hans, die Resi und die Rosmarie saßen beim Frühstück.

»Schlafen sie noch?« Ich deutete Richtung Zimmerdecke und rieb mit dem Handtuch durch mein nasses Haar. Die Rosmarie nickte und strich Honig auf eine Scheibe Butterbrot, die Resi blätterte in der Zeitung.

»Wir haben gestern Abend Karten gespielt.« Der Hans erhob sich und trug seinen Teller zur Spüle. »Ich hab ihnen Cego beigebracht.« Auf der Ablage standen zwei unbenutzte Frühstücksgedecke.

»Kennt man das nicht im Norden?«

»Nein«, sagte mein Bruder, »und sie haben ziemlich oft verloren.«

Die Resi lachte und legte die Zeitung beiseite. »Aber es hat ihnen nichts ausgemacht, sie haben sich prächtig amüsiert.« Sie trank ihre Milch aus und wischte sich über die Lippen.

Die Hedwig kaute stumm.

»Ich geh mich schnell abbrausen.« Ich wickelte das Handtuch wie einen Turban um den Kopf. »Ist noch warmes Wasser im Boiler?«

»Sollte reichen«, sagte die Rosmarie und biss in ihr Brot.

»Dann bis heute Abend.« Ich schloss die Tür und lief leise in den ersten Stock, nahm einen Rock aus dem Schrank, eine kurzärmlige weiße Bluse, ein Paar Strümpfe. Unter der Brause hörte ich, wie die Haustür ins Schloss fiel, als meine Geschwister sich auf den Weg zur Fabrik machten.

»Ah, das Fräulein Anni«, rief der Oberleutnant, als ich eine halbe Stunde später in die Gaststube trat, und sprang auf; seine Frau, seine Tochter und seine Enkelin saßen am Tisch neben dem Fenster, sie kamen stets als Erste und gingen als Letzte, und wie jeden Morgen grinste mich die Kleine mit marmeladerotem Mund an.

»Was kann ich für Sie tun?« Ich nahm eine Schürze vom Haken hinterm Tresen.

»Meine Frau hätte gern noch Milch.«

»Ich bring Ihnen sofort ein Kännchen.«

Der Oberleutnant deutete eine Verbeugung an; er war längst nicht mehr im Dienst, doch seit der Chef ihn und seine Familie vor einer Woche vom Bahnhof in Triberg abgeholt hatte, war kein Tag vergangen, an dem er nicht von Feldzügen erzählt hatte, von Auszeichnungen und Ehrungen, die er im Krieg erkämpft hatte.

»Guten Morgen.« In der Küche stand die Chefin neben der Anrichte und richtete Brotkörbchen, ihre Wangen waren gerötet, das dunkle Haar lag feucht am Kopf, als sie aufsah.

»Morgen.« Sie zählte Schnittbrot ab und Zwiebackscheiben, stellte ein Körbchen auf ein Tablett, auf dem bereits ein Teller mit Aufschnitt und gekochten Eiern stand, mit der anderen Hand griff sie nach den Schachteln mit den Teebeuteln. Ich öffnete den Kühlschrank. Zu Fasnacht hatte sie gefragt, ob ich ihr im Gasthaus aushelfen würde; kurzerhand hatte ich in der Fabrik gekündigt und dem Meister versprochen, zum Ende der Saison im Herbst zurückzukehren.

Der Wasserkessel pfiff und die Chefin nahm einen Topflappen, zog den Verschluss von der Tülle. Dann wandte sie sich unvermittelt um, ließ die Arme sinken. »Er hat's schon wieder getan.«

»Nein.« Ich hielt inne, die kalte Milchkanne in den Händen.

»Eins von den Erpenbeck-Kindern hat ihn gesehen und gerufen ›Mama, da schwimmt ein nackiger Mann!‹.«

»Heiliger Vater …« Die Erpenbecks kamen aus Osnabrück und hatten Stimmen wie Sirenen, ich konnte mir vorstellen, wie sie durchs Haus gegellt waren. Der Oberleutnant badete in der Früh nämlich gern ohne Badehose; vor zwei Tagen hatte ich grad noch hinter einen Busch huschen können, als er, wie der Herr ihn geschaffen hatte, aus dem Wasser stieg. Ich war nicht prüde, aber das war ungehörig.

»Was wollen Sie tun?«

Sie zuckte mit den Schultern. »So kann es nicht weitergehen.« Sie legte zwei Teebeutel mit Schwarztee und zwei mit Pfefferminztee auf eine Untertasse. Ihre Wangen leuchteten wie Hagebutten an einem verschneiten Strauch. »Man muss doch auch an die anderen Gäste denken.«

Ich nickte.

»Ich weiß bloß nicht, wie ich's ihm sagen soll.«

Sie sah mich an und nun zuckte ich mit den Schultern. Sie seufzte und nahm das Tablett, schnell stellte ich noch einen Salznapf neben die Eier, dann trat ich beiseite und hielt ihr die Tür auf. Aus der Gaststube hörte ich die sonore Stimme vom Oberleutnant, das helle Lachen seiner Enkelin, das gellende eines Erpenbecks. Die Erpenbecks würden nach dem Frühstück abreisen, heim nach Osnabrück, doch am frühen Nachmittag brachte der Reisebus neue Gäste; es blieb kaum Zeit, die Zimmer zu richten. Seit Wochen war das Gasthaus ausgebucht, inzwischen quartierte die Chefin sogar Urlauber in unserem Haus ein. Zurzeit wohnte Familie Hansen aus Schleswig-Holstein in einer Schlafkammer im ersten Stock; dass sie das Badezimmer mit uns teilten, störte sie nicht. Kommen Gäste, unkten die Leute im Ort, schlafen wir Einheimischen in der Badewanne. Doch ich hatte gern mit den Fremden zu tun, sie kamen aus Frankfurt, aus Hamburg, aus Berlin, aus Konstanz, Köln und Wuppertal – Städte, die ich nur vom Hörensagen kannte und über die ich viel erfuhr. Seit ein Herr aus Hannover gesagt hatte: »Sprich Hochdeutsch, Mädchen, ich verstehe ja kein Wort!«, sprach ich auch nach der Schrift, wie wir es in der Schule gelernt hatten.

Zu Mittag bereitete die Chefin falschen Hasen und Salzkartoffeln, als Nachtisch servierten wir ein Schälchen Vanillepudding mit einem Schokoladenkeks.

»Fräulein Anni?« Der Herr Hansen winkte.

»Ich komm sofort!« Grad servierte ich einem Ehepaar, das am Vortag aus Bielefeld angereist war, kalte Limonade und Bier, aus meiner Schürzentasche fischte ich einen Flaschenöffner. Der Mann strich mit kurzen dicken Fingern über das bunte Etikett mit dem rotwangigen Schwarzwald-Mädle.

»Trinkt man das hier?«

»*Tannenzäpfle*?« Ich nickte und schenkte ein. »Es gibt kein besseres, sagen meine Brüder. Wohl bekomm's!«

Das leere Tablett in der Hand, lief ich zu den Hansens.

Der Herr Hansen beugte sich über den Teller mit dem Schokoladenkeks und betrachtete ihn wie ein seltenes Tier. Seine Frau hielt sich die Serviette vor den Mund; sie trug dreiviertellange schmale Hosen, einen ärmellosen Pullover und flache Sandalen, ihr blondes Haar hatte sie seitlich gescheitelt und am Hinterkopf toupiert wie die Mannequins in der *Constanze*.

»Jetzt gucken Sie sich das mal an, Fräulein Anni.«

Ich schaute – und sah einen Keks.

Der Herr Hansen lehnte sich zurück, sein Nylonhemd spannte überm Bauch, seine Stirn war von der Sonne gerötet. Er wischte einen Fussel von seinen hellen Hosen und sah mich vorwurfsvoll an. »Der Keks ist kaputt.«

»Der Keks ist – kaputt?«

Die Frau Hansen kicherte hinter ihrer Serviette.

Ich beugte mich über den Teller.

»Hier …« Mit dem Löffel deutete er auf den gezackten

Rand. »Hier ist ein Stück abgebrochen.« Er sah mich an, als habe er mich erwischt, wie ich heimlich von Mutters Rahm naschte.

Seine Frau war puterrot im Gesicht.

»Verzeihung, mein Herr.« Ich deutete einen Knicks an, drehte auf dem Absatz um und lief in die Küche. Auf der Anrichte lag noch die Keksrolle und ich drapierte eine Serviette auf einem Frühstücksteller und legte einen Kekskrümel in die Mitte.

»Bitte sehr, mein Herr.« Mit ungerührtem Gesicht stellte ich den Teller auf den Tisch und knickste, tief und ehrerbietig. »Bitte entschuldigen Sie vielmals. Die Leitung des Hauses ist untröstlich.«

Dann prusteten wir los.

Später, als sich die Gäste in die Liegestühle im Garten zurückzogen, Schäfchenwolken zuschauten, Schmetterlingen und Spatzen, den Feen und Trollen im Unterholz, als sie der Stille lauschten und dem Zittern des Wassers, setzten die Chefin und ich uns in die Gaststube und tranken eine Tasse Filterkaffee.

»Wie läuft's auf eurer Baustelle?« Sie träufelte Sahne in ihre Tasse und ich sah zu, wie sich der Kaffee verfärbte.

»Ganz gut.« Meine Brüder und der Hermann hatten die Außenwände verputzt, der Mann von der Chefin hatte auch geholfen, er war ein Alleskönner, sogar der Rochus staunte über sein Geschick. »Nun geht's im Keller weiter. Die Rosmarie und der Hermann richten sich eine Wohnung ein.«

»Sie heiraten?«

Ich nickte und knabberte an einem Keks, der übriggeblieben war. »Und sie wollen eine Waschmaschine kaufen.«

»Eine halbautomatische oder eine vollautomatische?«

»Eine vollautomatische *Constructa,* die wäscht, spült und schleudert. Und wir dürfen sie mitbenutzen! Der Hermann sagt, er kann's nicht mehr mit ansehen, wie wir alle Wäsche von Hand waschen.«

»Eine Waschmaschine ist eine große Erleichterung.« Mit dem Daumennagel kehrte sie ein paar Kekskrümel zu einem Häufchen.

Ich leckte Schokolade von meinem Finger. »Haben sich die Bauarbeiten hier eigentlich auch so lange hingezogen?«

Sie rollte mit den Augen und strich über den Rand ihrer Tasse. Die Sonne blendete und ich stand auf und zog die Gardine zu. Ich kratzte mich an der Wade; am Sonntag, als ich mit der Rosmarie und dem Hermann und der Resi durchs Turntal und hinaus zum Blindensee spaziert war, hatte mich eine Bremse gestochen. Im Radio sagte der Nachrichtensprecher, dass die Arbeitslosenquote auf unter ein Prozent gesunken sei.

»Was schaust so forschend?«

Ich senkte den Blick und lächelte. »Ich hab mich grad gefragt, warum Sie eigentlich ausgerechnet in Schonach ein Gasthaus eröffnet haben.«

Sie lachte. Sie war keine, die um die Dinge herumredete, dennoch genierte ich mich ein wenig, immerhin war sie meine Chefin. Ruhig rührte sie in ihrer Tasse, nahm einen Schluck und sah aus dem Fenster. »Ich hatte Asthma. Mein Arzt schickte mich zur Erholung in den Schwarzwald, in einen Ort, nicht weit von hier. Zuerst wollte man mich dort gar nicht aufnehmen, es hieß, ich sterbe sowieso, so wie ich huste. Doch ich hab mich erholt, und weil mir die Luft hier so gutgetan hat, haben mein Mann und ich beschlossen, uns im Schwarzwald niederzulassen.« Nun wanderte ihr Blick durch die Gaststube, über die Tische, die weißen Wände, das Bild von der Schlucht im Höllental. »Dann starb der Vater und mit dem Erbe haben wir dieses Gasthaus gebaut.«

Draußen sprang jemand in den Swimmingpool, Wasser

spritzte, Kinder lachten und der Hund von den Gästen aus Bielefeld kläffte. »Es war eine gute Entscheidung. Die Löhne steigen und immer mehr Leute verreisen. Neulich stand in der Zeitung, dass die Hälfte aller Deutschen in den Urlaub fährt. Einige fahren nach Österreich, in die Schweiz oder zum Camping nach Italien, ein paar fliegen sogar nach Mallorca oder Teneriffa, aber die meisten bleiben in Deutschland. Sie machen Ferien an der See und in den Bergen, und mit den neuen Autoreisezügen kann man die Strecken sogar recht komfortabel zurücklegen.«

»Die Hansens sind auch mit so einem Zug gekommen.« Ich zupfte ein paar alte Blüten von den Usambaraveilchen auf der Fensterbank. »Ich würd auch gern mal nach Österreich fahren oder in die Schweiz. Ich würd gern mal die Alpen sehen.«

»Dann musst sparen, Mädle.«

»Das tue ich, aber noch stecken wir viel Geld ins Haus. Als Nächstes wollen wir einen Teppich für die Stube kaufen und einen Staubsauger.«

Draußen fauchte eine Katze und Schritte knirschten im Kies. Eine Tür flog auf. »Mama!« Der kleine Martin riss sich von der Hand seiner Großmutter, sein weißes Hemd leuchtete im frühen Nachmittagslicht und sein frisch gewaschenes Haar wehte, als er auf seine Mutter zustürzte. Sie umarmte ihn und zog ihn auf ihren Schoß.

»Tante Anni!«, krähte der Bub und streckte seine Hand nach mir aus. Ich drückte sie. Atemlos erzählte er vom Bender-Bauern, der sie auf dem Heimweg von der Heißmangel in seiner Kutsche mitgenommen hatte, jener Kutsche, in der er einst die Therese und mich, als ich noch Hütemädle war, am Wochenende ausgefahren hatte. Im Radio begann eine Sendung mit Musik aus Amerika, laut und wild, und ich stand auf und suchte einen anderen Sender. Die Chefin spuckte auf ihren Schürzenzipfel und fuhr ihrem Sohn über die Wangen. Er zappelte und bog den Kopf. Sie lachte und sah zu mir herüber. »Willst auch mal Kinder haben, Anni?«

»Freilich, wenn es an der Zeit ist.« Ich schenkte den Rest Kaffee ein. »Aber nicht so viele wie die Mutter. Bei neun Kindern bleibt wenig Zeit für ein bisschen Vergnügen.«

Sie nickte.

»Der Rochus denkt genauso. Er hat den Michael und die Johanna, seine Stieftochter, und so ist es gut, sagt er, mehr Kinder will er nicht.«

Sie trank einen Schluck und sah mich über den Rand ihrer Tasse hinweg an. »Hast dir auch schon einen Mann ausgesucht?«

Ich schüttelte den Kopf. Wenn ich mit der Rosmarie und dem Hermann und der Resi tanzen ging, zur Kirchweih oder zu Fasnacht, zu Pfingsten oder am 1. Mai, hatte sich schon mal eine Schwärmerei ergeben, doch nie etwas Ernstes, und als der Gerichtsassessor mir vor einer Weile einen Heiratsantrag gemacht hatte, hatte ich abgelehnt; er war mir viel zu alt.

»Wie alt bist jetzt?«

»Dreiundzwanzig.«

Sie bedachte mich mit einem Blick, den ich noch nie an ihr gesehen hatte. Der Bub lutschte an einem Zuckerstück und im Radio sang Caterina Valente.

»Ich hab den Richtigen eben noch nicht gefunden.« Ich strich eine Strähne hinters Ohr, wischte unsichtbare Krümel vom Tisch und zuckte mit den Schultern; schließlich sorgte ich für meine Geschwister, der Erich war noch minderjährig, die Resi auch, die Hedwig grad mal vierzehn. Ich hatte die Landwirtschaft aufgegeben und wir hatten ein modernes Haus gebaut, ich hatte Arbeit im Gasthaus und im Winter würde ich wieder in die Fabrik gehen – ich war zufrieden, auch wenn ich wusste, dass ich nicht für immer in der Fabrik bleiben wollte. Wieder zuckte ich mit den Schultern. »Wenn, muss es doch der Mann fürs Leben sein, oder?«

Sie nickte und sagte leise »Ja«, wie zu sich selbst.

Ich trank aus, knüllte die leere Kekspackung zusammen, stand auf und zog den Vorhang zur Seite. »Und wenn ich keinen Mann fürs Leben finden sollte, werde ich Kinderdorfmutter.« In einer Sendung über SOS-Kinderdörfer hatte eine Frau gesagt, wer Kinder möge, könne ihnen viel geben, auch wenn er sie nicht selbst geboren habe. Genauso dachte ich auch.

In ihrem Blick lagen nun Staunen und leiser Respekt und sie setzte ihren Bub auf den Stuhl neben sich, löste die Bänder ihrer Schürze und band eine neue Schleife. Ich nahm unsere Tassen und trug sie in die Küche.

Am Abend, als der Speiseraum sich mit Stimmen füllte und die Luft vor lauter fremden Dialekten zu vibrieren begann, als der Oberleutnant wieder mit Frau und Tochter und Enkelin am Tisch am Fenster saß, eine Zigarette anzündete und Cognac bestellte und Eierlikör für die Damen, als der Herr Hansen ein Omelett mit Pilzen aß und seine Frau bewunderte, die wieder aussah wie ein Mannequin, ein ärmelloses rotes Kleid mit Tupfen und einem breiten Gürtel trug, dazu schwarze Schuhe mit Pfennigabsätzen, als die neuen Gäste keine Limonade, sondern nur *Tannenzäpfle* bestellten, lief ich zwischen den Tischen hin und her, servierte Essen, brachte Getränke, scherzte und lachte, während ein verwöhntes Gör, das jeden Abend Omelett essen wollte, nur heute, als wir welches auf der Karte hatten, auf gar keinen Fall, so lang und laut heulte, bis die Chefin ihm ein belegtes Brot brachte.

In einem flüchtigen Moment in der Küche zupfte sie mich am Ärmel. »Ich hab übrigens mit seiner Frau gesprochen.«

»Seiner Frau?«

»Mit der Frau vom Oberleutnant.«
Ich stellte mein Tablett ab. »Nein!«
»Sie hat gesagt, sie wird es ihm verbieten.«
Ich kicherte.
»So, wie sie es sagte, sollte das Problem gelöst sein.«

1966

Posaunen und Trompeten schepperten, Trommeln wirbelten und vertrieben böse Geister und die Luft war feucht vom Schweiß der Tanzenden und der vielen, die zur Guggenmusik schunkelten und klatschten. Die Babette fasste ihr Haar zum Pferdeschwanz und fächelte sich mit einem Bierdeckel Luft zu. Ein Schellenhansel sprang mir vor die Füße, als ich aus der Bank rutschte, rasselte mit seinen Glocken, dass es in den Ohren schallte, und hinter ihm schoss ein roter Teufel hervor, mit Hörnern und Augen, aus denen die Hölle sprühte, er legte seinen Arm um mich und ich schrie auf und tauchte lachend unter ihm hinweg. Die Babette prustete und schüttelte sich, ihr Haar fiel ihr lose über die Schultern und nun griff der Teufel nach ihr, beugte sich vor, umarmte sie und ließ seinen Höllenblick über ihre weiße Bluse wandern, das fesche Dirndl, rot wie Herzkirschen, und sie lachte und wand sich, bis er wieder von ihr abließ und zähnebleckend weiterzog.

»Noch einen Sprudel?«, japste ich und strich über meine Hochfrisur.

»Ja, aber beeil dich.« Sie richtete ihr Dirndl; auch ihre Wangen hatten nun die Farbe von Herzkirschen. »Gleich ist Damenwahl!«

Ich zupfte an ihrem Schürzenzipfel und zwinkerte. »Ich glaub, ich weiß, wen du auffordern wirst.«

Sie sagte nichts, lachte bloß.

Zwischen Hexen und Hanseln, alten Weibern und prächtig verkleideten Rittern drängte ich mich durch die Bankreihen hinüber zum Tresen an der Stirnseite der Festhalle, dabei hielt ich verstohlen Ausschau.

Als ich an der Bühne vorbeikam, sah ich ihn.

An eine Säule gelehnt hörte er der Kapelle zu, seinem Bruder, der die Tuba spielte. Pfeilgrade und hochgewachsen stand er da, das volle dunkle Haar feucht zurückgekämmt, er hielt ein Bierglas in der Hand und seine Finger klopften im Takt der Musik. Wie ich hatte er sich nicht verkleidet, trug nur ein Paar Manchesterhosen und ein weißes Hemd, die oberen Knöpfe standen offen, zupackend sah er aus und zukunftsfroh. Ich hatte ihn schon ein paarmal gesehen, und als wir am frühen Abend auf den Parkplatz neben der Schönwalder Festhalle gefahren waren, stapfte er durch den hohen Schnee, an der Garderobe sah ich, wie er seine nassen Stiefel in einen Beutel stopfte und in ein paar schicke hellbraune Lederhalbschuhe schlüpfte. Der tät mir gefallen, dachte ich, und die Babette bemerkte meinen Blick und spitzte keck die Lippen.

Die Kapelle spielte die ersten Takte vom *Triberger Narrenmarsch.*

Hans, gang heim, du weisch jo nit, wie's Wetter wird,
Hans, gang heim, du weisch jo nit, wie's wird ...

Er schaute herüber, streifte mich mit seinem Blick. Ich erschrak und lächelte und im nächsten Moment packte mich der Teufel – derselbe? ein anderer? –, er packte mich an den Schultern, stieß ein höllisches Lachen aus und zog mich mit sich, schob mich durch die Menge, bis es mir gelang, mich wieder aus seinem Griff zu lösen und abzutauchen und mich zum Tresen auf der anderen Seite hindurchzuschlängeln.

Mit einer Flasche Sprudel kehrte ich zurück.
Die Kapelle spielte einen weiteren Narrenmarsch.

Hunderttausend Mann, die zogen ins Manöver,
hunderttausend Mann, die zogen ins Manöver,
hei, rumm-fidi-bumm …

Sie spielte so gekonnt neben der Melodie, so wild und mitreißend, dass ich Lust bekam zu tanzen. Ich sah mich um. Er saß nun in derselben Bankreihe wie die Babette und ich.

»Damenwahl!«, rief der Kapellmeister ins rasselnde Finale und die Musiker stimmten einen Foxtrott an und die Babette sprang auf und steuerte zielstrebig auf den Paul zu. Ich nahm einen Schluck Sprudel. Mein Herz klopfte, während um mich herum die Mädle auf die Burschen zusteuerten, mit sicherem Schritt, als hätten sie schon viel zu lange gewartet, sie sagten nicht viel, lachten nur und nickten und schon sprangen die Burschen auf und hinter ihnen her, nur die Frauen, die schon lange verheiratet waren, blieben sitzen und hier und da sah eine zu dem Mann an ihrer Seite und lächelte still in sich hinein. Ich trank mein Glas leer, erhob mich und strich über meinen hellen, leicht ausgestellten Gabardinerock, holte Luft und schob mich durch die Bankreihe.

Da schnappte ihn sich die Adelheid.

Wie vor den Kopf geschlagen stand ich in der Menge, keinen Moment hatte ich daran gedacht, dass mir eine zuvorkommen könnte, und die Tuba krachte, die Trompeten und Posaunen kreischten höhnisch und die Luft war schwer von Schweiß und Rauch und ich schluckte. Dann gab ich mir einen Ruck. Ein Stück neben dem leeren Platz saß ein schlanker Dunkler, er sah mich an, mit dunklen Augen und ruhigem Blick, und ich hielt auf ihn zu. »Darf ich bitten?«

»Gern.« Er sprang auf. Er war etwas größer als ich und

griff nach meinem Ellenbogen und führte mich durch den Saal. Seine Hand war warm und trocken, als sie nach meiner griff. Er hielt mich sicher und presste mich nicht an sich, was ich sehr angenehm fand. Überhaupt führte er gut, er war kein schlechter Tänzer. Er roch nach Seife und warmer Erde.

Als das Lied endete, brachte er mich zu meinem Platz.

»Wie war's?« Heißer Atem schlug an meinen Hals und die Babette rutschte neben mir auf die Bank und griff nach der Sprudelflasche, ihre Wangen glänzten wie poliert.

Ich verzog das Gesicht. »Ich war zu spät.«

»Bei ihm?« Sie machte eine unbestimmte Kopfbewegung.

Ich nickte.

»Und wer war der, mit dem du getanzt hast?«

Ich zog die Schultern hoch; ich hatte vergessen, ihn nach seinem Namen zu fragen.

Als der Kapellmeister das nächste Mal »Damenwahl!« rief, sprang ich auf.

»Darf ich bitten?«

Ich wandte mich um und der schlanke Dunkle stand nur eine Armlänge entfernt, die Wangen gerötet, seine Augen braun und blank.

»Es ist Damenwahl!«

Er zuckte mit den Schultern.

»Außerdem haben wir schon getanzt.«

Er zuckte mit den Schultern und lächelte. Ich sah, wie die Adelheid den anderen zur Tanzfläche zog, diesmal griff sie nach seiner Hand und er lachte und folgte ihr und fuhr sich durchs Haar; etwas an dieser Geste missfiel mir, so siegessicher wirkte sie, so selbstgewiss.

»Ich bin der Helmut«, sagte mein Tanzpartner, als der Kapellmeister nach dem Walzer eine Pause ankündigte. »Darf ich dich zu einem Getränk einladen?« Er deutete in Richtung Tresen, dabei ruhte sein Blick auf mir, ganz selbstverständlich und gar nicht selbstgewiss; in seinen Augen las ich, dass er mir gewogen war, er machte kein Geheimnis daraus.

»Danke, ich hab keinen Durst«, sagte ich und kehrte zurück zu meinem Platz.

Es dauerte nicht lange, da forderte er mich erneut auf, und wir tanzten einen Tango, dann einen Walzer, einen Foxtrott, schließlich einen langsamen Walzer. Wieder spürte ich den sicheren Halt seines Arms, roch den Geruch von Seife und warmer Erde.

Als er erneut fragte, ob ich durstig sei, nickte ich.

Es war nach Mitternacht, als die Posaunen und Trompeten ein neues Lied anstimmten.

Nach Hause, nach Hause,
nach Hause gehn wir nicht ...

Ich schwitzte und mein Haar war feucht, die Luft im Saal dumpf von Schweiß und Rauch und Bier und Wein, ich gähnte und fächelte mir mit einem Bierdeckel Luft zu. Ein Schellenhansel hockte matt auf einer Bank und der Teufel rieb sich die Augen.

»Ich kann dich heimbringen. Du wohnst in Schonach, gell?«

Ich schüttelte den Kopf und hielt Ausschau nach der Babette. »Danke, ich bin mit dem Auto hier.«

»Du hast ein Auto?«

Ich nickte. »Einen Volkswagen.«

»Oho.« Er hob eine Braue, ein anerkennendes Nicken. Vor Kurzem hatte ich in der Zeitung gelesen, dass nur fünfzehn Prozent der deutschen Frauen Auto fuhren, was mich überraschte, denn ich war versessen darauf. Wie oft hatte ich Bekannte gebeten, mich fahren üben zu lassen, bis ich im vergangenen November meinen Führerschein gemacht und vom ersparten Trinkgeld einen schwarzen Käfer gekauft hatte, keinen sogenannten Brezelkäfer, sondern einen mit ungeteiltem ovalen Heckfenster, Winker und 30 PS. Anfangs hatte ich geschworen, nie schneller als im zweiten Gang zu fahren; inzwischen machte mir die Geschwindigkeit keine Angst mehr.

»Ich mach dir einen Vorschlag.« Wieder hob der Helmut eine Braue, diesmal erwartungsvoll. Seine Wangen leuchteten und über seiner Oberlippe glänzten feine Schweißperlen. »Du lässt deine Freundin mit dem Auto fahren und ich bring dich heim.«

Ich schüttelte den Kopf.

»Gut.« Er senkte die Braue und lächelte wie ein guter Verlierer. »Aber hast du vielleicht Lust, morgen Nachmittag einen Kaffee mit mir zu trinken? In der *Inselklause*?«

»Morgen Nachmittag arbeite ich.«

»Und am Abend?«

Inzwischen standen wir an der Garderobe und ich wartete auf meinen Mantel. Die Babette war nirgends zu sehen. Am Ausgang stand der Teufel – derselbe? ein anderer? – und zog ein zerknittertes, weiß-gelbes Päckchen *HB* aus seinem Kostüm. Er zündete sich eine Zigarette an und blies den Rauch in die kalte Luft.

»Gehst am Abend einen Wein mit mir trinken?«

Ich suchte nach dem Autoschlüssel und unterdrückte ein Lächeln. Etwas an seiner Hartnäckigkeit imponierte oder, besser gesagt, schmeichelte mir. »Gut«, sagte ich, ließ den Verschluss meiner Handtasche zuschnappen und klappte den Kragen hoch. »Einverstanden.«

»Um acht Uhr?«

Ich nickte, wandte mich um und stapfte durch den Schnee davon.

Ich war pünktlich und allein, als ich am darauffolgenden Abend um kurz vor acht meinen Käfer die Zufahrt zur *Inselklause* hinaufsteuerte und zwischen einem weißen NSU Prinz 1000 und einem silbernen Opel Admiral parkte. Es schneite und einen Moment überlegte ich, ob ich im Auto warten sollte, doch es hatte keine Heizung und die Scheiben beschlugen mit jedem Atemzug, drum zog ich Handbremse und Zündschlüssel, setzte meine Mütze auf und stieg aus. Der Vorplatz war geräumt und menschenleer; im hinteren Teil parkte ein gutes Dutzend Autos vor mannshohen Schneewällen. Die Gutach rauschte und vorne an der Triberger Straße stand eine Frau mit hängenden Schultern und gebeugtem Rücken im Licht einer Laterne und sah zu, wie ihr Dackel sein Bein hob. Schneeflocken tanzten und eine Krähe schrie. Ich wickelte meinen Schal fester.

Würde er zu spät kommen?

Erstaunt bemerkte ich, dass es mich überraschen würde.

Meine Schritte knirschten im Schnee, als ich vorlief und durchs Fenster nach drinnen spähte. Am Stammtisch saß eine Männerrunde, ich erkannte den Neininger, ausgerechnet den Neininger, und ein paar Nachbarn aus Schonach.

Der Helmut war nirgends zu sehen.

Unschlüssig stand ich unter dem Dachvorsprung, rieb mir die Wangen, denn die Kälte kratzte auf der Haut, und sah auf meine Armbanduhr.

»In jedem Fall?«, hatte er mir am Abend zuvor hinterhergerufen.

»In jedem Fall«, hatte ich geantwortet und war in mein Auto gestiegen.

Ein Mercedes fuhr die Triberger Straße hinunter, am Steuer erkannte ich einen Mann, doch er blinkte und bog in eine Einfahrt, Mondlicht schimmerte auf zwei stolzen Heckflossen. Wieder sah ich auf die Uhr – wie lange würde ich warten? Erstaunt bemerkte ich, dass ich enttäuscht wäre, wenn er nicht käme; ich hielt ihn nicht für einen Hallodri, einen windigen Hund. Ich zog den Mantel fester um meine Schultern und trat von einem Bein aufs andere.

Irgendwo kreischte eine Kreissäge. Es roch nach Kohl und Holzfeuer.

Wieder tauchten zwei Scheinwerfer aus dem Dunkel auf, ein Käfer näherte sich zügig aus Richtung Triberg. Auf der Höhe der Zufahrt parkte er unter der Laterne, unter der eben noch der Dackel sein Bein gehoben hatte, und ein Mann stieg aus. Er trug einen Hut und hatte einen Schal um den Hals gewickelt. Er winkte, als er mich sah und lief schneller, und als er schließlich im Schein des Lichts, das aus der Gaststube fiel, vor mir stand, das Gesicht rot von der Kälte, verbeugte er sich leicht und zog den Hut; Schnee rutschte von der Krempe und fiel mir vor die Füße. »Entschuldige, dass ich zu spät komme. Eine der Sauen wird bald ferkeln und ich hab noch nach ihr gesehen.«

Er war Landwirt?

Am Abend zuvor hatten wir über dies und das geschwätzt, nettes Geplänkel, über das ich nicht daran gedacht hatte, ihn nach seinem Beruf zu fragen.

In der Gaststube schlug uns warmer Dunst entgegen, der Geruch von Zigaretten, Braten und Wein. Der Helmut griff nach meinem Arm und führte mich zu einem freien Tisch in einer Nische, ich löste meinen Schal und er half mir aus dem Mantel und brachte ihn zur Garderobe.

»Du hast einen Hof?«, fragte ich, als er zurückkehrte und sich mir gegenübersetzte. Seine Augen glänzten im Schein der Lampe, sein Haar war kurz geschnitten und ging an den Schläfen ein wenig zurück, er hatte eine hohe Stirn und eine schmale Nase und seine Lider fielen an den Seiten wie schwere Bögen herab, was ihn skeptisch und verschmitzt zugleich aussehen ließ.

Er nickte und schob die Ärmel seines Pullovers hoch. »Meiner Familie gehört der Sigmundenhof oben auf der Grub.« Die Grub war ein Tal östlich und etwas außerhalb von Schonach.

Die Bedienung kam und der Helmut bestellte Wein.

»Und du, was tust du den ganzen Tag?«

Ich schürzte die Lippen und stieß leise Luft aus. »Ich schaff in der Kuckucksuhrenfabrik.«

Er nickte, als hätte ich etwas Gewichtiges gesagt. Drüben am Stammtisch wurden die Stimmen leiser, ich spürte die Blicke der Männer, neugierige Nadelstiche, und weil mir nicht einfiel, was ich noch sagen könnte, sagte ich nichts. Der Helmut schob den schweren Aschenbecher beiseite. Fuhr mit dem Zeigefinger über den Bauch einer kleinen roten Porzellanvase mit einem Tannenzweig darin, nahm zwei Bierdeckel aus dem Plastikbehälter und legte sie vor uns hin. Schweigend warteten wir, bis das Fräulein die Getränke brachte.

Er prostete mir zu und ich nippte an meinem Wein.

»Weißt du, vom Sehen kenn ich dich schon eine ganze Weile«, sagte er, als er sein Glas auf den Bierdeckel stellte.

»Ja«, sagte ich. »Ich hab dich auch schon mal gesehen.«

»Nein, ich mein …« Er lächelte und hielt einen Moment inne, suchte die rechten Worte. »Ich mein, wenn ich dich am Sonntag mit deinen Schwestern in der Kirche gesehen hab, dann hab ich schon manchmal gedacht, die Mittlere, die tät mir gefallen.«

Ich schob die Ärmel meiner Strickjacke hoch.

»Ich mein, ihr kommt meist im allerletzten Moment und dann schaut man natürlich.«

Ich nickte und betrachtete den Tannenzweig, seine trockenen Nadeln. »Die Resi und die Rosmarie bummeln immer.«

»Ich verstehe.«

Er verstand? Ich sah auf und ein Lächeln zog über mein Gesicht. »Hast du auch Schwestern, die jeden Sonntag herumbummeln?«

Er lachte und schüttelte den Kopf. »Ich hab nur eine Schwester und die ist recht resolut, sie ist älter und hat auch schon Kinder. Meine vier Brüder sind jünger, und bis auf den Kuno lebt keiner mehr auf dem Hof.«

»Kuno? Hat er einen Zwillingsbruder, der Karl heißt?«

Der Helmut nickte.

»Mit dem Karl war ich in einer Klasse.«

Er lehnte sich zurück. »Ich kenn auch ein paar von deinen Brüdern, den Rochus zum Beispiel. Ein Pfundskerl und ein guter Zimmermann.«

»Ja«, sagte ich mit leisem Stolz und öffnete die Knöpfe meiner Strickjacke. Am Nebentisch klappte ein Mann die Speisekarte zu und bestellte Braten mit Spätzle und der Helmut wischte einen Wassertropfen vom Stiel seines Glases und trank einen Schluck. Wie alt mochte er sein, wenn er vier jüngere Brüder hatte?

»Ich bin dreiunddreißig.«

Las er meine Gedanken?

»Und du?« Er sah mich an, mit dem gleichen ruhigen festen Blick wie am Abend zuvor.

»Ich bin siebenundzwanzig.« Am Stammtisch stießen die Männer mit frischem *Tannenzäpfle* an und der Neininger wischte sich Schaum vom Mund. Die Stimmen der Männer tönten nun wieder lauter und ich lehnte mich zurück.

»Du trägst eine hübsche Bluse.«

Unwillkürlich strich ich über die Knöpfe am Kragen. »Danke. Ich hab sie neulich in Villingen gekauft.«

»In Villingen?« Er kratzte sich am Hals.

»Warst schon einmal dort?«

»Nur einmal. Im Krankenhaus, vor ein paar Jahren, ich hatte eine Lymphdrüsenentzündung.«

»Ist das etwas Schlimmes?«

»Es geht.« Er lächelte und machte eine Handbewegung, als wischte er etwas fort, Erinnerungen oder meine Frage. »Ich hab's überlebt.«

Ich nickte und betrachtete seine Hände; er hatte kräftige Finger und saubere Nägel mit schön geformten Halbmonden. Drüben rief der Neininger: »Das weiß ich, das kannst mir glauben!«, und am Nebentisch zündete sich der Mann, der auf seinen Braten wartete, eine Zigarette an.

»Anni?« Der Helmut beugte sich vor und griff nach meiner Hand.

Einen Moment zuckte ich zurück. Dann beugte ich mich ebenfalls vor, ein wenig nur, und erwiderte den Blick, der mich nicht losließ. »Ja?«

»Ich würd dich gern wiedersehen, Anni.«

»Eine gute Wahl«, sagte der Rochus, als der Helmut mich am Sonntag darauf abholte.

»Ein feiner Mensch«, sagten die Resi und die Rosmarie, als der Helmut mich am Sonntag darauf wieder abholte.

»Dann wird's wohl nichts mit unsrem Urlaub am Tegernsee«, seufzte die Babette.

»Doch, ich hab's ihm schon angekündigt und er hat zugestimmt«, antwortete ich.

»Und werd mir bloß nicht wieder wählerisch«, raunte der Rochus.

Nur die Mutter von der Chefin rief: »Ein Bauer? Ach Anni, wirst nun doch nur Bäuerin?«

Ich lächelte und zuckte mit den Schultern.

Der Sigmundenhof lag in einer Senke, ein alter Schwarzwälder Eindachhof, bei dem sich Wohnhaus, Stall und Scheune unter einem mächtigen, leicht eingesunkenen Walmdach drängten und dessen Schieferplatten von Moos und Flechten überzogen waren. Auch die Holzschindeln an der Fassade waren gezeichnet von Regen, Schnee und Wind.

»Willkommen auf der Grub.« Der Helmut lenkte den Volkswagen den Feldweg hinab. »Die Eltern freuen sich auf dich.« Er sah herüber und drückte meine Hand. Zu Fronleichnam hatten wir seine Schwester in Wolfach besucht, dabei hatte ich seine Mutter kennengelernt, eine schlanke Frau mit aufrechtem Gang und klugem Blick, und seinen Vater, einen stolzen Mann mit weißem Haar und Schnauzer, lustig und gut katholisch; später sagte der Helmut, alle hätten mich gleich gemocht, und mir war, als wäre er darüber nicht überrascht, aber doch erleichtert.

Der Platz vorm Haus war mit groben Steinen gepflastert, ein paar Hühner liefen umher und pickten Sand aus den Ritzen, und vor der Stalltür lag eine Katze in der Sonne. Der Helmut parkte neben einem Schuppen unter einem Baum; ein Küken schoss unter einem Busch hervor und rannte auf kurzen Beinen davon, in seinem Schnabel eine Raupe. Ich öffnete die Beifahrertür und stieg aus. Es roch nach Mist, im Stall quiekten Ferkel, Vögel zwitscherten, und so weit ich sehen konnte, zogen sich Wiesen und Felder über die sanften Hügel. Etwas tiefer entdeckte ich ein weiteres Gehöft mit einem Teich, dessen Wasser dunkel in der Sonne schimmerte.

»Die Wiesen und Felder gehören zum Hof.« Der Helmut machte eine ausholende Bewegung. »Achtundzwanzig Hektar. Und im Stall zwölf Kühe, ein Bulle und ein paar Kälber, alle beste Vorderwälder-Zucht.«

Ich blickte über die Wiesen, auf denen Kühe grasten, die

Felder, auf denen der Wind durch die Ähren von Hafer, Gerste und Weizen strich, und ein wenig schwindelte mir.

»Tag, Mädle.« Mit festem Schritt eilte die alte Frau Hettich über den Platz, sie trug derbe Schuhe und eine Kittelschürze, als wäre sie eben noch im Stall gewesen. Die Katze sprang auf und streckte sich.

»Guten Tag, wie geht es Ihnen?«

»Gut, Mädle, gut.« Sie schüttelte meine Hand; ihre war erstaunlich kräftig, warm und ein wenig rau. »Komm, ich hab uns frischen Streuselkuchen gebacken.« Sie hakte sich unter und zog mich mit sich – ich blickte mich um und sah den Helmut mit den Schultern zucken.

Durch einen Windfang traten wir in den Gang. Die alte Frau streifte ihre Schuhe ab und schlüpfte in ein Paar karierte Pantoffeln. »Stoß dir nicht den Kopf, Mädle«, sagte sie und deutete auf einen Deckenbalken, in den jemand in großen Ziffern *1783* geschnitzt hatte. Holz knarrte, als sie eine Tür öffnete, und unwillkürlich zog ich wieder den Kopf ein. Auch in der Stube war die Decke niedrig und zudem mit dunklem Holz getäfelt. Durch kleine Sprossenfenster fiel graues Licht auf ein Kanapee, einen Kachelofen und einen Tisch, auf dem auf einem Häkeldeckchen ein Volksempfänger stand. In einer Ecke hing ein Kreuz, in einer anderen surrte in einem alten hellgrünen Metallgehäuse ein Transformator. Die alte Frau Hettich schlug nach einer Fliege und deutete aufs Kanapee. »Setz dich, Mädle, ich geh schnell Kaffee kochen.«

»Ich helf Ihnen geschwind.« Ich legte meine Handtasche auf die Ofenbank und strich über mein Kleid, ein leichtes blaues Strickkleid mit weißem Kragen, ich hatte es für den Urlaub gekauft, es war von guter Qualität und nicht billig gewesen, und plötzlich kam ich mir viel zu schick darin vor.

Vorbei an einer Stiege schief wie ein Hexenbuckel liefen wir den Gang hinab zur Küche, morsche Dielen ächzten unter unseren Schritten. Auf einem Herd mit Wasserschiff stand eine Kasserolle und Helmuts Mutter zog mit der Zange zwei Eisenringe von der Kochstelle und setzte einen Wasserkessel auf. Es roch nach Kartoffeln, essigsaurer Soße und Kuchen. Sie deutete auf ein paar Tassen und Untertassen mit Blümchenmuster und Goldrand. »Du kannst die Tassen rübertragen.«

Während sie Kaffeepulver in einen Filter löffelte, stellte ich das Geschirr auf ein Tablett und sah mich um. Die Wände waren mit moosgrünen Kunststoffkacheln beklebt. Der Spülstein, aus Granit, glich einem Viehtrog. Es gab keinen Kühlschrank. Das ganze Haus atmete die Schwere von Jahrhunderten.

Es war, als kehrte ich zurück ins Kruttloch.

»Gehen wir spazieren?«, fragte der Helmut nach dem Kaffeetrinken.

»Gern.«

Über den Wiesen und Feldern lag weiches Spätnachmittagslicht und wir liefen den Feldweg hinauf und folgten einem Pfad, der zum Wald führte. Am Rand einer Wiese unter einem Kirschbaum blieb der Helmut stehen, er streckte seinen Arm aus und bog einen Zweig herunter. »Herzkirschen.« Er pflückte ein Paar und reichte es mir. »Probier sie mal. Sie sind süß wie ...« Er suchte nach dem passenden Wort.

Ich lächelte und schluckte das Wort, das mir einfiel.

»Wie Konfekt.«

Mit den Lippen zupfte ich eine tiefrote Kirsche vom Stängel. Ihr Fleisch war weich und saftig.

»Hab ich zu viel versprochen?«

Ich schüttelte den Kopf und er wischte mir einen Tropfen Saft vom Kinn und lachte, ein Lachen von beinahe kindlicher Freude; es rührte mich und im selben Moment überkam mich die Furcht, etwas im Leben könnte diese Unschuld eines Tages zerstören. Ich schüttelte mich und wischte den Gedanken beiseite. Eine Amsel sang und der Wind trug das Glockengeläut der Kühe durchs Tal und wir liefen weiter den Hang hinauf, und als wir an einem Wegkreuz vorbeikamen, bekreuzigte ich mich schnell, der Helmut sah es und tat es mir nach. Hinter einer Kurve entdeckte ich zwei Gehöfte, sie lagen dicht beieinander, der eine nur einen Steinwurf vom anderen entfernt, wie Geschwister, die sich gestritten hatten, und nun wartete jeder, dass der andere den ersten Schritt zur Versöhnung tat. Der Helmut reichte mir noch eine Kirsche. »Gefällt es dir hier?«

»Es ist schön.« Ich ließ meinen Blick über die Wiesen schweifen, die Kühe, die im Schatten der Bäume lagen und träge wiederkäuten, und etwas in meiner Brust wurde weit und weich. »Ich bin froh, dass euer Hof nicht in einer abgelegenen düsteren Schlucht liegt.«

Er lachte, steckte sich die letzte Kirsche in den Mund und wischte die Hände an seinen Manchesterhosen ab.

»Bist du auf dem Hof aufgewachsen?«

Er nickte.

»Und du wolltest nie fort?«

»Nein.« Er schüttelte den Kopf und überlegte einen Moment. »Für kurze Zeit hab ich mal in einer Fabrik geschafft.« Sein Blick verlor sich ins Weite. »Aber ich hab's dort nicht ausgehalten. Ich brauch Freiheit, frische Luft, die Natur, die Tiere. Ich will Erde unter meinen Händen spüren, sonst fehlt mir was.« Er blieb stehen und sah mich an. »Kannst das verstehen?«

»Ja.« Ich blieb ebenfalls stehen und schlug nach einer Hummel, die über seiner Schulter kreiste. »Obwohl ich mir auch ein anderes Leben vorstellen kann. Die Landwirtschaft ist schon recht beschwerlich.«

»Stimmt, die Arbeit hört nie auf.« Er lachte, steckte die Hände in die Hosentaschen und lief weiter. »Trotzdem kann ich mir kein anderes Leben vorstellen. Da geht's mir wie dem Vater, er ist auch hier geboren und er hat auch nie daran gedacht, fortzugehen. Sein Großvater hat den Hof Anfang des achtzehnten Jahrhunderts eigenhändig gebaut.«

»Stand denn immer fest, dass du ihn einmal übernimmst?«

»Mein Bruder Karl hätt ihn auch genommen, aber seine Frau wollt's nicht. Ein Leben als Bäuerin, sagt sie, sei das Schlimmste, was sie sich vorstellen könnt.«

Ich kicherte.

Er sah mich an. »Denkst du auch so?«

Ich zuckte mit den Schultern. »Es gibt sicher Schlimmeres als ein Leben als Bäuerin.«

Wir hatten den Wald erreicht und liefen im Schatten der Bäume weiter. Die Luft wurde kühler, es roch nach Harz und Heidelbeeren und der Boden unter meinen Sandalen war übersät von getrockneten Fichtennadeln, von Moos und Baumwurzeln und dürren Stöcken, die unter unseren Schritten knackten.

Als der Hang steiler wurde, griff der Helmut nach meiner Hand. »Komm, ich zeig dir was.«

Ich sah auf. »Was denn?«

»Eine Überraschung.«

»Wie lang muss ich drauf warten?«

»Nicht lang.« Er grinste und fügte hinzu: »Manchmal bist ganz schön keck.«

Ich zuckte mit den Schultern.

»Schließ deine Augen.«

Ich hob eine Braue.

»Vertrau mir.«

Ich schloss die Augen und setzte vorsichtig einen Fuß vor

den anderen, wieder knackten Zweige und im Unterholz raschelte es, als liefe eine Maus darin herum oder ein Vogel. Nach einer Weile ließ die Steigung nach, der Weg wurde eben und ich ließ mich führen und sog den Geruch von Seife und warmer Erde ein.

»Wir sind da.« Der Helmut blieb stehen und beinahe wäre ich gestolpert. Er fing mich auf.

»Kann ich die Augen aufmachen?«

»Ja.« Wir standen auf einer schattigen, von hohen Bäumen gesäumten Lichtung, in deren Mitte sich eine mannshohe Grotte befand, die grauen Felsen von Efeu überwuchert. In der Grotte stand eine Muttergottes, die Hände vor der Brust gefaltet, die Augen sehnsüchtig zum Himmel geschlagen.

»Wie still es hier ist.« Unwillkürlich senkte ich die Stimme. Auch die Vögel waren verstummt.

Der Helmut zog ein Taschentuch hervor und breitete es auf das glatte Holz einer schmalen Bank. »Es ist ein besonderer Platz. Im Sommer komm ich manchmal abends nach der Arbeit her.«

Wir setzten uns und lauschten der Stille. Irgendwann räusperte sich der Helmut. »Weißt du ...« Er fuhr sich durchs kurze Haar und strich eine Ameise von seinem Knie. »Ich hatte eine Freundin, doch wie die Frau vom Karl wollt sie kein Leben als Bäuerin.«

Meine Hände lagen ruhig in meinem Schoß.

»Schließlich hab ich die Freundschaft aufgelöst.« Eine Spur von Schmerz noch immer in seiner Stimme.

Dann war wieder Stille.

Nach einer Weile räusperte er sich erneut. »Anni, kannst du dir vorstellen, auf einem Hof zu leben?«

Die Frage hatte ich mir selbst schon gestellt, doch klangen die Worte aus Helmuts Mund viel ernsthafter.

»Nun ...«, sagte ich, blickte auf meine Hände und pulte

an einem Stück Schorf. »Ich will nicht unbedingt zurück in die Landwirtschaft.«

Ich spürte, wie reglos er neben mir saß, reglos wie ein Baum, fast schien es, als atme er nicht einmal.

»Ich hab aber auch nie gedacht: bloß kein Bauer!«

Ein Seufzen. Ein kleines weiches Seufzen, und ich hätte nicht sagen können, ob es erleichtert klang oder hoffnungslos.

»Und nun ist's eben ein Bauer geworden.« Ich sah auf. Sein Blick ruhte auf der Muttergottes, dem Faltenwurf ihres blauen Gewands, ihres weißen Umhangs. Unter seinem linken Auge zuckte ein Nerv.

Er schloss die Augen, öffnete sie wieder und wandte langsam den Kopf. »Wirklich?«

Ich nickte.

Im nächsten Moment verdüsterte sich sein Gesicht. »Überleg's dir gut, Anni. Du wohnst in einem schönen Haus, gehst abends spazieren und am Wochenende aus, du kaufst dir ab und zu ein neues Kleid – du führst ein komfortables Leben. Das kann ich dir nicht bieten.«

»Helmut ...« Beinahe hätte ich gelacht, stattdessen legte ich meine Hand auf seinen Arm; seine Haut war kühl, ich spürte die feinen Härchen, die Poren. »Wenn wir zusammenhalten, können wir Dinge verändern. Wir können nach und nach den Hof modernisieren und das Haus umbauen, wir können Maschinen anschaffen, dann wird die Arbeit leichter und lukrativer. Wichtig ist doch ...« Ich hielt inne, ein wenig erschrocken über meine Heftigkeit, gleichwohl war mir selten etwas so ernst gewesen. »Wichtig ist doch, dass wir einander haben.«

Im Jahr darauf heirateten wir.

1967

Die Kämme der Tuxer Voralpen schimmerten blau, Bäche zogen sich wie glitzernde Adern die Gipfel hinab, hier und da krallten sich Fichten, Tannen, Kiefern ins Gestein. Weiter unten wurden die Wälder dichter, dann öffnete sich das Tal und gab den Blick frei auf Wiesen gelb von Löwenzahn und winzige Häuser, die sich um eine Dorfkirche schmiegten, in der Ferne schlängelte sich die Ziller wie ein Band in Richtung Zell.

Während des Aufstiegs war mein Ehemann immer wieder stehen geblieben, die Höhe war ihm unheimlich, er dachte an die Bergunfälle, von denen er gehört oder in der Zeitung gelesen hatte. Doch nun standen wir auf einem Felsplateau und sahen übers Zillertal, ergriffen von der Pracht der Landschaft und der Macht der Berge, und ich drückte seine Hand. Er löste seinen Blick und schaute mich an, Tränen in den Augen.

»Wunderbar, gell?«

Er nickte. Ein Bussard glitt mit ausgebreiteten Schwingen durch die Luft, ließ sich von der Thermik tragen, ganz mühelos sah es aus, und der Helmut ließ meine Hand los und trat einen Schritt von der Felskante zurück. »Weißt du …« Eine Stimme wie Sand. »Ich wusste nicht, dass die Alpen so überwältigend sind. Ich war noch nie irgendwo.«

Ich lehnte meinen Kopf an seine Schulter und sah dem

Bussard nach, bis er unter einem Felsvorsprung verschwand. Hinter uns, in der Mitte des Plateaus, stand wie ein Hocker ein niedriger flacher Felsen, umgeben von dürrem Gestrüpp und Flechten, die sich in unregelmäßigem Muster übers Gestein zogen. »Lass uns einen Moment rasten.«

Mein Mann nickte und wischte sich die Augen. Er breitete ein Taschentuch aus und ich setzte mich, öffnete die Knöpfe an meinem Janker, schob die Ärmel hoch und ließ die späte Septembersonne auf meine Arme scheinen. Er setzte sich zu mir, öffnete ebenfalls seinen Janker und zog ihn aus. Es war vollkommen still, nur der Wind rauschte in unseren Ohren. Durch den Stoff meiner Kniebundhose spürte ich die Wärme von Helmuts Bein, eine Wärme, die schon zu meinem Alltag gehörte, auch wenn ich erst nach unserer Rückkehr auf der Grub wohnen würde.

Schweigend atmeten wir die Weite ein, den Duft des Glücks. Ab und zu tauchten Bilder aus meiner Erinnerung auf, wie Fische, die an die Oberfläche eines Teiches schwammen, Luft schnappten und wieder ins Dunkel glitten. Ich dachte an den Tag, an dem ich Helmuts Drängen beinahe nachgegeben und ihm mein Hochzeitskleid gezeigt hätte. Ich dachte an den Tag, an dem er eingewilligt hatte, nicht in einer entlegenen Wallfahrtskirche zu heiraten, sondern in Schonach, wie ich es mir wünschte, mit beiden Familien, allen Verwandten und Freunden. Den Tag, an dem meine Schwestern die glückbringende Morgensuppe auftrugen und mein Herz schwer war von Sehnsucht nach den Eltern. Den Moment, in dem ich schließlich den Schleier aufsetzte, trunken vor Liebe. Die Zeremonie auf dem Standesamt, die Trauung in der Kirche, die feierliche Segnung, den Kirchenchor, der *So nimm denn meine Hände* sang.

Bis in die Nacht hatten wir gefeiert, eine Kapelle spielte und die Gäste tranken Sekt und tanzten, und schließlich entführte mich ein alter Schulkamerad in den *Schwanen*, wo der Helmut mich mit einer Lokalrunde auslösen musste.

Die ganze Zeit regnete es, doch wir merkten es nicht.

Anderntags packten wir Geschenke aus, Geschirr und Töpfe, Tischdecken und Handtücher, und richteten unser neues Heim ein, die winzige Stube und die alte Schlafkammer vom Helmut, die der Rochus umbauen geholfen hatte, die Decken waren nun nicht mehr so niedrig und die Wände hübsch tapeziert. Am Montag beim Frühstück kaute der Helmut auf einem Kanten Brot und fragte den Vater: »Und wie ist's, können wir gehen?«

Der Vater sah von seinem Teller auf, dem groben Brot und der roten Wurst, und nickte.

»Komm, Anni«, sagte mein Ehemann und streckte die Hand nach mir aus, »wir fahren ins Zillertal.«

»Wir … machen was?«

»Eine Hochzeitsreise. Ich hab's dir doch versprochen.«

»Ja, aber …«

Kurz darauf verstaute er unseren Koffer im Volkswagen und ich ahnte, dass er diese Überraschung sorgfältig geplant hatte. Die Schwiegermutter umarmte mich. »Macht's gut, Mädle, und passt auf euch auf.«

Es klang, als würden wir lange und weit fortfahren.

Der Schwiegervater zog mich beiseite und steckte mir einen Hundertmarkschein zu und raunte: »Muss ja keiner wissen.«

Mit offenem Mund stand ich da, dann gab ich ihm einen Kuss auf seine stachelige Wange. Er drückte meinen Arm, dann lief er zurück ins Haus.

Seit vier Tagen wohnten wir nun in einer kleinen Pension im Zillertal.

»Ich hab Hunger«, sagte ich, als hinterm höchsten Gipfel die Sonne sank.

Der Helmut strich über meine Wange und gab mir einen Kuss.

»Lass uns auf der Alm einkehren, an der wir vorbeigelaufen sind«, schlug ich vor.

»Aber das geht doch nicht.«

»Doch.«

»Du kannst nicht bei fremden Leuten ins Haus marschieren und sagen, du hast Hunger.«

»Auf der Alm schon. Die Babette und ich haben's am Tegernsee auch getan.«

Zögernd nahm mein Ehemann seinen Janker. »Manchmal bist wirklich ganz schön keck.«

Ich lachte und griff nach seiner Hand. »Komm.«

Der Abstieg ging leicht und viel schneller als der Aufstieg. Auf halbem Weg setzte feiner Regen ein und mein vorsichtiger Mann mahnte mich, langsamer zu gehen. »Du hast's doch auch immer wieder in der Zeitung gelesen, wie Leute in den Bergen abgestürzt sind, weil sie zu forsch waren.«

Ich zügelte meinen Schritt und gab acht, dass kein Regentropfen mich erschlug.

Auf halber Höhe erreichten wir die Alm und ein Senn mit wildem Haar, das Gesicht von Sonne und Wind gegerbt, lud uns in seine Stube, brachte frische Milch und würzigen Almkas, und jedes Mal, wenn ich mir über den Bauch strich, schnitt er noch einen Kanten vom Laib, sah mich mit seinen klugen, enzianblauen Augen an und sagte: »Nimm noch a bisserl Kas.«

Der Helmut runzelte die Stirn und überlegte schon, ob der alte Mann etwas ahnte.

Am Ende der Woche, als wir unseren Koffer wieder im Volkswagen verstauten, war ich sicher, dass die schönste Zeit meines Lebens hinter mir lag.

Daheim auf der Grub half ich von nun an jeden Tag in der

Früh der Schwiegermutter beim Melken, wobei es eine Hilfe war, dass es auf dem Sigmundenhof eine Melkmaschine gab; der Helmut, der Kuno oder der Schwiegervater misteten, fütterten und brachten die schweren Kannen zum Nachbarhof, wo das Molkereiauto sie abholte. Während ich die Hühner und die Schweine fütterte und die Kühe auf die Weide trieb, um die mein Mann einen Elektrozaun gezogen hatte, sodass wir kein Hütekind brauchten, richtete die Schwiegermutter das Frühstück. Später fuhr der Helmut aufs Feld oder lief in den Stall, führte den Zuchtbullen am Nasenring, gewöhnte ihn an den Strick und übte mit ihm Stillstehen und Laufen, damit er ihn bei der nächsten Auktion vorführen konnte. Jedes Mal, wenn ich ihn neben diesem Koloss sah, bekam ich Angst – der Bulle war von beeindruckender Statur, seine Hörner waren lang und gefährlich spitz, und wenn er schnaubte oder sprang, schien er vor Kraft zu bersten.

Doch mein Helmut hatte ein Händchen fürs Vieh.

An manchen Tagen holte mein Mann mich am späten Nachmittag von der Arbeit ab; es war ungewöhnlich, dass eine Bauersfrau in der Fabrik schaffte, doch ich wollte den Mutterschutz nicht verlieren, und weil der Helmut einverstanden gewesen war, hatte ich nach der Hochzeit nicht gekündigt. An den anderen Tagen nahm ich den Bus und kaufte auf dem Heimweg noch schnell eine Butterbrezel und brachte sie ihm hinaus aufs Feld.

Abends, wenn gemolken und gefüttert, gekocht, gegessen und der Haushalt erledigt war, wenn der Helmut einen letzten Gang durch den Stall gemacht und nach dem Vieh gesehen hatte, saßen wir manchmal noch in der Stube beisammen, die Schwiegermutter hockte in Kittelschürze und Pantoffeln auf der Ofenbank und strickte, und ich nähte Umstandskleider. Lang hatte der Helmut sich nicht getraut, es seinen Eltern zu sagen, doch nun freuten sie sich auf ihr Enkelkind. So wie einst der Vater – kaum hatte festgestanden, dass die Liesel und der Jakob heiraten und das Kind, obwohl der Jakob Protestant war, im katholischen Glauben erziehen würden, freute er sich, und kaum war die Renate geboren, war er vollkommen vernarrt in sie. Wenn zwei sich einig waren und keinem Dritten wehtaten, konnte Liebe keine Sünde sein.

Blieb am Wochenende nach der Messe ein wenig freie Zeit, besuchten wir die Geschwister, tranken Kaffee und spielten Tischtennis oder Federball im Garten in der Turntalstraße. Inzwischen war auch die Hedwig volljährig und sie hatte geheiratet, ebenso der Erich, der Hans und der Toni. Der Rochus hatte für seine Familie ein eigenes Haus gebaut und der Hans das andere übernommen und uns Geschwister ausgezahlt.

Im Dezember 1967 ging ich endlich in den Mutterschutz. Im Januar kam ich mit Nierenproblemen ins Krankenhaus; mein Mann besuchte mich jeden Tag, und wenn er zur Tür hereinkam, schaute er zuerst auf die Bettdecke, auf meinen Bauch. Am 9. Februar, die Sonne schien, als hätte sie sich für diesen Tag herausgeputzt, begannen gegen Mittag die Wehen.

Drei Stunden später war unsere Tochter Petra geboren.

1969

Die Augusthitze ließ die Luft überm Tal flirren und über den den Feldern hingen Staubschwaden. Mit runden Schultern, den Oberkörper leicht vorgebeugt, hockte der Helmut auf dem Traktor und zog den Messerbalken übers Feld, wie kreischende Krähen fraßen sich die Klingen durchs reife Korn; nur wenige Bauern konnten sich moderne Mähdrescher leisten, manche besaßen einen Heuma und mussten ihr Heu nicht mehr von Hand wenden, wir hatten immerhin einen Ladewagen angeschafft. Droben am Wald lief die Schwiegermutter mit schnellem Schritt zur Grotte, um ihren täglichen Rosenkranz zu beten.

Ich schloss das Stubenfenster und schlug nach einer Fliege. Auf den Dielen lag ein Wollknäuel, ich hob es auf und hockte mich auf die Ofenbank, wo die Petra auf dem Töpfchen saß, die Wangen rot vom Fieber. Ich strich durch ihr weiches Haar und kitzelte sie am Bauch; stumm und mit glasigen Augen sah sie mich an.

»Ach, mein Schätzle …« Ich wischte sie ab und trug sie in die Küche. Auf dem Buffet standen Eier, Mehl und Zwiebeln fürs Mittagessen und ich breitete eine Decke auf dem Tisch aus, wusch die Kleine und machte ihr einen frischen Wickel; oben schlief der Alexander, auch er würde bald aufwachen, um fünf in der Früh hatte ich ihn zuletzt gestillt. Das kranke Kind auf dem Arm, trug ich das Töpfchen hinaus, lief am

Stall vorbei, wo eine wütende Henne ihre Küken durch den Staub scheuchte, zum Plumpsklo und wieder quietschten die Angeln, als ich die Tür öffnete, und ein Käfer lief mir über den Fuß. Wie ich das Wasserklosett im Turntalweg vermisste! Doch uns fehlte Geld für ein modernes Bad; nur eine Waschmaschine hatten wir angeschafft, darauf hatte ich bestanden.

Es war still im Haus, als ich zurückkehrte und in den kühlen Gang trat. Vorsichtig lief ich die Stiege zur Schlafkammer hinauf und brachte die Petra zu Bett, sang leise ein Schlaflied, und bevor ich den Refrain zum zweiten Mal wiederholt hatte, war sie eingeschlafen. In der Wiege neben ihrem Bett lag der Alexander, die kleinen Hände zu Fäusten geballt, die wenigen Haare klebten ihm feucht am Kopf. Ich öffnete das Fenster. Drunten im Garten pflückte die Schwiegermutter gelbe Astern und ich dachte an die Narzissen, die sie mir vier Monate zuvor gebracht hatte; bis zum Schluss hatte ich im Stall geholfen, es grad noch in die Klinik, aber nicht mehr in den Kreißsaal geschafft, so plötzlich setzten die Wehen ein und der Alexander kam zur Welt – am selben Tag, an dem auch sein Vater Geburtstag hatte. Anderntags kam der Schwiegervater, der beim ersten Kind ein wenig enttäuscht gewesen war, weil es ein Mädchen war, und lief mit stolzgeschwellter Brust den Klinikflur hinunter und rief: »Wo ist der Bub!?«

Ich winkte.

Die Schwiegermutter wandte sich um und bückte sich.

Auf Zehenspitzen lief ich hinunter in die Küche. Auf dem Herd stand ein Kessel mit gekochten Kartoffeln, ich zog ihn von der Kochstelle und trug ihn vors Haus. Aus dem Schuppen holte ich eine Holzwanne und die Kartoffelmühle und hockte mich im Schatten auf einen Schemel, gab eine Fuhre Knollen in den Trichter, drehte an der Kurbel, bis unten gelbe

Brösel in die Wanne fielen, Futter für die Schweine. Es war eine mechanische Arbeit und ich ließ die Gedanken schweifen – und sah plötzlich die Mutter vor mir, wie sie Kohl hobelte, mit dem Kohlhobel, den sie von der Dilger-Bäuerin ausborgte, sah, wie sie einen Weißkohlkopf aus dem Korb zu ihren Füßen nahm, die äußeren Blätter entfernte, ihn viertelte und den Strunk herausschnitt, drei Viertel beiseite und das vierte in den Holzkasten vom Kohlhobel legte und ihn zügig und gleichmäßig über die Schneiden bewegte, während meine Geschwister und ich ins Fass stiegen und mit nackten Füßen die Schnitze traten, bis sie weich und feucht geworden waren. Ich wischte mir über die Stirn und spürte den lauten Schlag meines Herzens. Wie die Mutter schaffte auch ich Tag und Nacht, versorgte Vieh und Kinder und Haus und Felder, und wie sie beschwerte ich mich nicht. Ich hatte mich aus Liebe zu meinem Mann für dieses Leben entschieden.

Wie sie?

Im selben Moment begann oben ein Weinen, heiser und hungrig.

Mittags zog sich die Schwiegermutter in die Stube zurück. Ich pflückte rasch ein paar Bohnen im Garten und bereitete Bohnen mit Spätzle zu, während der Alexander in einem Körbchen auf der Küchenbank lag und mit großen Augen einer Fliege zuschaute, die unablässig um die Lampe kreiste. Ich deckte grad den Tisch, als oben wieder ein Weinen begann, klagend diesmal, zornig fast, und wieder lief ich die Stiege hinauf. Petras Wangen leuchteten wie Herbstäpfel, doch ihr Blick war klar und das Thermometer zeigte, das Fieber war gesunken, trotzdem weinte sie und war untröstlich und ich nahm sie auf den Arm und lief zurück in die Küche. Dort weinte nun auch der Alexander. Ich klapperte mit seiner Rassel, doch auch er ließ sich nicht trösten, er war hungrig, ich musste ihn stillen. Nebenan in der Stube hörte ich die Schwiegermutter auf und ab gehen; sie wartete darauf, dass ich klopfte und sie zum Essen rief.

Als ich Schritte im Gang hörte, atmete ich auf.

»Ja, mein Mädle, warum weinst denn?« Der Helmut, staubig und verschwitzt, schob mir eine Kirsche in den Mund, eine süße, sonnenwarme Herzkirsche, und nahm die Petra und schaukelte sie in seinen Armen, wiegte sie, warf ihr Küsschen zu und trug sie auf seinen Schultern umher, bis ihr Weinen in ein gurrendes Lachen überging. Ich setzte mich, wischte dem Alexander mit einem kühlen Tuch übers Gesicht und fütterte ihn.

Die Sonne stand hoch, als der Helmut im Stall nach der trächtigen Kuh sah, und ich nahm einen Korb und lief in den Garten. Neben der Schuppenwand lag eine Leiter im Gras und ich richtete sie auf und lehnte sie an den Stamm eines Kirschbaums. Drüben im Kinzigtal standen ganze Haine voller Kirschbäume, Süßkirschen und Schattenmorellen, in unserer Gegend waren sie seltener. In manchen Jahren trugen sie reich und wir verkauften gut, in anderen Jahren verdarben schlechtes Wetter oder hungrige Stare die Ernte. Dieser Sommer war heiß und sonnig und ich hielt mich fest und stieg die Sprossen hinauf in die Krone, wo die Zweige sich unter ihrer Last bogen und begann, mit flinken Fingern zu pflücken. Ringsum war es still, sogar die Vögel schwiegen in der Mittagshitze, und einzelne Sonnenstrahlen, die durch die Äste fielen, zeichneten Sprenkel auf meine nackten Arme, ein flirrendes Muster aus Schatten und Licht. Ich steckte eine Kirsche in den Mund und lauschte der Stille. Manchmal, in Vollmondnächten, wenn nur der Wind rauschte, ab und zu eine Grille zirpte oder ein Uhu oder ein Käuzchen rief, stieg ich in einen Kirschbaum, pflückte ein paar Kirschen und ließ die Ruhe durch meinen Körper strömen, meinen Kopf, ließ sie alle Gedanken beiseiteschieben und mich den Lärm und den Trubel des Tages vergessen machen.

Mit vollem Korb und vollem Bauch stieg ich eine Dreiviertelstunde später die Leiter hinab. Im Haus roch es nach Kaffee und in der Stube hörte ich die Schwiegermutter mit Geschirr klappern. Die Petra plapperte und der Alexander quiekte und kicherte. Ich stellte den Kirschkorb ab und öffnete die Tür.

»Mama!« Über Petras Gesicht zog ein Strahlen, mit ungelenken Schritten lief sie auf mich zu und umklammerte mein Bein, als wäre ich sehr lange fort gewesen. Ich hob sie hoch und küsste sie; ihre Haut war glatt und kühl. Sie lachte und schlang ihre Arme um meinen Hals und ich schob eine alte Zeitung beiseite und setzte mich auf die Ofenbank. *Erster Mensch auf dem Mond!* stand auf der Titelseite, daneben eine Fotografie von einem Astronauten, und ich dachte an den Rochus, der es im Fernsehen gesehen und mir davon erzählt hatte, der Rochus, der nun einen Fernsehapparat besaß.

Die Schwiegermutter stellte das geblümte Milchkännchen auf den Tisch, stolze Bewegungen und ein Gesicht, in dem noch immer eine Kränkung stand, eine Kränkung, von der sie nun bald erzählen würde.

»Trinken wir einen Kaffee miteinander?«, fragte ich.

Sie nickte und stellte den Zucker neben die Milch.

»Ich hab's ja nicht bös gemeint«, brach es aus ihr heraus, »ich wollt nur helfen!«

Tags zuvor hatte sie die Kälber getränkt und ein Jungtier, kräftiger als die anderen, hatte sie beiseitegedrängt, fast wäre sie gestürzt, doch ich konnte von der Kuh nicht fort, die ich grad molk, ungeduldig hatte ich gerufen: »Lass es, ich mach's später!« Wütend hatte sie den Eimer in den Futtergang gestellt und war aus dem Stall gelaufen.

Ich stand auf, tat einen Schritt auf sie zu und umarmte sie. »Ach, Oma, es hat doch keinen Wert. Wir müssen doch miteinander auskommen.«

Die Schwiegermutter zog die Nase hoch und straffte die Schultern. »Ich bin schon noch zu was nütze.«

»Aber sicher. Es hat doch auch niemand gesagt, dass wir dich nicht bräuchten, im Gegenteil.«

Kaum ließ die Hitze nach, setzte das Kreischen der Messerbalken wieder ein, und nun lief der Schwiegervater mit der Sense hinterdrein und mähte den Rain aus. Später molk ich die Kühe und der Kuno brachte die Milchkannen fort; der Schwiegervater setzte sich vors Haus und verlas Kirschen und die Schwiegermutter bereitete das Nachtessen. Hinter den Fichtenwipfeln sank orangerot die Sonne, die Luft schmeckte nach trockener Erde und Staub und ich nahm die Kinder und lief mit ihnen die Wiesen hinunter zum Teich, der zum Hof vom Willi, dem Bruder vom Schwiegervater, gehörte. Der Helmut sah uns, als er vom Haferfeld zurückkehrte. Mit schweren Schritten, die Schultern sonnenverbrannt, stieg er vom Traktor und lief den Hang hinunter. Staub klebte in seinem Haar, seinen Brauen, seinen Wimpern, und seine Bartstoppeln kitzelten, als er mir einen Kuss gab. Seufzend ließ er sich ins Gras sinken, zog seine Schuhe aus und hielt die Füße ins Wasser. Er sah müde aus.

Um drei in der Nacht kalbte die Kuh.

1970

Den Mund leicht geöffnet, lag mein Mann auf dem Rücken, seine Brust hob und senkte sich kaum, doch bei jedem Atemzug rasselte es in seiner Brust.

»Helmut.« Ich flüsterte seinen Namen ins Halbdunkel der Kammer und berührte zaghaft seine Schulter. Unten führte der Meier-Bauer seine Kuh vom Hänger, unruhiges Hufgetrappel auf der Rampe, nervöses Muhen und kurze scharfe Rufe, Geißelknallen.

Mein Mann schlief.

Ich zögerte einen Moment, dann zog ich die Hand zurück. Ich ging zum Fenster, öffnete die Vorhänge, Sonnenlicht fiel herein und Staub schimmerte in der Luft. Wieder hockte ich mich auf den Bettrand. Strich über mein Kleid, meine Schürze, und wusste nicht, was tun. Nach dem Mittagessen war der Helmut in die Schlafkammer hinaufgestiegen; inzwischen war Nachmittag.

Heftiges Muhen. Ein noch heftigeres »Hohhh!«.

Und wieder Geißelknallen.

»Helmut.« Ich erschrak über meine eigene Stimme, so laut hatte ich nicht rufen wollen, ich wollte ihn gar nicht wecken. Seit Tagen war er erschöpft und am Ende seiner Kräfte.

Mein Mann gab einen heiseren Laut von sich und drehte sich auf den Rücken. Sein Gesicht wirkte schmal und blass in den weißen Kissen, unter seinem Auge zuckte eine Ader. Er schlug die Augen auf und sah mich an, mit einem Blick, der von weit her kam. Ich wischte mir über die Stirn. »Der Meier-Bauer ist da.« Es klang wie eine Entschuldigung.

Muhen. Und wieder das Zischen der Geißel.

»Die Kuh soll zum Bullen. Der Meier-Bauer sagt, ihr habt beim letzten Züchtertreffen drüber gesprochen.«

Mein Mann stützte sich auf die Ellenbogen, mühsam wie ein Greis. Ich stand auf, trat einen Schritt zurück. »Es tut mir leid, dass ich dich weck, aber …« Eine Kuh zum Bullen zu führen war Männersache, keine Bäuerin tat das. Außerdem fürchtete ich mich vor dem Bullen.

»Ist schon recht.« Er sah auf den Wecker, der auf dem Nachttisch stand, neben unserem Hochzeitsfoto und Bildern von den Kindern, und erschrak. Er schlug die Decke zurück und richtete sich auf – im nächsten Moment schloss er die Augen, als sei ihm schwindelig geworden.

Unten auf dem Platz vorm Stall scharrten Hufe.

»Ich wollt gar nicht schlafen.« Eine Stimme wie brechendes Eis. »Ich wollt mich nur einen Moment hinlegen.« Er schob die Beine unter der Decke hervor, hielt inne, als müsste er sich sammeln, bevor er aufstand. Seine Füße schabten über den Boden, suchten nach den Pantoffeln. »Sag ihm, ich komm sofort.«

Wie festgewachsen stand ich neben dem Bett. »Gut«, antwortete ich, »ich geh und sag ihm, du kommst sofort.«

»Ja.« Er lächelte matt. »Sag ihm, ich bin sofort da.« Eine Fliege kreiste um seinen Kopf und landete auf seiner Stirn, er bemerkte es nicht. Wie in Zeitlupe erhob er sich und griff nach seinen Manchesterhosen.

Ich riss mich los und lief aus der Schlafkammer.

Am Sonntag darauf scharrte die Leni mit der Vorderklaue, als ich in der Früh in den Stall kam, die Rosa blinzelte und hob den Schwanz und der Bulle schnaubte, wie immer, wenn er mich sah. Ich griff nach den Schläuchen der Melkmaschine, klopfte der Emma auf die Flanke, hockte mich nieder und säuberte ihr Euter, massierte ihre Zitzen, bis die erste Milch kam, und stülpte ihr die Zitzenbecher über.

»Geh und zieh dich um, mein Schatz«, sagte der Helmut und lehnte seine Mistgabel an die Wand, als ich die frische Milch seihen wollte. Auf seiner Stirn glänzte Schweiß. Hastig gab ich ihm einen Kuss, lief in die Küche und wusch mich, lief hinauf in die Kammer und schlüpfte in mein Kirchkleid, die geputzten Schuhe, den dunklen Mantel, warf schnell einen letzten Blick in die Kammer, in der die Kinder schliefen, und hastete hinunter.

Der Volkswagen stand vor der Tür, als ich aus dem Haus trat; der Helmut hatte ihn vorgefahren, das tat er oft, wenn ich in Eile war. Ich stieg ein und legte meine Handtasche auf den Beifahrersitz – da fiel mir ein, dass meine Geldbörse in der Stube auf dem Tisch lag.

Rasch lief ich zurück ins Haus.

Die Fensterläden waren noch geschlossen, drum öffnete ich sie geschwind. Draußen lief der Helmut mit einem vollen Schubkarren zum Misthaufen, stieß ihn mit Schwung das Brett hinauf, doch auf halber Höhe kippte der Karren und eine Ladung Mist klatschte zu Boden. Mein Mann hustete und fuhr sich an den Hals. Er legte eine Hand auf seine Brust, beugte sich vor und hustete und hustete, ein rasselndes, klirrendes Husten, dann hörte ich ihn keuchen. Starr stand ich am Fenster. Ich wollte seinen Namen rufen, doch etwas hielt mich zurück. Da richtete er sich wieder auf, griff nach dem Karren und leerte den restlichen Mist auf den Haufen.

Ich trat einen Schritt zurück und schloss leise das Fenster.

Um halb neun, als ich von der Frühmesse heimkehrte, stand die Schwiegermutter im Mantel bereit, der Schwiegervater trug seinen guten Anzug, den Schnurrbart hatte er sauber gestutzt, die Schuhe gewichst. Ich nahm die Kinder und lief mit ihnen in die Küche, wir sangen Lieder und ich bereitete das Mittagessen, während der Helmut mit den Eltern zur Hauptmesse fuhr; genauso hatten es einst auch meine Eltern gehalten und ab und zu hatte der Vater, der stets seinen gesamten Lohn ablieferte, die Mutter nach der Kirche um Geld gebeten und war auf dem Heimweg in der Wirtschaft auf der Wilhelmshöhe auf ein Bier eingekehrt.

»Ich ruh mich kurz aus«, sagte der Helmut nach dem Mittagessen. Ich nickte und die Schwiegermutter musterte ihren ältesten Sohn.

Am Nachmittag lag blassblauer Himmel überm Tal und ich zog der Petra einen Anorak an und band dem Alexander einen Schal um; obwohl es Mai war, wehte ein kühler Wind. Mit dem Auto fuhren wir in den Ort und von dort hinaus zum Blindensee. Die Birken auf den Moorwiesen hatten bereits frische Blätter, Sauerampfer spross, gelber Frauenmantel und weißes Wollgras, und die Bäume spiegelten sich im beinahe schwarzen Wasser. Die Petra hüpfte an meiner Hand und der Helmut setzte den Alexander auf seine Schultern, der Kleine krähte vor Freude, er liebte es getragen zu werden. Am gegenüberliegenden Ufer stürzte eine Wildente aus dem Schilf, es platschte und dauerte einen Moment, bis sie wieder auftauchte, dann begann sie, zügig und gleichmäßig ihre Bahnen zu schwimmen, wobei sie eine Fahrrinne hinter sich herzog, ein immer weiter werdendes *V*. Ab und zu tauchte sie den Schnabel ins Wasser, ohne dabei das Tempo zu verlangsamen.

Der Helmut blieb stehen, er atmete schwer.

»Was ist mit dir?«

Er schüttelte den Kopf.

»Seit Tagen hustest du, hast du dich erkältet?« Die Petra schmiegte sich an sein Bein und bettelte, sie wollte auch auf seinen Schultern sitzen. Der Helmut räusperte sich und hob sie hoch und ich nahm ihm den Alexander ab. Wir liefen eine Weile, und als wir eine Gruppe Krüppelkiefern erreichten, vor denen eine Bank stand, setzen wir uns. Der Helmut hustete; wieder rasselte es in seiner Brust.

»Du musst zum Doktor gehen.«

Er nickte. Der Alexander krabbelte über den weichen Waldboden und sammelte Kiefernzapfen, die Petra warf einen nach dem anderen ins Wasser und jedes Mal, wenn einer mit einem Plumps im dunklen See verschwand, klatschte sie begeistert in die Hände. Der Helmut sah ihnen zu. Sein Gesicht war grau.

»Sollen wir umkehren?«, fragte ich nach einer Weile.

Er nickte.

Anderntags fuhr mein Mann zum Doktor, der ihn ins Krankenhaus nach Triberg überwies. Dort untersuchte und röntgte man ihn.

Die Ärzte diagnostizierten ein Lungenödem.

1971

An einem grauen Frühjahrstag lief ich mit hochgeklapptem Kragen und müde von der Nacht die Auffahrt zur Klinik hinauf. Es regnete, der Himmel war wolkenschwer und der Gehweg voller Pfützen. Ein Auto hupte und ich sprang zur Seite. Eine Katze schrie.

Die Eingangshalle war kahl und leer, einzelne Grünpflanzen standen herum wie herrenlose Hunde. Die Schwester am Empfang nickte; sie kannte mich, seit einer Woche lag der Helmut auf der Station für innere Medizin. Seine Lymphen waren geschwollen, er hatte Fieber. Er beteuerte, die Schwellungen schmerzten nicht, trotzdem machte ich mir Sorgen. Er bekam Cortisonspritzen, doch bislang wussten die Ärzte nicht, was ihm fehlte.

Mit dem Aufzug fuhr ich in den zweiten Stock, lief mit schnellen Schritten den Gang hinunter, wie immer roch es nach Karbol und das Linoleum glänzte wie frisch gewischt. Vor einer weißen Tür blieb ich stehen. Ich horchte; drinnen war nichts zu hören. Ich holte ein paarmal tief Luft, streckte die Schulter, setzte mein schönstes Lächeln auf und öffnete die Tür. »Hallo, mein Schatz.«

In einem gelben Morgenmantel saß der Helmut an dem kleinen Tisch am Fenster, vor sich eine Zeitung und eine Tasse mit Tee. Unter seinen Augen lagen Schatten und er war blass; aber vielleicht lag das auch an dem gelben Mantel.

Er lächelte. »Da bist du ja.«

Ich deutete auf zwei leere Betten. »Wo sind die anderen?«

»Entlassen.«

»Beide?« Ich strahlte ob der guten Nachricht.

Der Helmut nickte und ich beugte mich hinab und gab ihm einen Kuss. Ich knöpfte meinen Mantel auf, hängte ihn über die Lehne eines leeren Bettes und schlüpfte aus den nassen Schuhen. Ich öffnete meine Tasche, nahm einen frischen Schlafanzug heraus, ein Heft mit Kreuzworträtseln und eine Plastikdose. »Ich hab dir Streuselkuchen mitgebracht. Und ich soll dir sagen, die Mutter kommt dich morgen besuchen.«

Der Helmut strich über die Dose. Ich zog einen Stuhl heran und setzte mich. Draußen schien die Sonne und warf lange Schatten aufs Tischtuch und ich rieb einen Fleck von der Wachsdecke. Es roch nach süßem Pfefferminztee. »Geht's dir besser?«, fragte ich. »Du wirkst frischer als gestern.«

Er nickte und schob die Zeitung beiseite. Hinter ihm an dem schmalen Wandschrank hingen drei Rahmen für Patientenblätter; zwei waren leer. »Erzähl, wie's dir und den Kindern geht.«

Ich unterdrückte ein Gähnen. »Der Alexander bekommt einen neuen Zahn und hat die halbe Nacht geweint. Und die Petra hat der Schwiegermutter gestern beim Melken geholfen und der Leni einen Zitzenbecher übergestülpt.«

»Aus dem Mädle wird mal eine gute Bäuerin.« Er lächelte und rieb seinen Hals.

Ich lachte und strich über meine kalten Wangen. »Außerdem sind die Kartoffeln nun gesetzt. Der Hans und die Resi haben geholfen.«

Mein Mann ließ seine Hand sinken und sah aus dem Fenster.

»Der Vater und der Kuno kümmern sich abwechselnd um den Bullen. Der Karl kommt fast jeden Tag auf dem Heimweg von der Elektrizitätsgesellschaft auf der Grub vorbei und schaut, ob er helfen kann, und der Siegfried auch. Der Karl hat grad Gülle ausgebracht.«

Der Blick meines Mannes verlor sich ins Leere.

Ich streckte meine Hand aus, berührte seinen Arm und fuhr fort, berichtete, wie es auf dem Hof stand, erzählte vom Eggen und Einsäen und Düngen, vom Vieh und vom Garten und dass wir zurechtkamen, dass er sich keine Sorgen machen musste. Dass die Preise für Ferkel sinken sollten, erzählte ich nicht.

»Bald bin ich wieder daheim.« Er sah auf. Sah mich an mit seinem ruhigen, dunklen Blick und ich sah die Scham, die auch darin lag.

Ich schluckte. »Helmut, das Wichtigste ist, dass du wieder gesund wirst. Denk nur daran, sorg dich nicht um uns.«

Draußen jaulte ein Martinshorn.

Ich drückte seine Hand. »Nächste Woche zu deinem Geburtstag bring ich die Kinder mit.«

Er nickte, räusperte sich und trank einen Schluck kalten Pfefferminztee. Draußen auf dem Gang rief jemand nach dem Doktor.

»Ich werd dir eine Schwarzwälder Kirschtorte backen.«

Er lächelte und zog seine Hand zurück.

»Eine richtige Festtagstorte!«

»Das ist nett von dir.«

Ich betrachtete meine Finger, die mager und verlassen auf dem Wachstuch lagen, lächelte und versuchte, meine Stimme fest und zuversichtlich klingen zu lassen. »Du wirst sehen, alles wird gut.«

Er nickte.

Als die Besuchszeit zu Ende ging, schlüpfte ich in meinen Mantel, die feuchten Schuhe, nahm die schmutzige Wäsche aus dem Schrank, zwei alte Schlafanzüge und getragene Socken, und steckte alles in meine Tasche. Mein Mann saß immer noch auf seinem Stuhl und ich beugte mich hinab und gab ihm einen innigen Kuss. Tränen brannten mir in den Augen.

Ich richtete mich auf und wandte mich ab, nahm die Tasche und streckte die Schultern, ich lächelte und warf dem Helmut eine letzte Kusshand zu. Dann trat ich hinaus auf den Gang und zog die Tür hinter mir zu.

Ich fror. Und mein Mund schmerzte vom Lächeln.

»Frau Hettich?« Die Oberschwester winkte vom Schwesternzimmer herüber. »Der Herr Professor möcht Sie sprechen.«

»Jetzt?« Ich schluckte und sah auf die Uhr; es war bald Zeit zum Melken.

Sie nickte. »Klopfen Sie grad an seine Tür.«

Ich schlug den Kragen hoch. Mit dem Fahrstuhl fuhr ich in den dritten Stock, lief hastig einen langen Gang entlang, stieß eine Glastür auf und lief einen weiteren Gang hinab, bis ich schließlich vor seiner Tür stand.

Das Zimmer war funktional und nüchtern eingerichtet, ein Schreibtisch, ein Regal mit medizinischen Fachbüchern, an der Wand hing ein Lichtkasten, davor ein Röntgenbild, ich erkannte zwei Lungenflügel. Auf der Fensterbank stand eine Sansevierie, die Spitzen ihrer fleischigen Blätter waren braun.

»Bitte.« Er deutete auf einen geschwungenen Rohrstuhl mit einem grünen Kunstlederpolster und nahm selbst auf der anderen Seite seines Schreibtischs in einem Sessel Platz. Er schob einige Akten beiseite. Sein weißer Kittel hatte Falten, seine Augen waren gerötet. Er stützte die Ellenbogen auf seine Schreibtischunterlage, faltete die Hände und sah mich an. »Ich will nicht lange um den heißen Brei reden.«

Ich betrachtete seine hohe Stirn, die Geheimratsecken.

»Ihr Mann ist an Morbus Hodgkin erkrankt, einem bösartigen Tumor, der das Lymphsystem befällt.«

Ich betrachtete seinen Mund, der sich bewegte. Seine Schneidezähne standen schief.

»Frau Hettich?«

Seine Schneidezähne standen schief und er hatte sehr schmale Lippen.

»Frau Hettich, verstehen Sie, was ich Ihnen sage?«

Ich nickte.

»Es besteht kein Zweifel mehr, die Laboruntersuchungen haben eine absolute Lymphopenie sowie eine Eosinophilie ergeben, außerdem eine leichte Anämie und eine LDH-Erhöhung.«

»Aber es geht ihm doch gut.«

»Im Moment können wir Ihren Mann durch Medikamente stabilisieren. Doch langfristig werden wir nicht viel tun können. Das Fatale an der Krankheit ist, dass sie sich über das Lymphsystem im gesamten Körper ausbreitet.«

Seine Stimme war so leise.

»Ich kann Ihnen keine Hoffnung machen.«

Und da war dieses Dröhnen in meinen Ohren.

»Ihr Mann sollte sich schonen. Wir haben ihm die Diagnose noch nicht mitgeteilt.«

Und das Licht, warum war das Licht so hell?

»Die Wahrheit würde ihn belasten, darum spreche ich zuerst mit Ihnen.«

Seine Stimme war kaum noch zu verstehen. Jetzt erhob er sich, reichte mir die Hand. Ich ergriff sie, schüttelte sie, dann wandte ich mich um und ging.

Draußen fiel kalter Regen vom Himmel, hüllte wie ein Vorhang Häuser, Straßen, Menschen ein und ließ alle Geräusche verstummen. Zögernd, wie von fremder Hand bewegt, lief ich die Auffahrt hinunter. Nie zuvor war solch eine Stille um mich gewesen.

Eine Krähe hüpfte auf den Gehsteig und starrte mich an.

Drei Wochen nachdem wir mit Schwarzwälder Kirschtorte Alexanders zweiten und Helmuts achtunddreißigstem Geburtstag gefeiert hatten, wurde mein Mann aus dem Krankenhaus entlassen. Die Schatten unter seinen Augen waren verschwunden. Sein Gesicht war nicht mehr blass und sein Appetit zurückgekehrt, er hatte sogar ein paar Kilo zugenommen.

Daheim lief er in den Stall und sah nach den Schweinen, den neuen Ferkeln, den Kühen und den Kälbern, und der Bulle schnaubte und sprang, als er ihn sah, und mir war, als täte er es nicht nur aus unbändiger Kraft, sondern auch, weil er sich freute. Er lief über Weiden und Felder, prüfte die Saat und die Kartoffeln und kurz darauf, an einem Morgen, an dem der Himmel veilchenblau leuchtete, stieg er auf den Traktor und begann die Wiesen zu mähen.

Alle Müdigkeit war wie weggewischt.

Ich lief hinterdrein und wendete das Heu, bis es dürr war, und sog seinen würzigen Duft ein, als wäre es das erste Mal. Wir pflanzten Bohnen, Kohl und Rüben. Ich molk und der Helmut brachte die Milchkannen fort, und wenn er zurückkehrte, führte er den Bullen am Nasenring, gewöhnte ihn wieder an den Strick, übte Stillstehen mit ihm und Laufen, und bei der nächsten Bullenschau gewann der Bulle eine Medaille; er wog siebenhundert Kilo, beeindruckte mit Knochenbau und Muskulatur und der Härtegrad seiner Klauen war unübertroffen, was, das wusste jeder Züchter, bedeutete, dass er ausgesprochen widerstandsfähig gegen Krankheiten war.

Im Sommer mähten wir Korn, fuhren Hafer, Gerste und Weizen ein, ernteten Kirschen und Beeren und machten ein zweites Mal Heu. Im Herbst pflügten wir, düngten und droschen, mahlten, mosteten und schlachteten ein Schwein. Wir sahen den Kindern zu, wie sie heranwuchsen und als der erste Schnee fiel, gingen wir rodeln und fuhren Ski hinterm

Haus. Kurz vor Heiligabend liefen wir gemeinsam in den Wald und der Helmut fällte einen Weihnachtsbaum. Ab und zu hielt ich inne und sah meinem Mann zu, wie er zupackte und schaffte, wie er die Kinder herzte oder mit ihnen schimpfte, wenn sie nicht gehorchten. Ich sah, wie glücklich er war, wie eins mit sich und der Welt, und die Worte des Professors schienen mir wie ein großer Irrtum, eine Verwechslung. Nein, ich würde ihm nichts von den düsteren Prognosen erzählen. Sollte der schlaue Doktor doch reden – wenn der Herrgott ihn nicht wollte, würde mein Helmut noch sehr, sehr lange bei uns bleiben.

Im Jahr darauf, der Tannenbaum war bereits geschmückt, klagte der Schwiegervater über Bauchweh; Ostern starb er an Magenkrebs, fünfundsiebzig Jahre alt. Fortan fehlte ein Mann auf dem Hof. Der Helmut und ich schafften härter und die Geschwister halfen aus, der Karl, der Siegfried oder der Kuno, der geheiratet hatte und nicht mehr auf der Grub lebte, der Rochus, der Hans oder der Erich, die Rosmarie und der Hermann, und zur Erntezeit im Sommer ließ mein Mann einen Lohnarbeiter mit einem Mähdrescher kommen.

Das Getreide war grad eingebracht, da fand ich ihn eines Nachmittags, alle viere von sich gestreckt, auf dem Heuboden. Er rappelte sich auf, als er mich sah. »Ich komm gleich.«

Blass sah er aus und müde.

Abends lief ich den Hang hinauf zum Wald, kniete vor der Grotte nieder, der Muttergottes, die Hände vor der Brust gefaltet, die Augen sehnsüchtig zum Himmel geschlagen, und betete.

Gegrüßet seist du, Maria, voll der Gnade,
der Herr ist mit dir,
du bist gebenedeit unter den Weibern,
und gebenedeit ist die Frucht deines Leibes, Jesu …

1974

Bereits im September begann es zu schneien, früh und heftig, und bald waren Wiesen und Felder unter einer Decke aus Schnee begraben, die Kartoffeln noch nicht geklaubt, der Hafer ungemäht. Zu Allerheiligen versank die Welt vollends.

In der Früh schüttelte die Schwiegermutter den Kopf und murmelte: »Tritt Matthäus stürmisch ein, wird's bis Ostern Winter sein«, dann streifte sie ihre karierten Pantoffeln ab und schlüpfte in die schweren Stiefel, den Mantel. Gegen den Wind gestemmt stapfte sie durch hohe Schneewehen hinauf zur Muttergottes und weiter in den Ort, zum Postamt, sie wollte im Krankenhaus anrufen; nur in dringenden Fällen liefen wir zum Tritschler-Bauern, der ein Telefon besaß.

Ich stand am Fenster und sah ihr nach, sah, wie das Wetter ein weiteres Mal die Arbeit von Monaten zerstörte, wir wieder einen Teil der Ernte verloren. Ich hatte meinen Mann gebeten, ein paar Felder an den Nachbarn zu verpachten, der hätte sie gern genommen, doch er tat sich schwer, von seinem Grund und Boden herzugeben. »Wenn's mir besser geht«, sagte er, »kaufen wir neue Maschinen, dann können wir besser wirtschaften.« Ich nickte und schwieg. Wie könnte ich sagen: »Helmut, du wirst nicht gesund, drum bitte, sorg für mich und die Kinder und die Schwiegermutter, und lass uns einen Pachtvertrag schließen, denn dann bekommen wir, wenn das Schlimmste geschehen sollte, eine Landabgaberente«?

Ich lehnte den Kopf gegen die Scheibe, zog die Pulloverärmel über meine Finger und starrte in den schneeschweren Himmel, der wie eine Last überm Tal hing.

Was war das für ein Wetter?

Was war das für eine Welt?

Ich schluckte mein Weinen und wandte mich abrupt um. Neben dem Radio stand ein Foto von Petras Einschulung; kurz zuvor hatte der Doktor ihren Vater ins Krankenhaus einweisen lassen, zum fünften Mal in diesem Jahr. Inzwischen war er zudem an Miliartuberkulose erkrankt, einer schweren Form der Tuberkulose, und die Kinder durften ihn nicht mehr besuchen. Seit sechs Wochen hatten sie ihren Vater nicht gesehen; manchmal schien es mir, als hätten sie sich bereits an seine Abwesenheit gewöhnt.

Jedes Mal, wenn der Helmut nach einem Klinikaufenthalt heimgekommen war, war es ihm besser gegangen, doch es ging ihm nie gut. Er konnte die schweren Milchkannen nicht mehr tragen, konnte kaum mähen, dreschen, roden, düngen. Der Karl half viel und der Siegfried, und meine Geschwister halfen aus, obwohl sie selbst Familie hatten. Der Helmut litt darob, er schämte sich; und ich litt, weil er litt.

Ein eiserner Ring legte sich immer fester um meine Brust.

Die Kuckucksuhr schlug und ich schrak auf. In zwei Stunden käme der Alexander aus dem Kindergarten zurück, die Petra aus der Schule, es war an der Zeit, die Betten zu machen, abzuwaschen und aufzuräumen und das Mittagessen vorzubereiten.

Als die Schwiegermutter heimkam, zog sie die Stiefel nicht aus, putzte sie nicht einmal ab, in Schuhen und Mantel und ganz verschneit eilte sie den Gang hinunter, ihre Wangen glänzten von der Kälte, als sie in der Küchentür stand, ihr Blick war schwarz. »Wenn's geht, sollst kommen.«

Etwas in mir gefror.

Ich legte die Packung mit den Makkaroni beiseite, zog die Tomatensoße vom Herd, schob mich an der Schwiegermutter vorbei und griff im Halbdunkel des Gangs nach Mantel, Schuhen, Handtasche. Ohne ein Wort lief ich hinaus und zum Auto, der Motor sprang sofort an, doch die Reifen drehten durch, als ich die Kupplung kommen ließ, der Volkswagen rutschte und schlitterte über den gefrorenen Schnee, bis ich ihn stehen ließ und den Feldweg hinauf zum Tritschler-Bauern rannte. Außer Atem bat ich seine Frau, mir ein Taxi zu rufen.

Eine Ewigkeit verging, bis ich im Krankenhaus ankam.

Eine Schwester wusch meinem Mann das Gesicht, als ich die Tür zum Krankenzimmer öffnete, kühlte sein fieberrotes, ausgezehrtes Gesicht. Ich schluckte, riss mich zusammen und trat ein. »Wie geht's dir, mein Schatz?«

»Gut, Anni, gut.« Eine Stimme dünn wie Papier. Ein Lächeln, das auf den Lippen zerfiel.

Ich hockte mich auf den Rand vom Bett, griff nach seiner schmalen Hand. Die Schwester drückte den Waschlappen aus und tupfte noch einmal über seine Stirn, dann nahm sie die Nierenschale vom Nachtkästchen und leerte sie ins Waschbecken neben der Tür. Mein Mann sah mich an, mit wundem Blick. »Weihnachten bin ich wieder daheim, das versprech ich dir. Dann feiern wir auch Petras Einschulung, wir holen alles nach …«

»Pssst.« Ich legte einen Finger auf seine Lippen.

»Würden Sie Ihrem Mann noch die Zähne putzen?«, fragte die Schwester und breitete ein Handtuch über die Bettdecke. Die anderen Patienten schliefen oder taten zumindest so und ich nickte und stand auf, zog meinen Mantel aus und hängte ihn über eine Stuhllehne. Ich nahm die Zahnbürste von der Konsole, die Zahnpastatube, füllte Wasser in ein Zahnputzglas und prüfte die Temperatur; in meinem Kopf tobte ein Sturm, doch jede meiner Bewegungen war ruhig und präzise.

»Wie macht sich unsre Tochter in der Schule?«

»Gut.« Ich hockte mich wieder auf den Rand vom Bett. »Sie kann ihren Namen schreiben, und wenn ich nicht aufpasse, schreibt sie ihn bald auch noch auf die Tapeten.« Behutsam betupfte ich seine aufgesprungenen Lippen. Dann gab ich etwas Zahnpasta auf die Bürste, hob seinen Kopf, er öffnete den Mund, artig wie ein Kind. Sanft fuhr ich mit der Bürste über die oberen Zähne, die unteren, putzte die Schneidezähne, die Backenzähne, sanft, aber gründlich, als hinge seine Gesundheit von geputzten Zähnen ab. Als er den Mund ausspülte, hustete er und spuckte, und ich wischte die Flecken von der Bettdecke und half ihm, sich wieder hinzulegen.

»Möchtest du einen Pfefferminztee trinken?«

Leise schüttelte er den Kopf.

»Etwas anderes? Orangensaft vielleicht? Sag mir, worauf du Appetit hast und ich besorge es dir.«

Sein Gesicht war weiß wie das Laken. Seine Brust hob sich langsam und schwer, sein Atem rasselte.

»Ananas«, flüsterte er.

»Ananas?«

»Mhhh.«

»Gut, ich werd sehen, was ich tun kann, mein Schatz.« Ich beugte mich vor und gab ihm einen Kuss; ich scherte mich nicht darum, dass die Ärzte mir rieten, meinem Mann nicht zu nahe zu kommen.

Auf dem Gang holte ich tief Luft. Eine Frau, auf zwei Krücken gestützt, ihr rechtes Bein dick wie das eines Elefanten, blieb stehen und musterte mich. Ein Kind schrie und ein Mann schimpfte. Die Schwester kam aus dem Nebenzimmer, in der Hand eine Bettpfanne. »Frau Hettich, ist Ihnen nicht gut?«

»Ananas.« Meine Lippen zitterten. »Wo bekomme ich eine Dose Ananas?«

Sie musterte mich, als brauchte sie einen Moment, um meine Worte zu verstehen. Dann nahm sie meinen Arm und schob mich ins Schwesternzimmer. »Setzen Sie sich, ich bin gleich zurück.«

Ich ließ mich auf einen orangefarbenen Plastikstuhl sinken. Auf dem Tisch stand eine Vase mit Trockenblumen, daneben lagen zwei Groschen und eine Ansichtskarte mit einem Bild von der Akropolis. Dahinter, an der Wand, eine Reihe Schränke mit gläsernen Türen, in den Fächern, ordentlich aufgestapelt, Schachteln mit Medikamenten und Verbände, nach Größen sortiert. Neben der Tür ein Regal mit hellgrünen Kartons. An einem Haken zwei Kittel.

Eine seltsame Ruhe.

»Ich glaub, ich hab etwas für Sie.« Die Stimme kam wie von fern und es dauerte einen Moment, bis ich die Bedeutung der Worte erfasste. Ich sah, wie die Schwester ihr dickes, dunkles Haar löste, es schüttelte, mit beiden Händen am Hinterkopf fasste und wieder zusammmenband. Dann öffnete sie einen Schrank, auf dem eine Kaffeemaschine stand, und nahm eine Dose heraus.

»Sie schickt der Himmel«, flüsterte ich. »Wissen Sie, mein Mann … er sagt … er würd so gern Ananas essen …«

Sie stellte die Dose auf den Tisch. »Ihr Mann ist so ein feiner Mensch. Nie ungeduldig und nie aufbrausend – ich wünschte, alle Patienten wären so.«

»Ja.« Meine Beine zitterten, als ich aufstand.

Sie sah mich an. »Möchten Sie vielleicht erst noch einen Kaffee trinken?«

Erst jetzt nahm ich den Kaffeegeruch wahr. Mit geübten Handgriffen stellte sie Tassen auf den Tisch, Milch und Zucker, und für einen Moment spürte ich, wie der Druck in meiner Brust nachließ. Dann schüttelte ich den Kopf und griff nach der Dose. »Haben Sie vielen, vielen Dank.«

Wieder sah sie mich an und in ihrem breiten, etwas groben Gesicht lag etwas, das ich nicht sehen wollte. Abrupt wandte ich mich um.

»Warten Sie!« Wieder zog sie eine Schublade auf, nahm einen Öffner und eine Gabel heraus und wickelte beides in eine Serviette. Ich nickte ihr zu und lief hinaus.

»Wie hast das wieder angestellt?«, fragte der Helmut, während ich ihn Gabel für Gabel mit Ananashappen fütterte.

Am Nachmittag stieg sein Fieber und er fiel in unruhigen Schlaf, aus dem er immer wieder hochschreckte, weil er keine Luft bekam. Er röchelte, dass es mir wehtat, und ich schlug ein Kreuz und massierte seine Hände, weiß und kalt wie der Schnee, der sich auf der Fensterbank türmte, auf den Ästen der Bäume, den Hügeln in der Ferne. Der Doktor kam. Er blätterte durch die Krankenakte. Kurz darauf brachten zwei Schwestern ein Sauerstoffzelt. Die anderen Patienten schlüpften in ihre Morgenmäntel und verließen mit wortlosem Nicken das Zimmer. Starr saß ich da und sah zu, wie mein stolzer Mann, der die Freiheit liebte, die Natur, den Wind und die Sonne, der mit ausholenden Schritten über Felder und Wiesen lief und nicht einmal einen 700-Kilo-Bullen fürchtete, wie ein Gefangener unter den Planen lag und unter Schmerzen versuchte, ein- und auszuatmen. Irgendwann ertappte ich mich, dass ich dachte: »Herr, dann nimm ihn eben zu dir, nur lass ihn nicht mehr leiden.«

»Anni?«

Ich fuhr hoch. Ich war eingenickt.

»Anni, wenn du das nächste Mal kommst, bring den Pachtvertrag mit.«

Ich rieb mir die Augen. Mein Herz raste. »Wie kommst jetzt darauf?«

»Ich unterschreib.«

Ohne recht zu begreifen, was ich tat, legte ich einen Finger auf seine Lippen. »Psst, jetzt musst dich erst einmal erholen.«

Dann trug das Fieber ihn wieder fort.

Kurz vor Ende der Besuchszeit, draußen war es längst dunkel, nahmen die Schwestern das Sauerstoffzelt fort. Eine leichte Röte lag auf Helmuts Wangen, doch es war keine Fieberröte, eher sah er aus, als habe er einen Spaziergang gemacht. Sein Atem floss leicht und gleichmäßig, nur ab und zu hustete er. Ausnahmsweise ließen die Schwestern noch den Karl und seine Frau herein, die beide auf dem Gang warteten. Die Erika zog einen *Stern* aus ihrer Handtasche und ein Heft mit Kreuzworträtseln, der Karl öffnete eine Flasche mit eiskaltem Orangensaft und ich holte Gläser. Wir stießen an, als tränken wir Sekt. Wir prosteten uns zu.

»Gut siehst du aus«, sagte der Karl.

»Ja, mein Schatz, gut siehst du aus«, flüsterte ich und diesmal war es keine Lüge, obwohl ich staunte, wie schnell sich mein Helmut erholt hatte. Ich drückte seine Hand – und mit einem Mal kroch ein kratziges Lachen meinen Hals hinauf, ungläubig, unbändig, es brach heraus und die anderen stimmten ein. Mein Mann sah mich an, mit seinen dunklen Augen und dem ruhigen Blick, mit dem er mich immer ansah, seit jenem Abend in der Schönwalder Festhalle, beim Fasnachtsball, als ich ihn zurückgewiesen hatte, weil doch Damenwahl war – wie gut, dass er so hartnäckig gewesen war.

»Ich glaub, jetzt geht's wieder bergauf.«

»Ja, mein Schatz«, sagte ich. »Jetzt wird's wieder gut.«

Er stützte sich auf seinen knochigen Ellenbogen. »Anni, bald bin ich wieder daheim.«

»Ja, Helmut, bald bist wieder daheim.«

Er hielt noch immer meine Hand, hielt sie einfach fest und ließ sie nicht los. »Anni?«

»Ja, Helmut?«

Seine Augen glänzten und es war, das wusste ich genau, nicht das Fieber. »Anni, ich hab dich so gern.«

Ich beugte mich vor und gab ihm einen Kuss.

Während der Heimfahrt war ich ausgelassen, seit Wochen hatte ich mich nicht so leicht gefühlt. Als wir den Wald erreichten, hinter dem sich das Tal öffnete, bat ich meinen Schwager, anzuhalten. »Ich lauf den Rest, ein bissle Luft wird mir guttun nach diesem Tag.«

Ich wartete, bis er zurückgesetzt und gewendet hatte und die roten Lichter im Dunkel verschwanden, dann lief ich im Mondlicht den Weg hinauf zur Grotte. Die Muttergottes trug ein Kleid aus Schnee und ich schlug ein Kreuz und faltete die Hände.

Gegrüßet seist du, Maria, voll der Gnade,
der Herr ist mit dir,
du bist gebenedeit unter den Weibern,
und gebenedeit ist die Frucht deines Leibes, Jesu …

Anderntags in der Früh bekam der Tritschler-Bauer einen Anruf. Er stieg in seine Stiefel, den Mantel, und lief eine Viertelstunde durch den verschneiten Wald, den Feldweg hinab zum Sigmundenhof, wo ich mit der Schwiegermutter bei einem späten Frühstück in der Stube saß, die Petra in der Schule und der Alexander im Kindergarten.

Im Türrahmen blieb er stehen, den Hut in der Hand. »Anni …« Eine Stimme wie Eis, das bricht.

Ich sah auf und wusste es.

Wandel

Die Welt versank in Schnee und Eis.

Schließlich kamen Soldaten, sie kamen mit schwerem Gerät und räumten Straßen und Wege. Sie brachten Heu und Rüben, Futter für's Vieh, sie gruben Kartoffeln aus dem gefrorenen Boden.

»Die Ernte können wir nicht mehr retten«, sagte einer.

»Was interessiert mich die Ernte«, sagte ich.

Mein Mann lag auf dem Friedhof, in seinem kalten Grab.

Gegrüßet seist du, Maria, voll der Gnade,
der Herr ist mit dir,
du bist gebenedeit unter den Weibern,
und gebenedeit ist die Frucht deines Leibes, Jesu,
der in uns den Glauben vermehre …

Die Kinder nahmen es kaum wahr.

Oder verstanden sie es nicht? Schließlich war ihr Vater schon lange fort, drum änderte sich scheinbar nichts. Auch weinte ich nicht, nicht vor ihnen, nur in der Nacht und heimlich.

Nur einmal konnte ich meine Trauer nicht verbergen.

»Musst nicht weinen, Mama«, sagte unser Sohn, grad einmal fünf Jahre alt. »Da kannst nichts tun, es ist halt so.«

Gegrüßet seist du, Maria, voll der Gnade,
der Herr ist mit dir,
du bist gebenedeit unter den Weibern,
und gebenedeit ist die Frucht deines Leibes, Jesu,
der in uns die Hoffnung stärke ...

Und dann kein Geld.

Den Pachtvertrag hatte mein Mann nicht mehr unterschreiben können, eine Lebensversicherung nie abgeschlossen, wer denkt schon mit dreißig, mit vierzig ans Sterben?

So blieben die Kühe, die Milch, der Bulle.

Das Land und die Ernte im kommenden Sommer.

Und Heimarbeit in der Nacht.

Gegrüßet seist du, Maria, voll der Gnade,
der Herr ist mit dir,
du bist gebenedeit unter den Weibern,
und gebenedeit ist die Frucht deines Leibes, Jesu,
der in uns die Liebe entzünde.
Heilige Maria, Muttergottes,
bitte für uns Sünder,
jetzt und in der Stunde des Todes.
Amen.

1975

Die Entwicklung der Mitgliedszahlen«, sagte der Hauser und strich über das Blatt, das zuoberst in einer Mappe vor ihm auf dem Tisch lag, »ist erfreulich. Im Kinzigtal, in Dreisam-Elztal und im Hochschwarzwald gab es kaum Austritte. Auch die Anzahl der Mutterkuhbetriebe in unserem Zuchtverein ist vergleichsweise stabil.« Er machte eine Pause, sah auf und ließ seinen Blick durch die Runde wandern. Die Männer hockten auf ihren Stühlen, der eine oder andere beugte sich vor, stützte einen Arm auf die Tischplatte und den Kopf in die hohle Hand, und der Scherzinger rieb sich die Stirn. Es war warm und stickig, das Hinterzimmer hatte nur zwei Fenster, von denen sich eines nicht öffnen ließ und vorn war die Gaststube voller Leute, drum hatte der Hauser die Tür geschlossen, bevor er die Sitzung eröffnete. Mit dem Bleistift machte er Notizen, dann strich er über seinen dichten rotblonden Bart und listete weitere Zahlen aus den Regionen auf, sprach über die Veränderung der Milchleistung im Vorjahresvergleich und in Prozent, dabei drückte er sich sonderbar förmlich aus, ganz anders als daheim, wenn er über seinen Hof lief und Anweisungen gab.

»Komm auf den Punkt«, brummte der Scherzinger. Sein breiter, beinahe kahler Schädel glänzte.

»Ja, die Milchleistung!« Der Züfle nahm einen Schluck Bier und wischte sich Schaum vom Mund.

Der Hauser ließ sich nicht beirren.

Die Bedienung brachte Wein und Bier und ich bestellte noch einen Sprudel und fächelte mir mit einem Bierdeckel Luft zu. Die meisten Männer trugen grobe Hosen und schwere Schuhe, die Ärmel ihrer Hemden hatten sie hochgekrempelt. Nur ich trug ein schwarzes Kleid.

»Die Milchleistung«, sagte der Hauser schließlich, fischte ein weiteres Blatt aus seinen Unterlagen und ließ ein weiteres Mal seinen Blick durch die Runde wandern, »die Milchleistung in Prozent ist deutlich gestiegen.«

»Muss sie ja auch«, brummte der Scherzinger. »Sonst verdienen wir bald gar nix mehr.« Der Züfle nickte.

In den sechziger Jahren hatte die EWG beschlossen, den Landwirten Festpreise zu garantieren und viele hatten durch Einsatz von Dünger, Spritzmitteln und die Anschaffung von immer neuen Maschinen immer höhere Erträge erwirtschaftet, doch mehr und mehr der kleineren Höfe konnten schließlich kaum noch mithalten. »Wachse oder weiche« hieß es unverhohlen aus Bonn und Brüssel – Kleinbetriebe sollten aufgeben, große Höfe moderner und leistungsfähiger werden. Wir kamen daheim auch nur zurecht, weil ich Heimarbeit machte.

»Wer Bauer bleiben will, soll Bauer bleiben dürfen!«, rief der Waidele, ein Züchter aus Peterzell, ein kräftiger, blassblonder Mann, der mit seiner Frau einen Hof mit zwanzig Kühen betrieb.

»Genau!«, riefen der Züfle und der Matt und ein halbes Dutzend andere. Es roch nach Schweiß und Bier und Wut.

»Ich hab grad eine neue Melkanlage angeschafft!« Der Waidele schlug mit seiner rissigen Hand auf den Tisch, »hat mich ein paar Tausend Mark gekostet – wie soll ich die denn wieder reinholen, wenn die Abnahmepreise nicht endlich steigen?«

»Wir müssen uns wehren«, riefen der Scherzinger und der Waidele, der Züfle und der Matt und die anderen. »Wir Landwirte müssen zusammenhalten und uns wehren!«

Der Hauser versuchte, die aufgebrachten Männer zu beruhigen. Ich schwieg. Ich kannte sie alle, die um den Tisch saßen, seit Jahren brachten sie ihre Kühe zu unserem Bullen und sie hatten mich, ohne zu zögern, in den Rinderzüchterverband aufgenommen; es störte mich nicht, dass ich die einzige Frau war, ich war nicht schüchtern. Trotzdem musste ich mich überwinden, zu den Züchterversammlungen zu fahren. Ein Dreivierteljahr nach dem Tod meines Mannes tat ich mich immer noch schwer damit, dass ich es nun war, die die Bücher führte, alle Entscheidungen traf und den Sigmundenhof nach außen vertrat.

»Auf einigen Höfen haben sich die Milch- und die Fleischproduktion fast verdoppelt«, fuhr der Hauser fort. Der Scherzinger zog eine Zigarre aus der Brusttasche seines Kittels. Ich trank einen Schluck Sprudel und pulte Schorf von meinem Arm; vor ein paar Tagen hatte die Sau geferkelt, die halbe Nacht hatte ich bei ihr gesessen, während sie heftig atmend in ihrem Koben lag, irgendwann hing ein blutiger Zipfel aus ihrem zuckenden Hinterteil und ich schlug ein Kreuz und dachte an den Helmut, der Helmut, der so viele Ferkel zur Welt gebracht hatte und immer wusste, was zu tun war, und nun hockte ich allein neben dieser schreienden Sau. Schließlich überwand ich mich und langte nach dem Zipfel, langte in die Sau, die sich im selben Moment zur Seite wälzte und mich gegen die Wand drückte, mit ihrem schweren Leib presste sie mich gegen die rauen Steine, ich schrie auf, doch da rutschte ein nasses nacktes Ferkel in die Streu und ich griff nach ihm, bevor die Sau es erdrückte.

Das Leben ohne Helmut war ein tiefer, nicht endender Winter.

Ich sehnte mich nach ihm, seinem Rat, seiner Geduld, seiner Liebe. Kein Tag verging, an dem ich nicht an ihn dachte, kein Tag, an dem ich ihn nicht um Rat bat, als wäre er nur kurz fort und käme gleich wieder; manchmal, eher zögerlich, fragte ich ihn auch, ob es ihm gutging, dort, wo er nun war. Am Morgen nach seinem Tod hatte ich ihn noch einmal gesehen, im Krankenbett und warm noch, man hatte ihn wohl gut zugedeckt. Später saß ich an der Totenbahre und nahm Abschied – bis mir ein Schauer den Rücken hinabfuhr, denn mit einem Mal war es nicht mehr mein Helmut, der dort lag. Mit einem Mal war seine Seele verschwunden.

Er hatte mich endgültig verlassen.

Bald darauf trugen wir ihn zu Grabe. Meine Geschwister kamen, meine Schwäger und Schwägerinnen, die Babette, sie standen mir bei. Und sie halfen fortan, wo sie konnten, beim Eggen und Säen, beim Heuen und Ernten – der Rochus und der Hermann, der Karl und der Siegfried, der Toni, der Hans und der Erich, die Rosmarie, die Liesel und die Hedwig. Am Ende eines Tages fiel ich erschöpft ins Bett, zu müde sogar um zu weinen, fiel in traumlosen Schlaf; manchmal, in Nächten, in denen die Gnade des Schlafs ausblieb, wünschte ich, einzuschlafen und nie wieder aufzuwachen.

Die Schwiegermutter, die innerhalb von eineinhalb Jahren Mann und Sohn verloren hatte, saß oft bei mir, vereint im Schmerz beteten wir und redeten. Bis die Kinder kamen und Weihnachtsplätzchen backen wollten – sie wussten, dass ihr Vater nicht wiederkäme, und sie vermissten ihn, doch sie wollten, wie alle Jahre, einen Tannenbaum aufstellen, sie wollten Fasnachtskostüme basteln und Ostereier suchen, sie wünschten sich Gutenachtgeschichten und fröhliche Lieder. Drum schluckte ich meinen Schmerz und buk Weihnachtsplätzchen und wie alle Jahre stellten wir einen Tannenbaum auf. Wir bastelten Fasnachtskostüme und suchten Ostereier, ich las Gutenachtgeschichten vor und wir sangen lustige Lieder und lachten.

Das Leben – es ging weiter.

Der frühe Tod der Eltern hatte mich gelehrt, wie kostbar die Zeit ist, die wir miteinander haben; manchmal tröstete es mich, dass der Helmut und ich bis zuletzt gut zueinander gewesen waren und geschätzt hatten, was das Leben uns geschenkt hatte.

»Kommen wir zu den Besamungsempfehlungen.« Der Hauser schob seine Ärmel ein Stück höher und sah in die Runde; als unsere Blicke sich trafen, schien es, als zuckte er kurz zurück. Sein Adamsapfel hüpfte auf und ab, als er schluckte. »Anni, dein Bulle ist nach wie vor der am häufigsten eingesetzte Zuchtbulle.«

Ich nickte. Alle hatten mir zugeredet, ihn zu behalten – ein Bulle brauchte Platz und ihre Ställe waren voll. »Wir holen ihn auch selbst«, boten sie an. Schließlich willigte ich ein; es brachte Geld. Als eines Tages der Franz, ein Cousin vom Helmut, ein stattlicher Kerl, zu Besuch kam, nahm ich ihn beiseite. »Zeig mir, wie ich den Bullen führen muss«, bat ich, »wenn du dabei bist, trau ich mich, es zu versuchen.«

Ohne zu zögern näherte sich der Franz dem Bullen, redete ruhig und mit fester Stimme auf ihn ein. Das Tier schnaubte, bewegte sich aber nicht von der Stelle. »Mit einem Bullen ist es wie mit einem kleinen Kind, Anni, er versteht wenig von der Welt und hat oft Angst. Das Geheimnis ist, ihm die Angst zu nehmen. Also red ruhig mit ihm und bestimmt, behalt ihn stets im Blick und kehr ihm nie den Rücken zu.« Der Franz zog die Führstange durch den Nasenring und führte den Bullen aus dem Stall. »Geh stets auf Kopfhöhe und gib acht, dass er den Kopf hinten hält, denn dann hat er keine Kraft, um auszubrechen.«

Ich probierte es. Und der Bulle folgte mir.

»Respekt«, sagten die Männer im Züchterverband.

Der Hauser klappte seine Mappe auf und fischte ein weiteres Blatt heraus. »Die Zahl der Erstbesamungen ist erneut gestiegen. Daraus ergibt sich als Besamungsempfehlung für die Vorwälder Zucht entsprechend der Milchleistung, der Töchterbewertung und der Fleisch- und Zuchtleistung folgender Plan …« Der Scherzinger blies Rauchringe in die Luft, der Züfle kratzte sich am Kopf. Ich sah auf meine Armbanduhr; ich wollte noch mit dem Waidele sprechen, über die neue Melkanlage, auch wir mussten modernisieren, wir brauchten dringend eine Kühlung, bislang kühlten wir die Milch in einem alten Wassertrog und ich schaffte es kaum, die schweren vierzig-Liter-Kannen hinein- und herauszuheben. Wieder und wieder hatte ich die Kosten durchgerechnet, mit dem Siegfried gesprochen, dem Karl, dem Rochus, mit der Bank, mich schwindelte angesichts der Zahlen, doch blieb keine Wahl – ohne moderne Maschinen überlebte kein Hof. Wenngleich die Arbeit auch mit Maschinen nie aufhörte; an vielen Tagen blieb mir kaum Zeit für die Kinder.

»Kommen wir nun …« Der Hauser schloss seine Mappe und leerte sein Glas. »Kommen wir nun zur Ehrung der erfolgreichsten Züchter in unserem Verband.« Die Männer lehnten sich zurück, ein paar klatschten und der Hauser zog den Deckel von einem Karton, der vor ihm auf dem Tisch stand, einem kleinen grauen Karton, und es klapperte, als er eine Plakette herausnahm. Ich trank meinen Sprudel aus, der schal und abgestanden schmeckte.

»Die erste Auszeichnung geht …«

Pause. Spannung. Ein Blick in die Runde.

»Die erste Auszeichnung geht an die Anni.«

Ich schluckte und spürte, wie Röte meinen Hals hinaufzog. Es dauerte einen Moment, bis ich begriff. Bis ich mich erhob und die riesige Hand ergriff, die sich mir über den

Tisch hinweg entgegenstreckte. Die Männer begannen zu klatschen, zögernd erst, dann lauter.

»Herzlichen Glückwunsch, Anni.« Der Hauser überreichte mir die Plakette, eine runde weiße Metallplakette, *Für besonders leistungsfähige Kühe* stand darauf. Einen Moment lang wusste ich nicht, was ich sagen sollte, dann sagte ich »Vielen Dank« und setzte mich wieder. Der Scherzinger nickte, der Waidele schlug mir auf die Schulter, und während der Hauser die Eiweißwerte der Siegerkühe verlas und vier weitere Ehrungen verteilte, sickerte langsam in mein Bewusstsein, dass ich soeben meine erste Auszeichnung als Rinderzüchterin erhalten hatte. »Ach, Helmut«, dachte ich, »wärst du doch da, es ist doch auch dein Erfolg.«

Ein schmaler Mond stand überm Tal, als ich heimkehrte. Ich parkte das Auto unter den Kirschbäumen. Es war still, nur eine einzelne Grille zirpte und der Schäferhund, der vor der Haustür lag, streckte sich und gähnte und kam schwanzwedelnd angelaufen. »Es ist kein Mann auf dem Hof, drum braucht ihr einen Hund«, hatten meine Geschwister gedrängt und so war die Mona zu uns gekommen, ein Welpe und verspielt, ich musste sie abrichten. Anfangs lief sie ständig in den Wald, Jäger brachten sie heim und verwarnten mich, doch ich weigerte mich, sie anzubinden, ich wollte keinen Kettenhund. Sie schnupperte an meinen Beinen und schmiegte sich an mich, ich kraulte ihr weiches Fell zwischen den Ohren. »Na komm«, sagte ich leise. »Komm mit.«

Wir liefen die Auffahrt hinab. In der Dunkelheit duckten sich Wohnhaus, Stall und Scheune aneinander, als wollten sie einander festhalten. Über der Scheune ragten ein paar Dachsparren ins Leere, ein Teil der Schindeln war heruntergerutscht, Schwalben nisteten unter dem Dachvorsprung. Etwas raschelte im Gebüsch und ich fuhr zusammen. Eine Gänsehaut fuhr mir den Rücken hinab. Der Hund folgte dem Geräusch und schnüffelte durchs Gras. Ich öffnete die Tür zum Stall und schlüpfte hinein. Zuerst sah ich nach den Ferkeln; elf hatte die Sau am Ende geboren, eines hatte sie gefressen, den anderen zehn hatte ich ein Gehege gebaut, in dem sie täglich größer wurden, beinahe konnte man ihnen beim Wachsen zusehen. Nebenan käuten die Kühe träge wieder, Ketten klirrten, sobald sich eine von ihnen bewegte. Feuchter Dunst umhüllte mich und es roch nach Mist, als ich den Futtergang hinablief, die Leni muhte leise und ich streichelte sie. In der Ecke unter einer Luke stand im fahlen Licht der Bulle, er schüttelte den Kopf, auch seine Kette klirrte. Er schnaubte, als ich mich näherte, durchaus freundlich. »Gute Nacht«, sagte ich und strich über seine braune Kruppe. »Schlaf gut – aber pass auch auf deine Kühe auf!«

1979

Wir werden das Vieh im Schuppen unterbringen«, sagte der Rochus und stieß das Tor auf, die groben Latten verzogen vom Schnee und Eis vieler Winter. Ein Lichtkegel fiel ins Innere, warf bleiches Licht auf die Mostpresse, die Kartoffelmühle, den Hackstock, in dem noch eine Axt steckte. Ich trat ein. Es roch nach Sand und Staub und ich tastete nach dem Lichtschalter; eine nackte Glühlampe leuchtete auf und warf einen schwachen Schein auf allerlei Zeug. Ich stieg über Bretter, einen Sack Dünger, ich schob mich an einem Schubkarren vorbei, an Rechen und Heugabeln und Schaufeln, wischte Spinnweben beiseite. Vor der hinteren Tür lag ein Riegel. Es staubte, als ich daran zog, doch er bewegte sich nicht.

»Lass mich mal.« Mein Bruder trat einen Schritt vor, schlug mit der Faust von unten gegen den Riegel und drückte gegen die Tür. Ächzend gab sie nach. »Hier kannst du das Vieh rein- und raustreiben. Und dort drüben ...« Das helle Mittagslicht blendete beinahe und er trat zurück ins Halbdunkel, schob den Schubkarren beiseite und eine Rolle Maschendraht und deutete auf die Längswand, in die zwei kleine Sprossenfenster eingelassen waren. »Dort richten wir dir eine provisorische Küche ein.« Er rieb sich die Hände.

Ich seufzte.

Er hob eine Braue. »Nur für den Sommer.«

Ich nickte und die Petra schlang einen Arm um meine Taille

und schmiegte ihren Kopf an meinen Arm. Sie trug abgeschnittene Jeans und ein gelbes T-Shirt, ihre nackten Beine steckten in halbhohen Gummistiefeln. »Ich helf dir, Mama.«

Ich seufzte wieder, steckte die Hände in die Taschen meines Kittels und zog die Schultern hoch. »Danke, Mädle. Aber was meinst, wie's hier bald zugehen wird?«

»Sobald alles rausgeschafft ist, legen wir den Boden trocken«, sagte der Rochus. »Dann betonieren wir und legen eine Güllerinne an. Und dann kann's losgehen.« Er sah aus, als würde er lieber heute als morgen anfangen.

An einem Tag Ende Mai kam der Rochus nach der Arbeit auf die Grub, er trug noch seine Zimmermannskluft, die schwarzen Cordhosen, die Weste, und er brachte den Hermann und den Hans mit, auch sie in grobem Zeug. Gemeinsam liefen wir in den Kuhstall, der kahl war und leer; tags zuvor hatte ich noch Mist vom Boden gekratzt und Spinnweben von den Wänden und der Decke gekehrt. Ihre Schritte hallten, als meine Brüder und mein Schwager um die schweren Balken herumliefen, die auf dem Boden lagen. Sie prüften und begutachteten das frische Fichtenholz, hell und rau, sein harziger Duft mischte sich mit dem Stallgeruch.

Der Rochus legte den Kopf in den Nacken und deutete auf die quer laufenden Balken, die die Deckenkonstruktion stützten. »Wir müssen die morschen Unterzüge und Deckenbalken austauschen.«

Der Hans runzelte die Stirn und der Hermann stieß einen leisen Pfiff aus. Ich stand daneben, folgte ihren Blicken, als sie das Gebälk über unseren Köpfen betrachteten, und dachte an meinen ersten Besuch auf der Grub, damals, vor dreizehn Jahren – an Helmuts ausladende Bewegungen, als er mir Wiesen und Felder zeigte, von Hektar sprach und Land und Vieh, die Stimme warm von Stolz. Wie er mich beschwor, mir gut zu überlegen, ob ich das Leben, das ich führte, gegen ein Leben mit ihm tauschen wollte, und wie ich beinahe gelacht, dann aber meine Hand auf seinen Arm gelegt und mit heiligem Ernst gesagt hatte: »Helmut, wir haben einander, und wenn wir zusammenhalten, können wir Dinge verändern.«

»Das schaffen wir«, sagte der Hermann, rieb sich den Nacken und wischte eine schwarze Strähne aus seinem dunklen Gesicht. »Ich geh mal die Hebgeschirre holen.« Er nickte mir zu. »Die Rosmarie kommt übrigens nachher mit den Kindern.«

»Ich sag's der Petra und dem Alexander.« Ich streckte die Schultern, strich mein Haar zurück und zog ein Kopftuch aus meiner Tasche. »Braucht ihr mich noch? Sonst geh ich weiter Mist aufladen.«

»Nein, Anni.« Der Rochus grinste. »Hier kannst nicht viel tun, das wird rechte Männerarbeit.«

Ich holte Luft. »Und Mist ausbringen, was ist das – Kinderkram?«

Auf den Weiden am Hang grasten die Kühe in der späten Sonne, auch der Bulle war draußen, doch ihn hatte ich angebunden. Hinterm Schuppen wehte Wäsche im Wind und der Alexander spielte mit seinen Freunden unter den Obstbäumen, die Petra hockte auf einem Bretterstapel und schaukelte mit den Beinen und die Schwiegermutter saß daneben auf einem Schemel und flickte, die Mona zu ihren Füßen; sie lag stets vor der Tür zu ihrer Schlafkammer und wachte, während sie schlief, sie lief ihr entgegen, sobald sie den Pfad von der Grotte herunterkam, und bellte jeden an, der ihr zu nahe kam. Schüttelte mir jemand die Hand, sah die Hündin gähnend zu. »Bist mir ein schöner Wachhund«, schimpfte ich lachend, »mich und die Kinder könnt einer stehlen, dich würd's nicht scheren!«

Als ich eine gute Stunde später, steif im Nacken und mit

schmerzendem Rücken, vom Mistaufladen zurückkehrte, lösten meine Brüder und der Hermann grad den ersten Unterzug aus seinen Auflagern; die daruberliegenden Deckenbalken hatten sie mit Hebgeschirren abgestützt. Das Holz ächzte und krachte, Putz bröckelte aus dem Mauerwerk und die Katzen, die gestern noch durch den Futtergang und zwischen den Kühen hindurchgestreift waren, sprangen verschreckt beiseite. Auch mir wurde mulmig, als ich sah, wie die drei den riesigen Balken lösten und zu Boden fallen ließen. Es staubte und dröhnte, als er auf den Beton schlug, ich hustete und hielt mir die Ohren zu und lief aus dem Stall und hinüber ins Haus.

Im Gang hockte der Erich zwischen Eimern und einem Stapel Bodenplatten und rührte Fliesenkleber an. Er sah auf, Schweiß auf der Stirn. »Oh Anni, holst uns Bier?« Ich nickte, drehte ab und lief zum Schuppen, wo unterm Nussbaum in einer Wanne mit Wasser ein Dutzend Flaschen kühlten. Den Arm voller *Tannenzäpfle* kehrte ich kurz darauf zurück und der Erich erhob sich, ein durstiges, sehnsüchtiges Lachen im Gesicht. »Ach Anni, du weißt immer, wie du mir eine Freude machst.«

Ich grinste und stieß mit dem Ellenbogen die Tür zur Stube auf. Auch sie war kahl und leer, an den Wänden blasse Flecken, wo neulich noch Bilder hingen. Der Erich und der Karl lösten grad eine morsche Diele, Holz knackte und verrostete Nägel gaben quietschend nach. Die erste Diele hatten sie mit der Axt herausgeschlagen, nun lösten sie die anderen mit dem Geißfuß; der Rochus würde die Stücke, die noch taugten, später im Speicher verlegen. Vorm Kachelofen klaffte ein Loch, ein paar dunkle Latten ragten hervor, dazwischen blanker Lehmboden. Etwas Weißes blitzte auf. Ein Häufchen Knochen.

Knochen?

»Eine tote Maus.« Der Erich lachte, als er den Schrecken in meinem Gesicht sah. »Ist wohl irgendwo durch eine Ritze oder einen Hohlraum gekrochen und hat nicht wieder hinausgefunden.«

Mich schauderte.

»Manchmal findet man auch tote Katzen oder anderes Getier.« Der Karl nahm die Flasche, die ich ihm reichte, und öffnete sie mit einem Meterstab. Es roch staubig, nach dem Moder von Jahrhunderten, und ich öffnete ein Fenster; draußen lief die Rosmarie mit den Kindern den Pfad hinunter, ich winkte. Der Erich und der Karl prosteten sich zu und ich lehnte mich an die Wand neben dem Fenster, ein leiser Luftzug streifte meine nackten Arme. Um zurechtzukommen, mussten wir mehr Milch produzieren, wir brauchten Platz für weiteres Jungvieh und für Bullen, die ich verkaufen konnte, wir brauchten einen größeren und moderneren Stall. Außerdem war am Haus, seit der Hettich Sigmund es 1783 gebaut hatte, nur das Nötigste getan worden, der Boden war längst ausgetreten, an der Fassade verwitterten die Schindeln, die Türen waren undicht. Doch vor allem wollte ich endlich eine moderne Küche und ein Bad mit warmem Wasser, einer Badewanne und einer Toilette, grad für die Kinder. Sie schliefen bei der Schwiegermutter und bei mir, wenn sie nachts aufwachten, wollte ich nicht, dass sie allein zum Plumpsklo liefen; sie sollten nach der Stallarbeit duschen können und in der Schule – Himmel, die Petra kam bald aufs Gymnasium! – nicht nach Mist riechen; sie sollten ihre Freunde, die zu Besuch kamen, nicht länger in einen düsteren Verschlag schicken müssen. Am Ende hatten sich die Kostenvoranschläge für die Arbeiten und Anschaffungen im Stall auf 42 000 DM belaufen, für die im Wohnhaus auf weitere 80 000 DM. Ich ließ Holz in unseren Wäldern schlagen. Ich verkaufte Vieh; inzwischen hatte ich mehrere Züchterpreise gewonnen, ein Viehhändler hatte eine meiner Kühe sogar zur *Grünen Woche* nach Berlin mitgenommen. Und meine Brüder boten an, bei allen Arbeiten, die sie selbst ausführen konnten, zu helfen. Ich war ihnen sehr dankbar. »Kinder, was immer geschieht, haltet zusammen« – auch sechsundzwanzig Jahren nach seinem Tod galt das Vermächtnis unseres Vaters noch.

Ich sah zur Wand neben der Tür. Wo all die Jahre die Pendeluhr gehangen hatte, war ein nackter Fleck und ich zog meine Armbanduhr aus der Kitteltasche. Bis die Kühe gemolken werden mussten, war noch Zeit, drum ließ ich die Männer allein und lief in den Schuppen. Das Tor hakte nicht mehr, der Rochus hatte die Bretter nachgesägt, und in einer Ecke, zwischen Herd und Wasserbecken, standen auf einem Brett über zwei Hackstöcken ein Topf und eine Schüssel. Ich hob einen Deckel und rührte in dem Eintopf, den ich in der Früh gekocht hatte, sog den Duft von Kartoffelschnitzen ein, von Suppengrün und Rindfleisch; vorm Auftragen würde ich noch Spätzle und gebräunte Zwiebeln hinzugeben. Dann nahm ich eine Kiste mit Holzklötzen vom Boden und lief wieder hinaus.

Der Platz vorm Haus lag schon im Schatten und ich scheuchte die Hühner fort, stellte die Kiste neben die Bank und schleppte einen Hackstock herüber. Die Klötze, lauter sauberes Fichtenholz, gerade gewachsen und ohne Astlöcher, hatte der Rochus zugeschnitten, sie waren breit wie eine Schindel, nur viel dicker, und ich nahm einen und stellte ihn hochkant auf den Hackstock. Sorgfältig setzte ich das Schindelmesser an und spaltete, eine nach der anderen, frische Schindeln herunter, schrägte sie ab und glättete sie, schnitt überstehende Fasern ab und Splitter; allein für den Anschlag an der vorderen Fassade von Haus und Stall würden wir Tausende Schindeln brauchen.

Es dämmerte, als meine Brüder und der Hermann aus dem Stall traten. Sie waren müde und ihre Gesichter staubig und verschwitzt; sie hatten die ersten beiden Dachbalken ausgewechselt. Ich schob die Kiste mit den Schindeln unter die Bank und lief, Bier zu holen und den Eintopf aufzukochen.

Spät am Abend, als meine Geschwister und Schwäger heimgefahren waren, die Kinder im Bett lagen und die Schwiegermutter ihr Nachtgebet sprach, nachdem ich ein letztes Mal nach dem Vieh gesehen und ihm eine gute Nacht gewünscht hatte, huschte ich in den Stall. Im Halbdunkel lag Werkzeug, ordentlich zusammengeräumt in einem Kasten, und meine Schritte hallten, als ich zwischen den Hebgeschirren entlanglief, eine leise Gänsehaut zog über meine Arme. Ich legte den Kopf in den Nacken – zwischen mächtigen dunklen Balken verliefen schnurgerade und über die gesamte Breite vom Stall zwei einzelne helle.

Anfang August war der neue Stall fertig. In der Stube und in der Küche lagen frische Eichenholzdielen, in der Stube war die Decke angehoben, sodass der Raum größer und freundlicher wirkte. Nun begann der Rochus mit seinem Zimmermannshammer die alten Schindeln von der Fassade zu schlagen, der Rochus, der so viel wusste, alles konnte.

»Sag, Anni, wann suchst dir wieder einen neuen Mann?«, fragte er an einem Samstagnachmittag, als wir begannen, die neuen Schindeln anzubringen.

Ich schluckte und ließ den Karton mit den Nägeln sinken.

»Was ist?« Er passte eine Schindel an und schlug, fest und sicher, ein Stück unterm oberen Rand einen Nagel hinein.

»Nichts.« Ich bückte mich und reichte ihm weitere Schindeln.

»Willst den Hof für immer allein führen?«

Ich ließ den Kopf sinken.

»Wie willst das schaffen?«

Ich schwieg.

»Jeden Tag schleppst schwere Milchkannen. Du ladst Mist und bringst ihn aus, im Sommer machst Heu, im Winter räumst Schnee und ziehst Schneeketten auf die Traktorreifen. Du kümmerst dich ums Vieh, um die Felder und machst nachts noch Heimarbeit.«

»Ja …« Mir war, als würde die Kraft aus meinen Beinen fließen, wie Wasser aus einem Becken, aus dem jemand den Stöpsel herausgezogen hatte.

»Wir helfen dir gern, das ist es nicht …«

»Ich weiß«, sagte ich, die Stimme trüb von Schuldgefühlen und schlechtem Gewissen. »Ihr arbeitet alle und habt eure eigenen Familien.«

»Das mein ich nicht.« Der Rochus steckte den Hammer in die Schlaufe an seinem Zimmermannsgürtel und stieg von der Leiter. Sand knirschte unter seinen Schuhen und über seinen buschigen Brauen sammelten sich Schweißperlen. Ich sah zur Seite. Doch er ließ mich nicht los. »Anni, ich mach mir halt Sorgen. Du schaffst für zwei, hast kaum Zeit für die Kinder – so kann's doch nicht immer weitergehen.«

Den Rücken an der Wand, sank ich in die Hocke. »Ich weiß keinen«, sagte ich schließlich, jedes Wort knirschte in meinem Hals. Kurz nach Helmuts Tod hatte mir ein wildfremder Mann Briefe geschrieben, erst einen, dann einen zweiten, einen dritten. Dann kam er selbst, brachte Blumen. Kaum war er fort, verlor ich alle Fassung und weinte wie ein Kind.

Wie konnte er bloß!?

»Zumindest schreiben könntest ihm«, sagte die Schwiegermutter.

Fassungslos starrte ich sie an. »Nein, nicht einmal das werd ich tun. Sechs Wochen nach Helmuts Tod – das ist einfach zu unverschämt!«

Der Rochus hockte sich neben mich, drückte meinen Arm. »Meinst nicht, nach fünf Jahren wär's langsam wieder an der Zeit?«

Ich hob den Kopf. Schniefte und zog die Nase hoch. »Ja ... manchmal guck ich Anzeigen in der Zeitung an, aber ... Ach ...«

»Werd mir bloß nicht wieder wählerisch«, raunte mein Bruder und gab mir einen Knuff. Ich schnaubte, verschluckte mich und schnappte nach Luft, wusste nicht, ob ich lachen oder weinen sollte; den gleichen Satz hatte er schon einmal gesagt.

»Komm, lass uns weitermachen. War ja auch nur eine Frage.« Er stand auf und reichte mir die Hand. Ich wischte mir übers Gesicht.

Wir schlugen Schindeln an, bis es dämmerte.

Im Jahr darauf, zu Pfingsten, nahm mein Schwager, der Hermann, die erste Dusche in unserem neuen Bad. Ein paar Wochen später kachelten meine Brüder die Küche und bauten eine Küchenzeile mit Elektroherd, Edelstahlspüle und Kühlschrank ein. Im Jahr darauf kam ein neuer Kachelofen. Im Jahr darauf öffnete ein Maurer den Boden und baute nachträglich ein Fundament unter die tragenden Wände von Stube und Küche, denn als das Haus gebaut wurde, hatte man das versäumt, sodass im Laufe der Zeit das Mauerwerk gerissen war. Wieder wohnten wir zwischen Steinen, Staub und Schutt und molken derweil die Kühe und misteten den Stall aus, wendeten Heu und machten Schweinefutter, hackten Kartoffeln und setzten Silage an, während die Nachbarn den Zuchtbullen holten und im Garten die Kirschen reiften.

Am Morgen nachdem die Bauarbeiten schließlich beendet waren, erwachte ich früh. Durch einen Spalt im Vorhang drang das Morgenrot und ich schlüpfte in meine Jeans und einen Pullover und lief hinaus, ein Stück den Pfad hinauf. Es war noch nicht ganz hell, die Sonne kroch grad über die Ränder der Hügel und aus den Wiesen stieg Nebel. Auf halber Höhe wandte ich mich um, schlang die Arme um die Brust und schmeckte die kühle Luft und betrachtete den Hof, der stattlich und in neuem Glanz vor mir in der Senke lag.

1983

Heu quoll zwischen den Metallstreben vom Ladewagen hervor, als der Alexander den Motor vom Traktor anließ. In kurzen roten Sporthosen saß er am Steuer, eine Hand auf dem riesigen Lenkrad, mit der anderen stützte er sich ab und sah nach hinten. Ich nickte ihm zu und er ließ die Kupplung kommen. Träge wie eine schwangere Mastkuh setzte sich das Gefährt in Bewegung. Ich ließ die Heugabel sinken, streckte mich und rieb meinen brennenden Nacken. Eine Amsel sang und ich schloss die Augen, atmete tief durch und sog den frischen Heuduft ein – er kitzelte in der Nase und ich nieste.

»Gesundheit«, rief die Schwiegermutter und zog ihr Kopftuch tiefer in die Stirn, weil die Sonne sie blendete. Sie kam aus dem Wald, in der Hand einen Korb mit frischen Brombeeren, ich hatte sie nicht kommen hören. »Trinken wir einen Kaffee?« Die Sonne sank schon über dem Fichtenkamm auf den Hügeln und ich schwitzte; hätte ich bloß den Kittel nicht angezogen, sondern nur einen Bikini.

»Ja«, sagte ich, wischte Grashalme von meinen sonnenverbrannten Armen, bückte mich nach der Heugabel und lief hinterm Traktor her, während die Schwiegermutter, die Mona dicht auf den Fersen, den Pfad zum Haus hinaufstieg.

»Kommst zurecht ohne mich?«

»Mama …« Der Alexander verdrehte die Augen.

»Gut, gut, ich hab nichts gesagt.« Mein Sohn hob eine Braue und sah mich an. Er hatte dichtes schwarzes Haar und in seinen Augen sah ich manchmal seinen Vater. Er war vierzehn und fuhr tadellos Traktor, er würde den Ladewagen ohne Probleme rückwärts in die Scheune setzen. Auch im Umgang mit dem Vieh war er geschickt – ich schrie schon einmal nach einer Kuh, die beim Austreiben ausbrach und in den Garten wollte, er schüttelte darüber nur den Kopf, er blieb stets ruhig mit dem Vieh und bislang war ihm noch jede Kuh gefolgt. Trotzdem wusste der Alexander, dass er nicht Landwirt werden wollte. »Ein Leben lang so viel schaffen müssen wie du«, sagte er, »das will ich nicht.« Ich konnte es ihm nicht verdenken.

Im Gang roch es nach Kaffee und ich schlüpfte aus meinen Sandalen und huschte ins Bad, wusch Hände und Gesicht und ließ kühles Wasser über meine Arme laufen. In der Küche lehnte die Schwiegermutter am Herd. Ich schnitt zwei Stücke vom Streuselkuchen, der auf dem Tisch stand, und trug sie hinters Haus, in den Garten, den ich angelegt hatte, mit üppigen Malven, Ringelblumen und Rosen, mit Kornblumen und Phlox, Kräutern und Gemüse, lauter zusätzliche Arbeit, hatte die Schwiegermutter gesagt, doch mir war der Garten ein Rückzugsort, ein Ort der Ruhe, ein kleines Paradies.

Im Schatten eines Birnbaums standen ein Tisch und zwei Stühle. Ich setzte mich, streckte die Beine aus und betrachtete die dicken Stauden der Ringelblumen, ihre sattgelben Blüten; ich hatte entdeckt, dass Calendula Krautfäule verhinderte, und seit ich Schwarzwurzeln neben gelbe Rüben und rote Zwiebeln pflanzte, kamen keine Möhrenfliegen mehr.

»Das Wetter schickt der Herrgott«, sagte die Schwiegermutter und stellte die Tassen auf den Tisch. Sie strich über ihre Kittelschürze, dunkelblau mit den winzigen Blumen, und setzte sich; in all den Jahren, die ich sie kannte, trug sie Kittelschürzen oder Kleider, nie käme es ihr in den Sinn, Hosen anzuziehen.

»Mit Mähwerk, Heuwender und Schwader geht's zügig, wir müssen ja nur noch die steilen Hänge mit der Hand mähen.« Ich gab etwas Milch in meinen Kaffee. »Auf dem Metzig-Gut, als der Vater mit der Sense gemäht und wir Kinder Heu gewendet und am Ende alles mit dem Schlitten eingefahren haben, hat's in schlechten Sommern manchmal vier Wochen gebraucht.«

Ein Lächeln zog über ihr schmales, faltiges Gesicht, ihre hohen Wangenknochen.

»Das war hier auch nicht anders.« Sie brach ein Stück vom Kuchen und wollte es in den Mund schieben, da landete ein kohlweißer Schmetterling auf ihrer Schulter und sie verharrte in ihrer Bewegung, saß still und kerzengrade auf ihrem Stuhl. Ihr Leben lang hatte sie geschafft, hatte ihren Mann und zwei Söhne verloren, denn nach dem Helmut war auch der Kuno gestorben, bei einem Autounfall, trotzdem war sie immer noch die stolze aufrechte Frau mit dem klugen Blick, die ich einst kennengelernt hatte. Sie besaß die Kraft, die Dinge zu akzeptieren, wie sie waren, auch die, die schmerzten, und sie hatte Größe – als zwei ihrer Söhne sich scheiden ließen, war sie nicht glücklich darüber, doch sie brach nicht mit den Frauen, sie besuchten uns weiterhin, denn sie mochten einander und sie hegte keinen Groll gegen sie. Dafür bewunderte ich sie.

Der Schmetterling flatterte auf. Unterm Tisch hüpften Spatzen durchs Gras, auf der Suche nach Krümeln, und eine Hummel landete auf einer Malvenblüte. Die Sonnenstrahlen, die durchs Laub vom Birnbaum fielen, warfen silbrige Lichter aufs Tischtuch, auf Blüten und Blätter, und drüben beim Stall führte die Petra eine junge Kuh am Strick, eine Färse, die noch nicht gekalbt hatte, mit weißem Kopf und braunen Ohren, der Tierhändler würde sie anderntags holen und verkaufen. Sie trug einen verwaschenen blauen Kittel und ein Kopftuch, die nackten Beine in Gummistiefeln, und sie führte die Färse sehr sicher.

»Das Mädle wird mal eine gute Bäuerin.« Die Schwiegermutter nahm einen Schluck Kaffee.

»Sie will bei den Kälbern neu einstreuen.« Ich biss in meinen Streuselkuchen und kaute. Manchmal brachte die Petra Schulfreundinnen heim, nahm sie mit in den Stall, sie zogen Kittelschürzen über und alte Pantinen und putzten Kühe, wuschen ihnen die Schwänze, misteten. Ich machte ihnen Vesper, brachte Saft. »Mama, Stallarbeit ist toll!«, schwärmte meine Tochter. Sie schämte sich nicht, von einem Bauernhof zu kommen.

Im Haus klingelte das Telefon und die Schwiegermutter wandte sich um, doch ich legte meine Hand auf ihren Arm. »Lass, ich geh schon.« Anfangs hatte sie geschimpft, ein eigenes Telefon sei Geldverschwendung, doch ich hatte mich durchgesetzt; seit wir einen Anschluss besaßen, telefonierte sie gern und oft. Ich ließ meine Sandalen im Gras liegen und lief barfuß ins Haus.

»Ich bin's.« Seine Stimme, licht und warm.

»Hallo.« Ich hob das Telefon von der Anrichte und hockte mich auf einen Stuhl.

»Sehn wir uns heut Abend?«

»Gern. Wir sind grad mit der Heuernte fertig, es muss nur noch auf die Bühne. So gegen acht Uhr könnt ich im Ort sein.«

»Gut, ich wart auf dich im *Schwanen*.«

»Gut, bis nachher.« Sorgsam legte ich den Hörer auf den Apparat. Die Luft im Haus war kühl, die Fliesen unter meinen Füßen fühlten sich angenehm kalt an und ich lächelte leise. In der Kirchenzeitung hatte ich die Anzeige gelesen, ein Landwirt, nicht ortsgebunden, suchte eine Frau, und aus einem Impuls heraus hatte ich einen Brief geschrieben und bald darauf Antwort bekommen, von einem Mann aus Wolterdingen in der Nähe von Donaueschingen. Wir trafen uns in einem Gasthaus in Triberg, tranken Wein und redeten, und ich betrachtete diesen großen schlanken Mann, der mir gegenübersaß, sein volles schwarzes Haar, seine warmen braunen Augen, er war ein schöner Mann und sehr freundlich, er war mir sofort sympathisch.

Trotzdem dauerte es, bis ich den Edwin in mein Leben ließ.

Das Kabel hatte sich ums Stuhlbein geschlungen, ich zog daran und erhob mich und stellte das Telefon wieder auf die Anrichte. Ich lief in die Küche, nahm ein Glas und hielt es unter den Wasserhahn. Meine Geschwister hatten recht, wenn sie sagten, ich bräuchte wieder einen Mann; ich wünschte mir jemanden an meiner Seite und maß auch nicht mehr jeden an meinem verstorbenen Helmut, doch vor allem sorgte ich mich um die Kinder – in ein paar Jahren kämen sie aus der Schule, ich wollte, dass sie dann frei über ihr Leben entschieden und sich nicht verpflichtet fühlten daheimzubleiben, aus Angst ihre Mutter allein zurückzulassen.

Ich trank das Glas in einem Zug leer.

Durchs Küchenfenster sah ich die Petra und ihre Freundin, sie trieben das Vieh von der Weide den Hang hinauf und ich stellte das Glas beiseite und ging in die Milchküche. Nebenan im Maschinenraum brummten die Vakuumpumpe und das Kälteaggregat, das den Tank kühlte, und ich wusch mir die Hände, dann nahm ich das Melkgeschirr.

Im *Schwanen* vibrierte die Luft von Stimmen, von fremden Sprachen und Dialekten, als ich kurz vor acht in die alte Wirtschaft trat. Touristen mit sonnengebräunten Gesichtern aßen Maultaschen und Schäufele, Sülze und Schnitzel und frisches Brot mit Schwarzwälder Speck und hausgemachter Schwarz- und Leberwurst und Bibeleskäs. Die Bedienungen brachten Bier und Sprudel und Schnaps, und ich winkte dem Schwanenwirt hinterm Tresen und lief hinaus auf die Terrasse.

»Nett schaust aus.« Der Edwin stand auf, als er mich sah, und gab mir einen Kuss. Drüben im Kurpark spielte eine Kapelle Blasmusik.

»Danke.« Ich sah an mir herab, ich trug einen Jeansrock und ein rosa T-Shirt, mein Haar war noch nass vom Duschen, ich hatte mich beeilt, denn der Edwin war, da ähnelte er dem Helmut, stets pünktlich. Wir setzten uns und bestellten Wein und Sprudel. »Wie geht's daheim?«, fragte ich und schob den Aschenbecher beiseite.

Er strich übers Tischtuch und schüttelte den Kopf. »Der Mutter geht's nicht besonders.« Der Edwin ging als Waldarbeiter und führte, weil seine Schwestern verheiratet und fort waren, mit dem Vater den Hof, außerdem pflegte er die kranke Mutter. Sein Hof war kleiner als der Sigmundenhof, acht Kühe bloß, ein Bulle und zwei Schweine, ein paar Hühner und Getreide, doch für ihn und den Vater war es harte Arbeit. Obwohl er nur drei Monate älter war als ich, wurde sein Haar an den Schläfen bereits grau.

Wir kannten uns ein Jahr, da machte er mir einen Antrag.

»Wir können nicht heiraten und auf zwei verschiedenen Höfen leben«, sagte ich.

»Dann kommt zu mir.« Mit einem Mal spürte er, dass er, anders als es in der Anzeige gestanden hatte, doch ortsgebunden war.

»Aber ich kann den Sigmundenhof nicht einfach aufgeben. Die Schwiegermutter, die Kinder ... – wie soll das gehen?«

Er schwieg und sah auf seine Hände, seine schönen Hände, kräftig und weich. »Der Alexander würd schon mitkommen …«

Ich schloss die Augen. Die Kinder mochten den Edwin und es stimmte, der Alexander sehnte sich nach einem Vater, an seinen konnte er sich kaum erinnern, er liebte den Siegfried, seinen Paten, und er hatte den Hermann geliebt, der Hermann, der stets hilfsbereit gewesen war und freundlich und ein Jahr nach dem Umbau einen Herzinfarkt bekommen hatte, mit fünfundvierzig Jahren, als ich es erfuhr, rannte ich aus dem Haus und schrie vor Schmerz. Doch die Petra hing am Sigmundenhof, genauso die Schwiegermutter, beinahe ihr ganzes Leben hatte sie auf der Grub verbracht, und mir war er auch zur Heimat geworden – ich hätte gern mit dem Edwin gelebt, doch der Sigmundenhof war mein Hof.

»Wenn du heiraten willst, musst dir eine andere suchen«, sagte ich schließlich.

Daheim schimpfte die Schwiegermutter, sagte »Er kann doch herkommen«, und nun sprach ich mit ihr, wie ich zuvor mit dem Edwin gesprochen hatte, warb um Verständnis und sagte: »Wir können nicht nur an uns denken, der Edwin und seine Eltern hängen an ihrem Hof wie wir an unserem und überhaupt …« Ich senkte die Stimme, denn ich wusste, sie meinte es gut. »Welcher Mann, der Land und Hof besitzt, gibt beides auf?«

Eine Weile war nicht klar, wie es weiterginge.

Ich verstand und machte dem Edwin keine Vorwürfe. Er dagegen tat sich schwerer zu akzeptieren, dass ich ihn liebte, aber weder heiraten noch meinen Hof aufgeben wollte. Mit der Zeit arrangierten wir uns, denn ohne einander wollten wir auch nicht mehr. Nun waren wir seit vier Jahren ein Paar, sahen uns am Wochenende und manchmal unter der Woche und wussten, was immer käme, wir konnten uns aufeinander verlassen. Das gab mir Halt.

Es lag nicht mehr alle Last auf meinen Schultern.

»Ich denk, ich werd die Kühe aufgeben«, sagte der Edwin. Die Bedienung kam und brachte den Wein, einen Spätburgunder aus dem Glottertal, kühl und goldgelb schimmernd, und wir stießen an und tranken einen Schluck, dann stellte er sein Glas auf den Tisch und betrachtete es, als läge darin eine Wahrheit. »Die Milchpreise sind viel zu niedrig, die Arbeit lohnt sich einfach nicht mehr.«

Am Nebentisch lehnte sich ein junger Mann zurück und zündete eine Zigarette an. Rauch verhüllte sein Gesicht, als er, die Zigarette im Mundwinkel, nach der Serviererin rief. Er trug verwaschene Jeans und ein enges Hemd, an seiner Gürtelschlaufe hing ein Fuchsschwanz, sein Haar war vorne kurz und hinten lang. Seine Freundin hatte sehr blondes Haar und trug ein hautenges leuchtend grünes Kleid mit Schulterpolstern und ein Stirnband in derselben Farbe. Die beiden passten nicht recht hierher; die meisten Urlauber waren Familien mit Kindern und ältere Leute, die ihr Asthma kurierten, ihre Herz- und Kreislaufbeschwerden, sie genossen die saubere Luft, die Landschaft, sie wanderten auf den vielen Wanderwegen, die die Kurverwaltung angelegt hatte, oder spazierten durchs Hochmoor zum Blindensee, sie besuchten Kurkonzerte und Trachtengruppen und sahen Kuckucksuhrenbauern und Fasnachtsmaskenschnitzern bei der Arbeit zu.

»In der Zeitung steht, in Brüssel werden sie das Milchkontingent beschließen«, sagte ich. »Die Landwirte sollen nur noch für eine bestimmte Menge feste Preise bekommen. Die Quote richtet sich nach der Größe des Betriebs.«

Der Edwin fuhr mit dem Finger über den Bauch einer kleinen Vase, in der ein Zwergasternzweig steckte, und runzelte die Stirn. »Es ist seltsam. Früher waren alle froh, wenn wir eine gute Ernte einfuhren und die Kühe viel Milch gaben. Jetzt ist eine reiche Ernte kein Segen, sondern eine Last, und alle geben uns Bauern die Schuld an Butterbergen und übervollen Getreidespeichern.«

»Wenn die Quote kommt, weiß ich nicht, wie wir zurechtkommen sollen.« Ich trank noch einen Schluck Wein und sah zu, wie er an einem frischen Mückenstich kratzte. »Die Politiker reden, als wären die Kühe Maschinen, als könnt man die Menge Milch, die sie geben, programmieren. Auf der Grub kalben grad mehrere Kühe, aber die Milchmenge, die wir künftig zu Festpreisen liefern dürfen, soll auf der Grundlage von diesem Jahr berechnet werden. Was mache ich also nächstes Jahr? Für jeden Liter Milch zu viel soll's nicht fünfundsechzig Pfennig, sondern nur achtzehn Pfennig geben. Wir werden mindestens zehn Prozent weniger Umsatz machen. Ich werd Kühe verkaufen müssen, dadurch sinkt der Preis für Rinder. Am Ende muss ich noch die Zucht aufgeben, weil sie auch nichts mehr einbringt.« Ich zuckte mit den Schultern und lehnte mich zurück; oft hatten wir im Züchterverband darüber geredet, doch es schien, als interessierten sich die Politiker nicht dafür, wie die Landwirte zurechtkamen. Alle wollten frische Milch und gutes Fleisch, alle aßen gern Butter und hausgemachte Wurst, doch niemand wollte einen angemessenen Preis bezahlen. Immer mehr kleine Höfe gaben auf. »Es ist nicht gerecht.«

Der Edwin nickte und wischte Blut von seinem Mückenstich. Der junge Mann am Nachbartisch blies seiner Freundin Rauch ins Gesicht und sie lachte. Im Kurpark schillerte das Wasser im See und auf den Wegen flanierten Gäste, die Luft war lau und das Licht weich. Auf der anderen Seite vom *Schwanen* lag die Kirche, St. Urban, mit ihrem spitzen Turm und dem goldenen Wetterhahn. An ihrem Fuß zweigte die Turntalstraße ab, und wo vor ein paar Jahren noch Wiesen gewesen waren, standen Häuser, immer dichter schlossen sich die Reihen. Das alte Schulhaus war abgerissen worden, die Gemeinde hatte ein Schulzentrum gebaut. Es gab ein *Haus des Gastes* und im Obertal, wo der Rochus einst mit zwei Bauern um Bauland verhandelt hatte, hatte man eine Anlage mit unzähligen Ferienwohnungen, Schwimmbad, Sauna und Tennisplätzen gebaut. Die Langenwaldschanze war renoviert worden und im Winter wurde der Schwarzwaldpokal in der nordischen Kombination ausgetragen, im kommenden Jahr sollte sogar eine Weltcup-Veranstaltung stattfinden, man hatte schon Fahnenmasten aufgestellt, um Flaggen zu hissen, wenn die Welt nach Schonach kam.

Der Edwin seufzte. Drunten im Kurpark-Pavillon spielte die Blaskapelle *Glück im Schwarzwald*.

1987

Wind tobte ums Haus, er heulte und riss an den Fensterläden, ein Zerren und Fauchen, und ich fuhr aus dem Schlaf wie ein verschrecktes Kind, tastete im Dunklen nach dem Schalter der Nachttischlampe; der Wecker zeigte halb fünf. Mein Herz pochte und mein Körper schmerzte vor Müdigkeit, jeder Muskel brannte von Erschöpfung, denn in der Nacht hatte sich der Bulle losgerissen und war zu den Kühen gelaufen, kurz nach Mitternacht war ich von lautem Muhen aufgewacht, die Treppe hinabgestürzt und in den Stall gelaufen, schnaubend und mit erhobenem Kopf stand der Bulle im Futtergang, seine Augen blitzten vor Wut und Lust, er bockte und keilte aus, ich fuhr zusammen, erschrak vor seiner unbändigen Kraft. Als er mich erblickte, schnaubte er. Er scharrte mit der vorderen Klaue, stand einen Moment ganz ruhig, als sammelte er sich, dann lief er auf mich zu. Die Schwiegermutter, auch sie aus dem Schlaf gerissen, schrie auf, sie stand im Türrahmen und schlug ein Kreuz, das Gesicht bleich wie abgestandene Milch.

»Ruf den Karl«, schrie ich und sprang hinter einen Pfeiler, »ruf den Karl an, er muss kommen und helfen, allein schaff ich's nicht!« Sie eilte zurück ins Haus, während ich den Bullen nicht aus dem Blick ließ, der nur zwei Armlängen entfernt stehen geblieben war und mich musterte, sein massiger Leib bebte und dampfte. Vorsichtig, in kleinen Schritten, tastete ich mich an der Wand entlang, suchte nach der Führstange, und als ich sie fand, umklammerte ich sie mit beiden Händen, hielt sie fest, hielt mich an ihr fest, unfähig, auch nur einen Schritt nach vorn zu tun. Die Kühe muhten, sie schüttelten die Köpfe und traten unruhig hin und her, die schweren Metallbügel an ihren Hälsen rasselten und klirrten.

Plötzlich senkte der Bulle den Kopf.

Er schnaubte, doch nun klang es wie ein Seufzer, ein Ball, aus dem jemand die Luft herausließ. Sofort trat ich vor, tat ein paar Schritte, der Bulle schüttelte den Kopf und rollte mit den Augen, doch ich ließ mich nicht beirren, bemühte mich, mit fester Stimme zu sprechen, und näherte mich Stück für Stück, bis es mir gelang, die Führstange durch seinen Nasenring zu schieben. Er schnaubte wieder, weißer Dampf stob aus seinen Nasenlöchern, doch er ließ sich ohne Widerstand in seine Ecke drängen. Meine Finger zitterten, als ich ihn anband, meine Kleider klebten feucht am Körper.

Als mein Schwager kam, Schlaf in den Augen und der Saum seiner Pyjamajacke hing unterm Pullover hervor, stand der Bulle am Trog und fraß, als wäre nichts geschehen.

Ich rieb mir die Lider und stand auf. Es war still im Haus, nur der Wind rüttelte an Fenstern und Türen wie ein ungeduldiger Gast, der Einlass begehrte, und in der Stube schnarchte der neue Hund. Ich lief in die Küche und schaltete eine Herdplatte an, ließ Wasser in den Kessel laufen, löffelte Kaffeepulver in den Filter, mechanische Bewegungen im Morgendunkel, und während das Wasser langsam warm wurde, setzte ich mich auf die Küchenbank. Auf dem Tisch lag ein Briefumschlag, mit sauberen Buchstaben hatte jemand unsere Adresse darauf geschrieben, oben rechts klebte eine fünfzig-Pfennig-Briefmarke, auf der das Freiburger Münster abgebildet war. Ich öffnete den Umschlag, zog den Briefbogen heraus und ließ meinen Blick über die zierlichen

Linien wandern, die Buchstaben, die sich mit leichtem Schwung zur Seite neigten. Der Brief war kurz und kündigte ihre Ankunft für den Nachmittag an.

Wie es wohl würde?

Ich goss eine Tasse Kaffee ein und schnitt ein Stück vom Honigkuchen, den die Schwiegermutter am Vortag gebacken hatte. Die Küchenuhr tickte; es war zehn vor fünf. Nach dem Frühstück lief ich in den Stall, molk das Vieh, mistete und fütterte. Dann fuhr ich in meine Stiefel, stapfte zum Schuppen und zog die Schneehexe heraus; das Stahlrohr vom Griff war eiskalt. Es fror und schneite seit Wochen, an den Seiten der Wege lagen mannshohe Schneewälle, der Schuppen war halb versunken und der Himmel noch immer schwer, jeden Tag kündigte der Wetterbericht weitere Schneefälle an. Doch die großen Straßen, hieß es, waren geräumt.

Hoffentlich kämen sie durch.

Die Schaufel glitt durch den frischen Schnee, die Rillen an der Unterseite wirkten wie Kufen und ich zog eine Spur über den Vorplatz, breit genug, dass zwei Menschen nebeneinanderlaufen konnten, dann räumte ich den Pfad, so dass auch ein Auto zur Grub hinabfahren konnte. Der Schnee knirschte unterm Stahl und ich stieß den Schneeschieber vor mir her, bis die Wanne voll war, dann kippte ich sie mit Schwung zur Seite und leerte sie; es brauchte Kraft und ich schwitzte, doch die Schneemassen mit der Schaufel zu räumen war längst unmöglich. Über den Hügeln dämmerte es. Die Fichten standen wie dunkle Riesen beieinander, die Spitzen ihrer Zweige schwer von einer dicken Schicht weißem Puder, auch die Kirschbäume waren weiß und an ihren Ästen hingen Eiszapfen. Das verschneite Walmdach vom Haus leuchtete vor einem Himmel grau wie Granit, eine einzelne Gaube ragte aus dem Schnee, ein paar Schindeln, das spröde

Holz der Sprossen. Als ich zum Haus zurücklief, brannte Licht in der Stube.

Im Gang roch es nach Tannenzweigen, nach Wachs und Lebkuchen, und ich streifte meine Stiefel ab, hängte Anorak, Schal und Mütze über die Haken der Garderobe und öffnete die Stubentür. Die Petra beugte sich über die Kiste mit dem Weihnachtsschmuck, der Alexander richtete den Baum aus; er hatte ihn am Vortag mit seinen Cousins geschlagen, mit dem Sohn vom Rochus, den Söhnen vom Hans und von der Rosmarie war er in den Wald gelaufen, so wie der Helmut einst mit uns in den Wald gelaufen war und einen Weihnachtsbaum gefällt hatte. Die Schwiegermutter hatte das Bügelbrett neben dem Kachelofen aufgebaut und dämpfte ihr Sonntagskleid. Auf dem Tisch brannten eine Bienenwachskerze und die Stumpen vom Adventskranz und im Radio lief Weihnachtsmusik.

»Wir könnten ein paar Mandarinen aufhängen.« Die Petra wickelte eine Tannenbaumkugel aus dem Zeitungspapier vom Vorjahr. »Die duften und außerdem ist's ökologischer als Lametta und Engelshaar.«

»Mandarinen sind schwer«, sagte der Alexander. »Da hängen die Zweige runter.«

»An einen rechten Weihnachtsbaum gehören Kerzen und Kugeln und Engelshaar und Lametta«, sagte die Schwiegermutter, ohne von ihrem Bügelbrett aufzusehen. »Manche Dinge sollte man nicht ändern.«

Ich zuckte mit den Schultern. Die Petra rieb die rote Tannenbaumkugel, bis sie glänzte, der Alexander langte in die Kiste und zog einen Strohstern hervor.

»Schau mal, den haben wir als Kinder gebastelt.« Er strich die Halme glatt und hielt den Stern in die Höhe. Die Petra hatte im Sommer ihr Abitur bestanden, nun machte sie eine Lehre auf einem Hof in Erdmannsweiler, sie wollte Landwirtin werden; der Alexander war nach der zehnten Klasse auf eine Berufsfachschule in Furtwangen gewechselt, im kommenden Jahr, wenn er seinen Abschluss als Funkelektroniker bestanden hätte, wollte er nach Freiburg in eine Wohngemeinschaft ziehen, sein Abitur nachmachen und Physik studieren. Die Schwiegermutter murrte, es gefiel ihr nicht, dass bald beide Kinder aus dem Haus sein würden, »zumindest eins könntest daheimbehalten«, sagte sie immer wieder, und auch mich stimmte die Aussicht traurig, doch ich wollte, dass beide ihren Weg gingen.

»Wann kommt der Edwin?«, fragte mein Sohn.

»Heut bleibt er daheim bei den Eltern in Wolterdingen, aber morgen Mittag nach der Messe kommt er zum Essen.« Ich nahm einen Keks und erhob mich. »Ich geh rasch duschen und dann schau ich, ob in der Wohnung alles recht ist.«

»Droben ist alles recht.« Die Schwiegermutter fuhr mit dem Bügeleisen über die Knopflöcher an der Passe vom Kleid.

»Ich hab die Verkehrsnachrichten gehört«, sagte der Alexander. »Die Straßen sind frei.«

Ich seufzte und rieb meine müden Wadenmuskeln. Der Negro stupste seine Nase gegen mein Schienbein. Die Petra hängte die rote Kugel an den Weihnachtsbaum, sie schimmerte und etwas in meiner Brust wurde warm. Ein Tannenbaum voller Mandarinen?

»Wir können's ja zumindest mal versuchen«, sagte meine Tochter und sah mich an.

Ich zögerte, dann nickte ich. »Versuch's halt.«

Am späten Nachmittag, der Wind hatte sich gelegt, es schneite und der Weihnachtsbaum hing voller Kugeln und Lametta, fuhr ein VW Golf langsam den Pfad hinab auf unser Haus zu.

»Sie sind da«, rief ich und lief zur Tür.

Der Golf rutschte ein wenig, als die Frau ihn unterm Walnussbaum zum Stehen brachte. Ein Bub riss die Tür auf und rief: »Mensch, Mama, wie viel Schnee die hier haben!« Er stürzte los und ihm folgte ein zweiter Bub, im Nu lieferten sich beide eine Schneeballschlacht. Dann stieg ein Mädchen aus dem Fond. Neben der Beifahrertür blieb es stehen und sah sich um; es war klein, trug eine Mütze, tief ins Gesicht gezogen, rote Stiefel mit einem Pelzrand und einen dunklen Dufflecoat, der ihm zu groß war.

»Christian und Daniel!« Eine Stimme wie Donnergrollen. Die Buben fuhren zusammen, erhoben sich, wischten Schnee von ihren Jacken, ihren Hosen, und stapften zum Auto zurück. »Ihr könnt euch nützlich machen und das Gepäck ausladen.« Ihre Mutter warf ihnen den Autoschlüssel zu, wickelte sich einen Schal um den Hals, strich ihr wildes, widerspenstiges Haar zurück und sah sich um, ließ ihren Blick über Stall, Haus und Schuppen wandern, dann lächelte sie und lief ums Auto herum. »Komm, Kathrin.«

Das Mädchen griff nach der ausgestreckten Hand.

»Herzlich willkommen auf dem Sigmundenhof.« Ich gab mir einen Ruck und lief ihnen entgegen. »Hatten Sie eine gute Fahrt?«

»Mer losse de lewe Gott och emol en goode Mann säin.«

Verblüfft blieb ich stehen, die Hand halb ausgestreckt zum Gruß.

Ihr breites, herzförmiges Gesicht verzog sich zu einem Lachen. »Will sagen, wir lassen den lieben Gott auch mal einen guten Mann sein und freuen uns über den vielen Schnee.«

»Ach so …«

»Bei uns im Rheinland liegt ja nicht viel Schnee, nur die letzten zwei Stunden waren ein bisschen anstrengend. Aber was soll's, jetzt sind wir da.« Sie blähte die Backen, als hätte sie grad einen Wettkampf gewonnen. »Schön haben Sie es hier – soweit man das jetzt noch sehen kann.«

Ich nickte und trat einen Schritt beiseite. »Ich hoffe, es wird Ihnen bei uns gefallen.«

Der jüngere Bub zerrte einen Koffer aus dem Heck vom Golf, der ältere ließ eine Reisetasche in den Schnee fallen und dann zog er etwas hervor, das aussah wie ein kleiner Weihnachtsbaum. Die Kleine zupfte an meinem Ärmel und deutete mit ihrem Handschuh auf die Züchterplaketten, die neben der Haustür an der Stalltür hingen. »Was ist das?«

Ich wandte mich um. »Das sind Auszeichnungen.«

»Wofür?«

»Dafür, dass ich gute Rinder gezüchtet hab.«

»Und wie macht man das?«

»Du kannst gern morgen mit mir in den Stall kommen, dann zeig ich dir unser Vieh.« Die Kälte kroch mir unter die Kleider und ich deutete auf die offene Tür. »Aber jetzt kommen Sie doch erst einmal herein.«

Wir gingen ins Haus.

Im Gang zog ich die Stiefel aus und schlüpfte in meine Pantoffeln. »Ich hab Hausschuhe für Sie bereitgelegt, ich hoffe, die Größen passen einigermaßen.«

»Warum kann ich meine Schuhe nicht anbehalten?«

»Weil sie voller Schnee sind«, sagte die Frau, und ehe das Mädchen sich versah, hatte sie schon die Reißverschlüsse seiner Stiefel geöffnet.

»Und weil wir im Haus nicht die Schuhe tragen, mit denen wir auch in den Stall gehen«, sagte ich. Das Mädchen holte Luft – doch ihre Brüder schleppten zwei Koffer herein und ließen sie polternd auf den Fliesenboden fallen. Mir wurde mulmig; würden sie alle genug Platz haben? Ich schluckte und griff nach dem größeren Koffer, einem schwarzen Lederkoffer. »Kommen Sie, ich zeig Ihnen die Ferienwohnung.«

Hintereinander stiegen wir die Treppe hinauf, die Treppe, schief wie ein Hexenbuckel, die Buben staunten und raunten.

Vor einer Tür im ersten Stock, an die ich ein Schild gehängt hatte, auf dem stand *Hier wohnt Familie Augustin,* blieb ich stehen und zog einen Schlüsselbund aus meiner Hosentasche. »Der ist für die Wohnung und dieser für die Haustür unten, aber …« Ich schob den Schlüssel ins Schloss. »Tagsüber ist die Haustür ohnehin nie abgesperrt.« Die Kleine holte Luft; ich kam ihr zuvor, öffnete die Tür, schaltete das Licht an und trat ein.

Die Frau Augustin folgte mir, löste ihren Schal und ließ den Blick durch den Raum wandern, betrachtete den Holztisch, die neue Küchenzeile, die Kaffeemaschine, die Spitzengardinen, die ich gehäkelt hatte. Ich stellte den Koffer ab. »Dies ist die Wohnküche.«

Mein Herz klopfte. Hatte sie mehr Komfort erwartet?

Der größere Bub öffnete die Tür zum Schlafzimmer. Sein Bruder spähte hinein und rief: »Ich schlaf oben!«

»Das regeln wir später, Daniel.« Die Frau Augustin ließ sich auf einen Stuhl fallen.

Ich zupfte die Tischdecke zurecht. »Im Schlafzimmer haben Sie ein Doppelbett und ein Etagenbett.«

Sie nickte.

»Und dort«, ich deutete auf eine weitere Tür, »ist das Duschbad.«

»Und wo sind die Tiere?« Die Kleine sah unter ihrem Mützenrand hervor, musterte mich mit blassblauen Augen. »Mama hat gesagt, wir machen Ferien auf dem Bauernhof und da gibt's Tiere.«

»Die Tiere sind im Stall.«

»Und wo ist der Stall? Und was habt ihr für Tiere?«

»Wir haben Kühe und Bullen und Kälber, wir haben Schweine und Ferkel, ein paar Katzen, einen Hund …«

»Die Tiere kannst du dir morgen angucken.« Die Frau Augustin zog ihrer Tochter die Mütze vom Kopf und knöpfte ihr den Mantel auf. Ich schätzte die Kleine auf acht, höchstens neun Jahre, sie hatte feines blondes Haar, während ihre Brüder das dunkle wilde Haar ihrer Mutter geerbt hatten. Die beiden stürmten grad die Stiege hinab, um das restliche Gepäck zu holen.

Ich deutete auf den Tisch. »Ich hab Ihnen ein kleines Weihnachtsgesteck hingestellt, damit Sie's heut Abend ein bissle gemütlich haben.«

»Das ist nett von Ihnen. Mein Mann konnte leider nicht mitkommen, er ist Arzt und hat über Weihnachten Bereitschaft im Krankenhaus. Aber ...« Sie knöpfte ihren Mantel auf. »Wir kommen auch zu viert zurecht.«

Ich hatte keinen Zweifel.

»Sie können unser Telefon benutzen, wenn Sie ihn anrufen möchten«, sagte ich und machte eine unbestimmte Handbewegung, »und sollten Sie sonst etwas brauchen, zögern Sie nicht, mich zu fragen.«

»Sehr nett von Ihnen, vielen Dank.« Sie stand auf, zog ihren Mantel aus. Sie war groß und schlank, trug Jeans mit einem breiten Gürtel und eine schwarze Bluse.

»Dann lass ich Sie jetzt allein.« Ich legte die Schlüssel neben das Tannengesteck. »Aber ich würd mich freuen, wenn Sie morgen oder übermorgen eine Tasse Kaffee mit uns trinken.«

»Vielen Dank für die Einladung.« Die Frau Augustin lächelte und ihre Wangen leuchteten wie frisch polierte Weihnachtskugeln. »Mer säin als aussem Häisje.«

»Bitte?«

»Wir sind ganz aus dem Häuschen.«

»Ach so. Ja, dann ... schöne Weihnachten.«

Am Fuß der Treppe kamen mir die Buben entgegen, sie schleppten zwei Koffer und der ältere trug einen kleinen Weihnachtsbaum aus Plastik unterm Arm.

Anderntags, als ich aus der Milchkammer kam, stand die Kleine in der Diele. »Wo sind die Tiere?«

»Im Stall.« Ich bückte mich und zog ein Paar Gummistiefel, die einmal der Petra gehört hatten, aus dem Schrank. Die Kleine öffnete die Reißverschlüsse ihrer pelzgefütterten Winterstiefelchen, schlüpfte hinein und schlurfte über die Fliesen. »Sie sind zu groß.«

Ich tastete über die Kuppen und schüttelte den Kopf. »Nur ein bissle, das ist schon recht.« Sie sah mich prüfend an, doch ich erhob mich und streckte die Hand aus.

Wir liefen über den Vorplatz. Die Tür zur Milchkammer stand halb offen, im Maschinenraum brummten die Vakuumpumpe und das Kälteaggregat. Die Kleine deutete auf den Edelstahltank. »Was ist das?«

»Ein Milchtank. Wenn wir die Kühe melken, fließt die Milch dort hinein, und die Maschinen nebenan sorgen dafür, dass sie schön kühl bleibt.«

»Und wie kommt die Milch wieder raus?«

»Ich fülle sie in Kannen, bring sie mit dem Traktor zum Nachbarhof und dort holt das Molkereiauto sie ab.« Ich öffnete die Tür zum Stall. Feuchter Dunst umhüllte uns und die Kühe reckten die Köpfe, wie immer, wenn jemand Fremdes in den Futtergang trat, und die Emma hob den Schwanz und ein Strahl ergoss sich in die Streu hinter ihr, Schwaden stiegen auf und schimmerten im matten Licht.

»Hier stinkt es.« Die Kleine hielt sich die Nase zu.

»So ist das im Stall, beim Vieh riecht's halt nach Mist.« Die Kühe zupften weiter Heu aus den Trögen, kauten und malmten und schmatzten, ihre warmen Leiber dampften. Ich tat einen Schritt auf die Lena zu, streichelte über ihre Stirn. Die Kathrin blieb mit steifen Beinen mitten im Gang stehen.

»Die Kuh ist ja riesig«, flüsterte sie.

»Wir haben auch Kälble.« Ich nahm sie bei der Hand und wir liefen vor zur Liegebox. Die Lina hatte vor Kurzem gekalbt und kaum war das Kalb heraus gewesen, ragte ein weiterer Fuß aus ihrem Leib und ein zweites Kalb kam hinterher; es geschah selten, dass eine Kuh Zwillinge zur Welt brachte.

»Hallo Kathrin«, sagte die Petra, die unter der Gerda hockte und ihr Euter untersuchte.

»Hallo«, sagte die Kathrin und reckte den Kopf.

»Eine Euterentzündung?«, fragte ich und bückte mich.

Die Petra schüttelte den Kopf. »Nur eine leichte Rötung. Keine Schwellung, kein Fieber und die Milch ist auch in Ordnung – ich kann nichts Beunruhigendes entdecken.«

Im selben Moment schrie die Kleine auf. »Ohhh ... wie süüß!« Ich richtete mich zwischen den Kühen auf, sah, wie die Lotta zurückschreckte, doch die Loni, die Erstgeborene und weniger schüchtern, reckte ihren Kopf und tat einen Schritt vor, sie reichte der Kathrin bis zur Brust, doch die fürchtete sich nicht, sondern streckte ihre Hand nach dem Kälbchen aus. Es schnupperte daran, fuhr mit feuchten Lippen über dünne Finger, leckte daran. »Iiihhhh!« Die Kleine zuckte zurück.

Ich lachte.

»Die sind ja ganz nass.« Staunend betrachtete sie ihre von Speichel glänzende Hand.

»Kühe sind Wiederkäuer, sie können hundertfünfzig bis zweihundert Liter Speichel am Tag produzieren.« Die Petra hielt ihr einen Zipfel von ihrem Kittel hin, doch sie schüttelte den Kopf und wandte sich wieder den Kälbern zu, denn nun näherte sich auch die Lotta.

»Willst mir heut Nachmittag beim Melken helfen?«, fragte ich.

Die Kleine sah auf, Glanz in den Augen, und nickte.

Zur Melkzeit stand sie vor der Milchkammer, ihre Füße schon in den Gummistiefeln, das Haar zum Pferdeschwanz gebunden. »Melken wir zuerst Loni und Lotta?«

Ich lachte. »Kälber kann man nicht melken, die müssen erst einmal groß werden. Nur ausgewachsene Kühe geben Milch. Wir fangen mit der Emma an. Sie ist eine brave Kuh, vor der musst dich nicht fürchten.«

Sie nickte, wir wuschen uns die Hände und ich nahm das Melkgeschirr vom Haken.

Die Emma bog den Kopf, als sie uns sah, und muhte, die Kathrin trat einen Schritt zurück und blieb im Futtergang stehen. Die anderen Kühe reckten ihre Köpfe, weißer Atem quoll wie Nebel aus ihren Nasen, und die Emma schnupperte an meiner Schulter, als ich mich bückte und ihr Euter säuberte. »Bist 'ne Gute«, sagte ich und strich ihr über den Bauch, griff nach den Schläuchen, massierte die Zitzen, bis die erste Milch kam, und stülpte das Melkzeug über. »Bist meine Beste.«

»Zu Hause kauft Mama Milch im Supermarkt. Kommt deine Milch auch in den Supermarkt?«

»Ja, die kommt auch in den Supermarkt. Vielleicht nicht in euren, aber in einen hier im Schwarzwald.«

»Schmeckt eure Milch anders als unsere?«

»Nachher kannst ein Glas probieren.«

Sie nickte und betrachtete die Schläuche und ich konnte förmlich sehen, wie sie sich vorstellte, wie die Milch durch sie hindurchfloss, hinüber in den Tank in der Milchkammer und weiter in den Supermarkt.

Anderntags nahm sie ihren Mut zusammen und streichelte die Emma. Am Tag darauf streichelte sie die Mutter von der Loni und der Lotta. Ich ließ sie einen Finger in einen Zitzenbecher stecken und sie quietschte und lachte, als sie die Saugbewegungen spürte. Auch ihre Brüder wollten melken und beim Schweinefüttern helfen, sie schippten Schnee und fuhren Schubkarren zum Misthaufen. »Hast du keine Hühner?«, fragte die Kathrin. »Ich könnte Eier suchen.«

»Nein, Hühner haben wir nicht mehr.«

»Schade.« Sie seufzte und sah der Petra zu, die auf dem Vorplatz stand und mit Kathrins Mutter schwätzte.

»Was sagt der Fuchs, wenn er morgens in den Hühnerstall kommt?«, fragte der Christian und warf einen Armvoll Heu in den Trog.

»Ich weiß es!«, rief der Daniel und sprang auf. »Er sagt: ›Jetzt aber raus aus den Federn!‹« Die Buben prusteten los, doch ihre Schwester schien nicht zuzuhören, stattdessen sah sie an sich herunter; sie trug ein Paar Jeans, das ihre Mutter ihr für den Stall gegeben hatte, und ein rosa T-Shirt, auf dem in glitzernden Buchstaben *Madonna* stand.

»Sag mal …« Wieder sah sie zur Petra.

»Ja?« Ich nahm eine Fuhre Heu.

»Kann ich dich mal was fragen?«

Ich lächelte in mich hinein. »Was denn?«

»Die Petra … hat die nichts anderes zum Anziehen?«

Ich ließ das Gras in den Trog fallen und lachte. »Wieso fragst das?«

»Na ja, sie hat immer Gummistiefel an und jeden Tag diesen alten blauen Kittel, und sie bindet ein Kopftuch um, dabei hat sie so schöne Locken.«

Einen Moment wusste ich nicht, was ich sagen sollte. Ich dachte an Kathrins Stiefelchen mit dem Pelzrand, an ihre Mutter, die Jeans mit breiten Gürteln trug und schicke Blusen. Meine Tochter und ich sahen nicht wie typische Bäuerinnen aus, wir trugen Röcke und Kleider, keine altmodischen Kittelschürzen. Doch ein Hof war kein Laufsteg. »Im Stall ist's einfach praktischer, wenn du alte Sachen anziehst.« Ich griff noch ein Bündel Heu. »Oder Kittel, bei denen's nichts macht, wenn sie schmutzig werden.«

Sie runzelte die Stirn, sagte nichts und betrachtete die Spitzen ihrer gelben Gummistiefel, während neben uns die Kühe kauten und malmten und aufstießen und schmatzten.

Ich hätte gern ihre Gedanken gelesen.

Nach zehn Tagen, am Morgen ihrer Abreise, luden die Augustin-Buben alle Koffer und Taschen in den Kofferraum, den Weihnachtsbaum aus Plastik und eine Tüte mit Schwarzwälder Speck und frischem Landbrot, und die Kathrin öffnete die Beifahrertür, sie trug wieder ihre Pelzstiefelchen und den dunklen Dufflecoat, der ihr zu groß war, und die Frau Augustin wickelte sich einen Schal um den Hals und ließ ihren Blick noch einmal durchs Tal wandern, über die Hügel und verschneiten Wiesen, das Haus, den Stall, den Schuppen, dann seufzte sie und lächelte, stieg ein und ließ den Motor an. Dicke Schneeflocken tanzten vor meinen Augen, als sie den Pfad zum Wald hinauffuhr, den ich in der Früh geräumt hatte, und ich winkte, bis der Golf hinter der Kurve verschwand. »Wir kommen wieder!«, hatten die Augustins am Vorabend bei Kaffee und selbstgemachtem Apfelsaft ins Gästebuch geschrieben, mein Gästebuch, das noch viele leere Seiten hatte, und als die Petra, in frischen Jeans und weißer Bluse, die Locken feucht von der Dusche, eine Platte mit duftendem Hutzelbrot auf den Stubentisch stellte, zupfte die Kathrin mich am Ärmel. »Heute sieht die Petra aber schön aus.«

1990

Im Ofen buk Kuchen, süßer Apfelduft füllte die Küche und ich saß mit einem Glas Milch auf der Bank und hörte eine Sendung über die Abwicklung der Nationalen Volksarmee; mit dem ersten Tag der Deutschen Einheit in wenigen Wochen würden alle aktiven NVA-Soldaten zu Bundeswehrsoldaten und fortan in den Kasernen des ehemaligen Klassenfeinds Dienst tun. Ein Dreivierteljahr zuvor war die Mauer gefallen. Berlin war weit, doch knatterten auch in Schonach gletscherblaue Trabis über die Hauptstraße und DDR-Bürger spazierten mit leuchtenden Gesichtern durch den Kurpark. Ein Wissenschaftler erklärte grad, die friedliche Auflösung einer Armee und ihre teilweise Integration in die ehemals verhasste Feindarmee sei beispiellos in der Militärgeschichte, als die Petra hereinkam, die Ärmel hochgekrempelt, das Gesicht verschwitzt. »Die Emma ist so weit, kommst du?«

Ich trank meine Milch und schaltete Radio und Ofen aus.

Ihr praller Leib zuckte, als ich in die Liegebox trat, die Eröffnungswehen hatten bereits eingesetzt und zäher Schleim floss heraus, unterm Schwanz schimmerte hell die Fruchtblase. Die Petra kniete nieder und untersuchte die Emma, und die hob den Kopf, ihr Blick so wund, dass es schmerzte, dabei hatte sie schon viele Kälber geboren. Meine Tochter tastete über den Bauch der Kuh, mit sicheren Bewegungen, und ich dachte daran, wie unsicher ich nach Helmuts Tod gewesen war, als ich allein Kälber und Ferkel holen musste, nur manchmal half der Willi, der Bruder vom Schwiegervater, sein Hof lag drunten beim Teich, er war alt und hatte Erfahrung, und wenn eine Kuh noch nicht so weit war und wir warteten, dass die Abstände zwischen den Wehen kürzer wurden, erzählte er, wie es auf dem Sigmundenhof zugegangen war, als er noch ein Bub gewesen war, als sie weder Wasser hatten noch Elektrizität, und ich hörte zu und schauderte, dagegen schien selbst das Leben auf den Höfen meiner Kindheit wie ein Leben im Paradies.

Ich knöpfte meinen Kittel zu und ging, Seile zu holen. Der Stall war leer, die anderen Kühe und der Bulle grasten auf der Weide. Als ich zurückkehrte, wälzte sich die Emma in der Streu, die Fruchtblase war nun deutlich zu sehen, die Wehen wurden heftiger, die Abstände kürzer. Sie muhte, laut und durchdringend, sie presste und ächzte. Mit der ersten Austreibungswehe schob sich eine Klaue aus dem Leib, ein Stück Bein, dünn und nass, ich griff danach. Die Petra reichte mir eine Handvoll Stroh, ich rieb Schleim und Blut fort, und mit der nächsten Wehe versuchte ich, das Kalb ein Stück weiter herauszuziehen.

»Sollen wir Seile drumbinden?«

»Ich denk, es geht so.« Ich wischte mir über die Stirn. Im Frühjahr, als die Lotta gekalbt hatte, hatten wir das zweite Kalb an Seilen herausziehen müssen und ich hatte den Herrn Haberstock, einen Feriengast aus Frankfurt, um Hilfe gebeten, obwohl es spät war, doch in seinem Zimmer brannte Licht, und er kam und half, und als ich ihn am nächsten Tag zu einer Tasse Kaffee im Garten einlud, schwärmte er von der existenziellen Erfahrung, die einem zeige, was zähle im Leben, viel sinnvoller sei das, als den Tag in einem Großraumbüro vorm Bildschirm eines Computers zu verbringen. Kurz darauf half er bei der Heuernte. Er reparierte den Zaun, den der Bulle umgerissen hatte, und karrte Mist, er packte an, als wäre er nicht Gast, sondern Knecht, und beim Abschied schwärmte er von der Magie des Landlebens.

Ein dröhnendes Muhen und eine weitere Wehe. Das zweite Vorderbein rutschte heraus, die Fruchtblase platzte, eine rosa Nase schimmerte hervor, ein schmaler Kopf, ich lachte und rief: »Das Schwierigste hast hinter dir, Emma«, und die Petra strich ihr über den Rücken. Mit beiden Armen hielt ich das Kälbchen, zog es mit der nächsten Presswehe weiter in die Welt, glatt und glitschig rutschte es ins Stroh. Die Nabelschnur riss, die Petra wischte dem zitternden Kleinen Schleim aus den Nasenlöchern und rieb seine Brust mit Stroh, um den Kreislauf in Gang zu bringen. Die Emma atmete schwer, richtete die Vorderbeine auf und stemmte sich hoch und begann unverzüglich ihr Junges abzuschlecken und das Kalb tat seine ersten Atemzüge. Es schüttelte sich und seine weichen braunen Ohren wackelten, die Petra lächelte und ich sah auf, ein warmes Ziehen in der Brust. Es war eine Freude, wenn ein Kälbchen gesund zur Welt kam, und wenn mal eines starb, war es nicht nur ein finanzieller Verlust, sondern es machte mich traurig, ich suchte ihm einen stillen Platz, deckte es zu und wartete, bis jemand von der Tierkörperbeseitigungsanstalt es holte, erst dann konnte ich es vergessen.

»Wir nennen es Betty«, sagte die Petra und erhob sich. Die Betty war braun wie ihre Mutter, mit einem weißen Fleck unterm rechten Auge, und sie hob den Kopf, als nickte sie. Ihre Mutter leckte ihr unablässig übers nasse Fell und das Kälbchen schüttelte und wand sich und beugte schließlich die Vorderbeine und versuchte aufzustehen, doch es taumelte und fiel. Es versuchte es erneut, diesmal stupste die Emma es und ich half ein wenig, schließlich stand es wacklig wie ein Pudding im Stroh und sah sich um, erste Fliegen umkreisten sein Maul, landeten auf seiner feuchten Nase, und die Emma stupste ihr Junges sanft Richtung Euter, es fand eine Zitze und saugte gierig die erste Biestmilch, während seine Mutter die Nachgeburt fraß.

Am Nachmittag saß ich mit einer Tasse Kaffee und einem Stück Apfelkuchen unterm Walnussbaum. Der Spätsommerwind strich über meine Haut, es roch nach Erde und Regen, der bald käme, und unterm Dach flogen die Schwalben aus ihren Nestern. Neben dem Grill, den der Rochus gemauert hatte, als meine Brüder die Ferienwohnung hergerichtet hatten, saß eine Katze, dick und rund, und betrachtete die Grashalme, die sich leise hin und her wiegten. Neben dem Schuppen rupfte das Schaf, das die Petra zum Ende ihres ersten Lehrjahrs von ihrer Bäuerin in Erdmannsweiler bekommen hatte, längst verblühten Löwenzahn und Kleeblumen, dahinter leuchtete ein rosa Himmel.

Was haben wir's schön, durchfuhr es mich.

Die Feriengäste, die immer häufiger kamen, lobten die Ruhe und die Landschaft. Anfangs hatte ich mich gefragt, ob sie etwas sahen, für das ich den Blick verloren hatte, weil ich es täglich sah, doch in ruhigen Momenten wie diesem spürte ich die Schönheit des Tals, roch den Duft von frisch gemähtem Heu, hörte die Vögel, die Kühe, sah die Hügel, die ich so oft gesehen hatte, die ich grün und weiß gesehen hatte und gelb glänzend von Butterblumen und blühendem Löwenzahn, sah die Wälder, die Weiher, die Wiesen und Halden, die ich kannte, als wären sie ein Teil von mir, und denen nichts fehlte, sie waren vollkommen, so wie sie waren.

Seit der Alexander in Freiburg wohnte, gab es in der Ferienwohnung ein zweites Schlafzimmer. Die Gäste brachten Geld, das ich brauchte, denn der Milchpreis sank weiter, doch ich mochte auch den Umgang mit den Menschen; manchmal dachte ich an die Zeit, als ich jung gewesen und im Gasthof in der Turntalstraße ausgeholfen hatte. Die Kinder, die kamen, liebten unsere Tiere, den Stall, die weiten Wiesen, ihre Väter halfen bei der Ernte oder gingen wandern, ihre Mütter suchten Blaubeeren im Wald und buken Kuchen oder lagen im Schatten der Kirschbäume und lasen, froh, dass ihre Kinder beschäftigt waren, zum ersten Mal seit Langem in Ruhe ein Buch. Ich lud meine Gäste zum Kaffee ein und lauschte ihren Geschichten.

Manchmal beneidete ich sie.

Und doch hätte ich nicht tauschen wollen.

Einen Hof zu halten war immer noch harte Arbeit, ich schaffte von sechs in der Früh bis zehn Uhr am Abend, und bei so viel Arbeit kein finanzielles Auskommen zu haben war nicht schön. Doch als ich den Helmut zum ersten Mal auf der Grub besucht hatte und wir zur Grotte hinaufspazierten und hinter der Kurve auf die beiden Gehöfte blickten, die so dicht beieinanderlagen, dass ich an Geschwister dachte, die sich gestritten hatten, und nun wartete jeder, dass der andere den ersten Schritt zur Versöhnung tat, da hatte er ausgeholt und übers Tal gezeigt und gesagt, er brauchte Freiheit und Abwechslung, die Tiere und die Natur, er wollte Erde unter seinen Händen spüren, sonst fehlte ihm was.

Ich wusste längst, was er gemeint hatte.

Wenn ich etwas mit meinen Händen schuf, war es ein Teil von mir. Nur was man liebte, gedieh auch; das zu erleben war eine Freude und machte mich stolz. Darum schmerzte es mich zu sehen, wie einst mächtige Höfe verfielen und die Landschaft sich veränderte, obwohl ich die Bauern verstand, die verkauften, weil sie ihre Familien nicht mehr ernähren konnten.

Das Schaf blökte und die Katze erhob sich und strich durchs Gras. Ich trank einen Schluck Kaffee und nahm ein Stück vom Kuchen. Die Petra kam aus dem Haus, winkte.

»Magst eine Tasse Kaffee mit mir trinken?«

»Gleich, ich schau nur rasch noch nach dem Kalb.« In ein paar Tagen würde meine Tochter wieder nach Nürtingen fahren; ihr zweites Lehrjahr hatte sie auf dem Sigmundenhof absolviert, seither studierte sie Agrarwirtschaft. Seit einer Weile war sie mit einem Kommilitonen befreundet.

Die Katze sprang auf meinen Schoß, schnurrte und ließ sich nieder, und ich strich über ihren Rücken, kraulte ihren Bauch. Eine Amsel sang und der Wind trug ihren Ruf durchs Tal. Der Himmel färbte sich orange und violett und oben am Wegkreuz flatterten Vögel auf, Spatzen oder Meisen, und tschilpten wild. Vielleicht würde ich später zur Grotte hinaufgehen, einen Rosenkranz zu beten, nur selten blieb Zeit dazu und schon bald würden die Tage kürzer, die Abende kühler.

Die Petra trat aus dem Stall, einen Moment betrachtete sie das Farbenspiel am Himmel, dann wischte sie die Hände an ihrem Kittel ab und lief über den Vorplatz. Ich griff nach der Kaffeekanne und schenkte ein, schob ihr ein Stück Apfelkuchen hin.

»Der Betty geht's gut.« Sie biss in den Kuchen und kaute mit vollem Mund, kratzte Dreck unter ihren Nägeln hervor und neigte den Kopf ein wenig zur Seite, sah mich an. Ihre Augen glänzten.

Ich beugte mich vor, berührte ihren Arm. »Willst es wirklich tun, Mädle?«

Sie lächelte. Und nickte.

»Es wird ein hartes Leben. Du schaffst, kannst nie fort und wenn Kinder kommen, wirst keine Zeit für sie haben, so wie ich früher. Das tut mir heut noch leid.«

»Aber du warst doch immer da. Du hast geschafft, aber wenn wir riefen, kamst du.«

»Ich hätt mich halt gern mehr um euch gekümmert.«

»Ich hab nichts vermisst.« Sie griff nach ihrer Tasse, trank einen Schluck, biss wieder in den Kuchen, kaute. Ich lehnte mich zurück. Die Katze schlief, ihr Bauch hob und senkte sich still unter meiner Hand und ich blickte übers Tal und lauschte dem Rauschen des Winds, den Vögeln, die überm Wegkreuz tschilpten, der Kuh, die in der Ferne muhte. Meine Tochter räusperte sich und plötzlich klang ihre Stimme ein wenig rauer: »Du hast lang nicht dran gedacht, dass ich den Hof übernehmen könnte, gell?«

Ich biss mir auf die Lippe. »Stimmt«, sagte ich nach einer Weile und hob die Schultern. »Meist sind's halt die Söhne, die übernehmen.«

»Dabei hat der Alexander früh gesagt, dass er nie Landwirt werden will.«

»Ja.« Ich trank einen Schluck Kaffee und betrachtete einen Distelfalter, der im Gras saß, seine gelb-braune Zeichnung, die weißen Tupfen an den Rändern seiner Flügel. Seit zwanzig Jahren bewirtschaftete ich den Hof, ich hatte die Familie ernährt, die Kinder großgezogen, Kälber gezüchtet und Preise verhandelt, sämtliche Entscheidungen getroffen – was nach meiner Zeit aus dem Sigmundenhof werden würde, darüber hatte ich kaum nachgedacht. Ich wollte, dass beide Kinder eine Ausbildung machten, und sollten ihre Wege sie fortführen, sollte keines den Hof weiterführen, müsste ich ihn eben verpachten. Oder verkaufen, auch wenn es mir schwerfiele.

Nun wollte die Petra ihn übernehmen.

»Ich werd mich an der Uni auf ökologischen Landbau spezialisieren.« Sie wischte eine Fliege fort und nahm noch ein Stück Kuchen.

»Ha ja?« Ich sah auf.

Sie nickte. »Und der Ralf auch.«

»Ha ja.«

»Wir wollen im Einklang mit der Natur leben.«

Ich runzelte die Stirn. »Tun wir das nicht?«

»Ich meine das Prinzip der Ganzheitlichkeit. Naturschonende Produktionsmethoden und den Erhalt natürlicher Bodenfruchtbarkeit – kein Kunstdünger, keine Pflanzenschutzmittel, stattdessen Kreislaufwirtschaft und Böden, die sich erholen. Artgerechte Tierhaltung und selbstproduzierte Futtermittel statt Kraftfutter. Umweltschutz – Tiere, Pflanzen, Böden, Menschen, wir sind eine Einheit!«

Ich lehnte mich zurück, ein wenig verwirrt, und hörte zu, wie meine Tochter von der Zukunft sprach, einer besseren Zukunft, ich hörte zu und staunte, fragte nach, widersprach, stimmte zu. Ihr gebräuntes Gesicht leuchtete, ihre Hände unterstrichen energisch jedes Wort, jeden Satz, und während ich zuhörte, ihr zusah, hielt ich inne, horchte in mich – und entdeckte hinter meinem Staunen, meinen Fragen, den Zweifeln eine leise, aber unverbrüchliche Zuversicht.

Epilog

Frühjahr 2011

Zur Jahrtausendwende übernahm meine Tochter den Hof, baute ihn mit ihrem Mann Ralf zu einem Biolandhof um, mit Milchvieh, einem Backhäusle und weiteren Ferienwohnungen, gemeinsam führen sie den Sigmundenhof nun in der fünften Generation. 1994 kam ihre Tochter Elena, meine erste Enkelin, zur Welt, vier Jahre später wurde der Magnus geboren. Auch der Alexander heiratete und bekam zwei Kinder, Enzo und Raul, er wurde Physiker und lebt mit seiner Familie in Freiburg. Ihre Urgroßmutter lernten die Kinder nicht mehr kennen, die Schwiegermutter starb 1992.

Ich habe nie einen Beruf erlernt und manchmal hat es mich gereut, dass ich nicht auf den Rektor Scheer gehört, das Abitur gemacht und studiert habe, doch als ich in Rente ging, hatten meine beiden Kinder Universitätsabschlüsse, und darauf bin ich stolz.

Mitte der neunziger Jahre gab auch der Edwin seinen Hof auf und ging in Rente. Seit zehn Jahren lebe ich mal bei ihm und mal auf dem Sigmundenhof, ich pendle und wir führen, was man heutzutage eine Fernbeziehung nennt, nur sind wir einander nicht fern, im Gegenteil.

Wir sind seit über dreißig Jahren ein Paar, doch wir haben nie geheiratet. Was änderte es denn? Eine Heirat hätte juristische Auswirkungen, doch an der Liebe änderte sie nichts.

Es war den Umständen geschuldet, dass wir nicht beieinanderlebten, unter einem Dach, doch im Rückblick denke ich, wir waren so auch freier, in unseren Entscheidungen und auf unseren Höfen. Und wenn ich heute in Wolterdingen zum Bauern gehe, Milch zu holen, und es beginnt zu regnen, dann steigt der Edwin daheim ins Auto und fährt mir entgegen …

Das ist es, was zählt.

Meine Geschwister – der Toni, die Liesel, der Rochus, die Rosmarie, der Hans, der Erich, die Resi und die Hedwig – leben noch und alle in der Region, niemand ist weit fortgezogen, und wenn einer Geburtstag hat, kommen alle.

Wir haben uns nie zerstritten.

Wir haben immer zusammengehalten.

Ich war für sie da und habe die Kleinen großgezogen, nachdem die Eltern gestorben waren, und sie waren für mich da, haben mir später in schweren Zeiten beigestanden, mir, ohne zu zögern, geholfen – dafür werde ich ihnen immer dankbar sein.

Und ich bin unseren Eltern dankbar, dem Vater für den Zusammenhalt, den er uns lehrte, und der Mutter und ihm für die Liebe, mit der sie uns erzogen. Sie waren arme Leute, doch in dem, was ihnen möglich war, verwöhnten sie uns.

Die Zehn Gebote waren mir wichtig im Leben und bis heute denke ich, die Welt wäre eine bessere, wenn die Menschen sich an sie hielten. Auch ich stehe manchem in der Kirche kritisch gegenüber, doch im Glauben, in Gebeten und Ritualen habe ich immer Kraft gefunden, dafür danke ich Gott – und dafür, dass ich mein Lachen nicht verloren habe.

Zu fallen ist keine Schande, aber liegen zu bleiben ist eine.

ENDE

Dank

Es ist mir ein Anliegen, meinen Geschwistern, dem Toni, der Liesel, dem Rochus, der Rosmarie, dem Hans, dem Erich, der Resi und der Hedwig zu danken, außerdem meinem Schwager Karl und seiner Frau Erika und meinen Kindern, der Petra und dem Alexander, ohne sie gäbe es *Die Schwarzwaldbäuerin* nicht. Ohne ihre Unterstützung wäre mein Leben anders verlaufen.

Und ein herzliches Dankeschön an meine Freundin Christa Brandt, die den Anstoß zu diesem Buch gab.

Anni Hettich

Inhalt